"十三五"国家重点图书出版规划项目

总主编 马金双　　　　**总主审** 李振宇

General Editor in Chief　Jinshuang MA　　　General Reviewer in Chief　Zhenyu LI

中国外来入侵植物志

Alien Invasive Flora of China

—————————— 第一卷 ——————————

闫小玲　　严　靖　　王樟华　　李惠茹　**主编**

上海交通大学出版社
SHANGHAI JIAO TONG UNIVERSITY PRESS

内容提要

本书为《中国外来入侵植物志·第一卷》。本卷记载中国外来入侵植物蕨类和被子植物桑科至景天科,共22科33属53种,其中槐叶蘋科1属1种、满江红科1属1种、桑科1属1种、荨麻科1属1种、廖科1属1种、商陆科2属2种、紫茉莉科1属1种、番杏科1属1种、马齿苋科2属3种、落葵科1属1种、石竹科4属4种、藜科2属3种、苋科3属16种、仙人掌科1属3种、毛茛科1属1种、睡莲科1属1种、胡椒科1属1种、罂粟科1属1种、山柑科1属1种、十字花科4属6种、木犀草科1属1种、景天科1属2种。另外,还对部分种的分类学问题及相似种进行了讨论。

图书在版编目(CIP)数据

中国外来入侵植物志. 第一卷 / 马金双总主编;闫小玲等主编. —上海:上海交通大学出版社,2020.12
ISBN 978-7-313-23765-1

Ⅰ.①中… Ⅱ.①马… ②闫… Ⅲ.①外来入侵植物—植物志—中国 Ⅳ.①Q948.52

中国版本图书馆CIP数据核字(2020)第171234号

中国外来入侵植物志·第一卷
ZHONGGUO WAILAI RUQIN ZHIWU ZHI·DI-YI JUAN

总　主　编:马金双
主　　编:闫小玲　严　靖　王樟华　李惠茹

出版发行:上海交通大学出版社		地　　址:上海市番禺路951号	
邮政编码:200030		电　　话:021-64071208	
印　　制:上海盛通时代印刷有限公司		经　　销:全国新华书店	
开　　本:787mm×1092mm　1/16		印　　张:25	
字　　数:406千字			
版　　次:2020年12月第1版		印　　次:2020年12月第1次印刷	
书　　号:ISBN 978-7-313-23765-1			
定　　价:210.00元			

序

随着经济的发展和人口的增加，生物多样性保护以及生态安全受到越来越多的国际社会关注，而生物入侵已经成为严重的全球性环境问题，特别是导致区域和全球生物多样性丧失的重要因素之一。尤其是近年来随着国际经济贸易进程的加快，我国的外来入侵生物造成的危害逐年增加，中国已经成为遭受外来生物入侵危害最严重的国家之一。

入侵植物是指通过自然以及人类活动等无意或有意地传播或引入异域的植物，通过归化自身建立可繁殖的种群，进而影响侵入地的生物多样性，使入侵地生态环境受到破坏，并造成经济影响或损失。

外来植物引入我国的历史比较悠久，据公元 659 年《唐本草》记载，蓖麻作为药用植物从非洲东部引入中国，20 世纪 50 年代作为油料作物推广栽培；《本草纲目》（1578）记载曼陀罗在明朝末年作为药用植物引入我国；《滇志》（1625）记载原产巴西等地的单刺仙人掌在云南作为花卉引种栽培；原产热带美洲的金合欢于 1645 年由荷兰人引入台湾作为观赏植物栽培。从 19 世纪开始，西方列强为扩大其殖民统治和势力范围设立通商口岸，贸易自由往来，先后有多个国家的探险家、传教士、教师、海关人员、植物采集家和植物学家深入我国采集和研究植物，使得此时期国内外来有害植物入侵的数量急剧增加，而我国香港、广州、厦门、上海、青岛、烟台和大连等地的海港则成为外来植物传入的主要入口。20 世纪后期，随着我国国际贸易的飞速发展，进口矿物、粮食、苗木等商品需求增大，一些外来植物和检疫性有害生物入侵的风险急剧增加，加之多样化的生态系统使大多数外来种可以在中国找到合适的栖息地；这使得我国生物入侵的形势更加严峻。然而，我们对外来入侵种的本底资料尚不清楚，对外来入侵植物所造成的生态和经济影响还没有引起足够的重视，更缺乏相关的全面深入调查。

我国对外来入侵植物的调查始于 20 世纪 90 年代，但主要是对少数入侵种类的研究及总结，缺乏对外来入侵植物的详细普查，本底资料十分欠缺。有关入侵植物的研究资料主要集中在东南部沿海地区，各地区调查研究工作很不平衡，更缺乏全国性的权威资料。与此同时，关于物种的认知问题存在混乱，特别是物种的错误鉴定、名称（学名）误用。外来入侵植物中学名误用经常出现在一些未经考证而二次引用的文献中，如南美天胡荽的学名误用，其正确的学名应为 *Hydrocotyle verticillata* Thunberg，而不是国内文献普遍记载的 *Hydrocotyle vulgaris* Linnaeus，后者在中国并没有分布，也未见引种栽培，两者因形态相近而混淆。另外，由于对一些新近归化或入侵的植物缺乏了解，更缺乏对其主要形态识别特征的认识，这使得对外来入侵植物的界定存在严重困难。

开展外来入侵植物的调查与编目，查明外来入侵植物的种类、分布和危害，特别是入侵时间、入侵途径以及传播方式是预防和控制外来入侵植物的基础。2014 年"中国外来入侵植物志"项目正式启动，全国 11 家科研单位及高校共同参与，项目组成员分为五大区（华东、华南、华中、西南、三北[①]），以县为单位全面开展入侵植物种类的摸底调查。经过 5 年的野外考察，项目组共采集入侵植物标本约 15 000 号 50 000 份，拍摄高清植物生境和植株特写照片 15 万余张，记录了全国以县级行政区为单位的入侵植物种类、多度、GIS 等信息，同时还发现了一大批新入侵物种，如假刺苋（*Amaranthus dubius* Martius）、蝇子草（*Silene gallica* Linnaeus）、白花金钮扣［*Acmella radicans* var. *debilis* (Kunth) R.K. Jansen］等，获得了丰富的第一手资料，并对一些有文献报道入侵但是经野外调查发现仅处于栽培状态或在自然环境中偶有逸生但尚未建立稳定入侵种群的种类给予了澄清。我们对于一些先前文献中的错误鉴定或者学名误用的种类给予了说明，并对原产地有异议的种类做了进一步核实。此外，项目组在历史标本及早期文献信息缺乏的情况下，克服种种困难，结合各类书籍、国内外权威数据库、植物志及港澳台早期的植物文献记载，考证了外来入侵植物首次传入中国的时间、传入方式等之前未记载的信息。

《中国外来入侵植物志》不同于传统植物志，其在物种描述的基础上，引证了大量的标本信息，并配有图版。外来入侵植物的传入与扩散是了解入侵植物的重要信息，本志书将这部分作为重点进行阐述，以期揭示入侵植物的传入方式、传播途径、入侵特点等，

① 三北指的是我国的东北、华北和西北地区。

为科研、科普、教学、管理等提供参考。本志书分为 5 卷，共收录入侵植物 68 科 224 属 402 种，是对我国现阶段入侵植物的系统总结。

《中国外来入侵植物志》由中国科学院上海辰山植物科学研究中心 / 上海辰山植物园植物分类学研究组组长马金双研究员主持，全国 11 家科研单位及高校共同参与完成。项目第一阶段，全国各地理区域资料的收集与野外调查分工：华东地区闫小玲（负责人）、李惠茹、王樟华、严靖、汪远等参加；华中地区李振宇（负责人）、刘正宇、张军、金效华、林秦文等参加；三北地区刘全儒（负责人）、齐淑艳、张勇等参加，华南地区王瑞江（负责人）、曾宪锋、王发国等参加；西南地区税玉民、马海英、唐赛春等参加。项目第二阶段为编写阶段，丛书总主编马金双研究员、总主审李振宇研究员，参与编写的人员有第一卷负责人闫小玲、第二卷负责人王瑞江、第三卷负责人刘全儒、第四卷负责人金效华、第五卷负责人严靖等。

感谢上海市绿化和市容管理局科学技术项目（G1024011，2010—2013）、科技部基础专项（2014FY20400，2014—2018）、2020 年度国家出版基金的资助。感谢李振宇研究员百忙之中对本志进行审定。感谢上海交通大学出版社给予的支持和帮助，感谢所有编写人员的精诚合作和不懈努力，特别是各卷主编的努力，感谢项目前期入侵植物调查人员的辛苦付出，感谢辰山植物分类学课题组的全体工作人员及研究生的支持和配合。由于调查积累和研究水平有限，书中难免有遗漏和不足，望广大读者批评指正！

2020 年 11 月

编写说明

《中国外来入侵植物志》基于近年来的全面的野外调查、标本采集、文献考证及最新的相关研究成果编写而成，书中收载的为现阶段中国外来入侵植物，共记载中国外来入侵植物 68 科 224 属 402 种（含种下等级）。

分类群与主要内容 本志共分为五卷。第一卷内容包括槐叶蘋科～景天科，共记载入侵植物 22 科 33 属 53 种；第二卷内容包括豆科～梧桐科，共记载入侵植物 10 科 41 属 77 种；第三卷内容包括西番莲科～玄参科，共记载入侵植物 20 科 52 属 113 种；第四卷内容包括紫葳科～菊科，共记载入侵植物 5 科 67 属 114 种；第五卷内容包括泽泻科～竹芋科，共记载入侵植物 11 科 31 属 45 种。

每卷的主要内容包括卷内科的主要特征简介、分属检索表、属的主要特征简介、分种检索表、物种信息、分类群的中文名索引和学名索引。全志书分类群的中文名总索引和学名总索引置于第五卷末。

物种信息主要包括中文名、学名（基名及部分异名）、别名、特征描述（染色体、物候期）、原产地及分布现状（原产地信息及世界分布、国内分布）、生境、传入与扩散（文献记载、标本信息、传入方式、传播途径、繁殖方式、入侵特点、可能扩散的区域）、危害及防控、凭证标本、相似种（如有必要）、图版、参考文献。

分类系统及物种排序 被子植物科的排列顺序参考恩格勒系统（1964），蕨类植物采用秦仁昌系统（1978）。为方便读者阅读参考，第五卷末附有恩格勒（1964）系统与 APG IV 系统的对照表。

物种收录范围 《中国外来入侵植物志》旨在全面反映和介绍现阶段我国的外来入侵植物，其收录原则是在野外考察、标本鉴定和文献考证的基础上，确认已经造成危害的外来植物。对于有相关文献报道的入侵种，但是经项目组成员野外考察发现其并未造成危害，或者尚且不知道未来发展趋势的物种，仅在书中进行了简要讨论，未展开叙述。

入侵种名称与分类学处理　外来入侵种的接受名和异名主要参考了 *Flora of China*、*Flora of North America* 等，并将一些文献中的错误鉴定及学名误用标出，文中异名（含基源异名）以"——"、错误鉴定以 auct. non 标出，接受名及异名均有引证文献；种下分类群亚种、变种、变型分别以 subsp.、var.、f. 表示；书中收录的异名是入侵种的基名或常见异名，并非全部异名。外来入侵种的中文名主要参照了 *Flora of China* 和《中国植物志》，并统一用法，纠正了常见错别字，同时兼顾常见的习惯用法。

形态特征及地理分布　主要参照了 *Flora of China*、*Flora of North America* 和《中国植物志》等。另外，不同文献报道的入侵种的染色体的数目并不统一，文中附有相关文献，方便读者查询参考。

地理分布是指入侵种在中国已知的省级分布信息（包括入侵、归化、逸生、栽培），主要来源于已经报道的入侵种及归化种的文献信息、*Flora of China*、《中国植物志》和地方植物志及各大标本馆的标本信息，并根据项目组成员的实际调查结果对现有的分布地进行确认和更新。本志书采用中国省区市中文简称，并以汉语拼音顺序排列。

书中入侵种的原产地及归化地一般遵循先洲后国的次序，主要参考了 *Flora of China*、CABI、GBIF、USDA、*Flora of North America* 等，并对一些原产地有争议的种进行了进一步核实。

文献记载与标本信息　文献记载主要包括两部分，一是最早或较早期记录该种进入我国的文献，记录入侵种进入的时间和发现的地点；二是最早或较早报道该种归化或入侵我国的文献，记录发现的时间和发现的地点。

标本信息主要包括三方面的内容：① 模式标本，若是后选模式则尽量给出相关文献；② 在中国采集的最早或较早期的标本，尽量做到采集号与条形码同时引证，若信息缺乏，至少选择其一；③ 凭证标本，主要引证了项目组成员采集的标本，包括地点、海拔、经纬度、日期、采集人、采集号、馆藏地等信息。

本志书中所有的标本室（馆）代码参照《中国植物标本馆索引》（1993）和《中国植物标本馆索引（第 2 版）》（2019）。

传入方式与入侵特点　基于文献记载、历史标本记录和野外实际调查，记录了入侵种进入我国的途径（有意引入、无意带入或自然传入等）以及在我国的传播方式（人为有意或无意传播、自然扩散）。基于物种自身所具备的生物学和生态学特性，主要从繁殖性（种子结实率、萌发率、幼苗生长速度等）、传播性（传播体重量、传播体结构、与人类活动的关联程度）和适应性（气候、土壤、物种自身的表型可塑性等）三方面对其入侵特点进行阐述。

危害与防控 基于文献记载和野外实际调查，记录了入侵种对生态环境、社会经济和人类健康等的危害程度，包括该物种在世界范围内所造成的危害以及目前在中国的入侵范围和所造成的危害。综合国内外研究和文献报道，从物理防除、化学防控和生物控制三个方面对入侵种的防控进行了阐述。

相似种 主要列出同属中其他的归化植物或者与收录的入侵种形态特征相似的物种，将主要形态区别点列出，并讨论其目前的分布状态及种群发展趋势，必要时提供图片。此外，物种存在的分类学问题也在此条目一并讨论。

植物图版 每个入侵种后面附有高清的彩色植物图版，并配有图注，方便读者识别。图版主要包括生境、营养器官（植株、叶片、根系等）和繁殖器官（花、果实、种子等），且尽量提供关键识别特征，部分种配有相似种的图片，以示区别。植物图片的拍摄主要由项目组成员完成，也有一些来自非项目组成员完成，均在卷前显著位置标出摄影者的姓名。

前　言

　　生物入侵已成为威胁全球生态安全与生物安全的重大问题，特别是近年来随着我国在贸易、交通和人类活动等方面的日益发展与扩大，外来物种无意或有意传播的机会增多，给我国生态与经济等带来了极其严重的损失。然而，中国外来入侵植物研究起步较晚，外来入侵植物的本底资料缺乏，我国外来入侵植物的种类构成、原产地、分布格局、传入方式、传播途径以及入侵性等诸多问题尚不明确。外来入侵植物的本底资料是深入研究入侵机制和风险评估的依据，可为我国生态环境的改善、社会的可持续发展提供坚实的基础。因此，在完善外来入侵植物本底资料的基础上，完成《中国外来入侵植物志》是我们研究工作的目标之一。

　　2010 年，上海辰山植物园植物分类学课题组长马金双研究员带领团队成员，联合全国十余家高校和研究所启动了中国外来入侵植物的系列研究工作。基于文献报道和初步调查结果，顺利出版了《中国入侵植物名录》，随后完成的《中国外来入侵植物调研报告》（上卷、下卷）是《中国外来入侵植物志》的雏形。2016 年，团队完成了《中国外来入侵植物彩色图鉴》，积累了大量的入侵植物图片，为本志书的编撰奠定了基础。基于新的调查资料，修订版的《中国外来入侵植物名录》得以完成，进一步明确了中国外来入侵植物的物种构成。归化植物是外来入侵植物的前期阶段，掌握中国归化植物的基础资料，对外来入侵植物的预防和管理非常有效，*The Checklist of the Naturalized Plants in China* 的正式出版为《中国外来入侵植物志》的编研提供了数据支撑。

　　由马金双研究员主持的"中国外来入侵植物志"项目于 2014 年获得中华人民共和国科学技术部科技基础性工作专项资助。我们承担了华东地区外来入侵植物的野外调查及《中国外来入侵植物志·第一卷》的编研以及整个项目的联络、数据汇总和整合工作。在前期工作的基础上，团队成员对中国外来入侵植物信息进行深入收集和考证，包括入侵植物传入我国的时间和地点、传入我国的方式和扩散途径，并对入侵植物在中国可能扩散的区域进行了预测，从繁殖性（种子结实率、萌发率、幼苗生长速度等）、入侵性（传播体重量、传播体结构、与人类活动的关联程度等）和适应性（气候、土壤、物种自身的表型可塑性等）三个方面对入侵特点进行了重点阐述，对入侵植物的危害与防控措施进行了介绍。本卷严格按照外来入侵植物的定义收录物种，物种收录范围是在野外考察、标本鉴定和文献考证的基础上，确认已经造成危害的外来植物。对于有相关文献报道、经项目组成员野外考察发现其并未造成危害，或者尚且不知道未来发展趋势的物种，仅在书中进行了简要讨论。

本卷记载蕨类和被子植物桑科至景天科，共 22 科 33 属 53 种，其中槐叶蘋科 1 属 1 种、满江红科 1 属 1 种、桑科 1 属 1 种、荨麻科 1 属 1 种、蓼科 1 属 1 种、商陆科 2 属 2 种、紫茉莉科 1 属 1 种、番杏科 1 属 1 种、马齿苋科 2 属 3 种、落葵科 1 属 1 种、石竹科 4 属 4 种、藜科 2 属 3 种、苋科 3 属 16 种、仙人掌科 1 属 3 种、毛茛科 1 属 1 种、睡莲科 1 属 1 种、胡椒科 1 属 1 种、罂粟科 1 属 1 种、山柑科 1 属 1 种、十字花科 4 属 6 种、木犀草科 1 属 1 种、景天科 1 属 2 种。另外，还对部分种的分类学问题及相似种进行了讨论。

感谢上海市绿化和市容管理局科学技术项目（G1024011，G152432）、中华人民共和国科学技术部科技基础性工作专项（2014FY20400）的资助。在《中国外来入侵植物志·第一卷》编研过程中，中国科学院上海辰山植物科学研究中心马金双研究员给予了悉心的指导，中国科学院植物研究所李振宇研究员、北京师范大学刘全儒教授和中国科学院华南植物园王瑞江研究员均给予了大力的支持和帮助，上海辰山植物园的杜诚、上海世博文化公园建设管理有限公司的汪远、中国科学院西双版纳热带植物园的左云娟、华东师范大学的廖帅和信阳师范学院的朱鑫鑫等人在野外调查和志书编写过程中给予了帮助，团队的每一位成员都付出了极大的努力，在此表示感谢！

由于编者的学识水平有限，且编写时间比较紧迫，书中难免存在一些疏漏和错误，恳请读者批评指正！

编者

2020 年 11 月

作者分工

槐叶蘋科、满江红科、桑科、荨麻科、蓼科、商陆科、紫茉莉科、番杏科、马齿苋科、落葵科、石竹科、藜科、木犀草科、景天科	严 靖 （上海辰山植物园）
苋科	闫小玲 严 靖 （上海辰山植物园）
仙人掌科、毛茛科、睡莲科	李惠茹 （上海辰山植物园）
胡椒科、罂粟科、山柑科	王樟华 （上海辰山植物园）
十字花科	王樟华 严 靖 李惠茹

摄影（以姓氏笔画为序）

王樟华　　朱鑫鑫　　刘全儒　　闫小玲

寿海洋　　严　靖　　李惠茹　　汪　远

金效华

目　录

蕨类植物门 | PTERIDOPHYTA

槐叶蘋科 | Salviniaceae

小型漂浮水生植物。根状茎纤细、横生、被毛，无真正的根，有一列沉水叶特化为细裂的须根状假根，悬垂水中，起着根的作用。叶无柄或具极短的柄，三叶轮生，排成 3 列，其中 2 列漂浮水面，长圆形，绿色，全缘，上面密布乳头状突起或有毛，下面被棕色毛，中脉明显。孢子果呈球形，簇生于沉水叶（假根）的基部，或沿沉水叶（假根）成对着生。孢子果有大小两种（二型），大孢子果比小孢子果体型小，大孢子果内生 8～10 个有短柄的大孢子囊，大孢子呈囊花瓶状，瓶颈向内收缩，每个大孢子囊内只有 1 个大孢子；小孢子呈球形，果内生多数有长柄的小孢子囊，每个囊内有 64 个小孢子。

槐叶蘋科仅 1 属约 10 种，中国有 1 属 2 种，其中 1 种为外来入侵植物。

槐叶蘋属 *Salvinia* Séguier

特征同科。染色体基数 $x=9$。槐叶蘋属因其物种之间形态相近，且具有孢子的标本较少，它的分类经过多次修订。速生槐叶蘋的发现与命名过程颇为曲折。1935 年，Herzog 认为在其原产地（南美洲）之外的地区大面积拓殖并造成危害的槐叶蘋属植物为耳形槐叶蘋（*Salvinia auriculata* Aublet）（Herzog, 1935）。1962 年，De La Sota 的研究表明所谓的 *Salvinia auriculata* Aublet 并不是一个单独的物种，而是一个复合群（De La Sota, 1962），并发表了一个新种。直至 1972 年，Mitchell 和 Thomas 通过对不同地区标本的研究指出，*Salvinia auriculata* 复合群包括 4 个物种（Mitchell & Thomas, 1972），给出了每一个种的描述和分布，并根据孢子果的特征命名了一个新种（Mitchell, 1972），此即早期一直被误认为耳形槐叶蘋的速生槐叶蘋。然而当时在南美洲并未发现其野生种群，唯一的记录是 1941 年保存于里约热内卢 Jardim 植物园标本馆的一份标本，这份标本和槐叶蘋属的另外两个种的标本存放在一处。由于速生槐叶蘋为五倍体（Loyal & Grewal, 1966），不能进行有性繁殖，因此被认为是杂交种（Mitchell & Thomas, 1972）。直至 1978 年，速生槐叶蘋的天然种群在巴西南部被发现（Forno & Harley, 1979），之后 Forno 根据其孢子果的特征和营养器官的形态，分别为这一复合群的物种制定了检索表（Forno, 1983），然而迄今为止尚未有遗传学的研究以揭示其中的关系。

此外，De La Sota 认为速生槐叶蘋的接受名应该为一个更早的名称：*Salvinia adnata* Desvaux（De La Sota, 1995），但 Moran 和 Smith 认为这个名称所根据的模式标本缺乏孢子囊等结构，存在鉴定上的不确定性，因此应保留 *Salvinia molesta* D. S. Mitchell 这个名称，大部分学者也认可这种处理（Moran & Smith, 1999）。

槐叶蘋属约 10 种，各大洲均有分布，其中以美洲和非洲热带地区为主。中国有 2 种，1 种为外来入侵植物。

速生槐叶蘋 *Salvinia molesta* D. S. Mitchell, Brit. Fern Gaz. 10(5): 251. 1972. —— *Salvinia adnata* Desvaux, Mém. Soc. Linn. Paris 6: 177. 1827.

【别名】 人厌槐叶蘋、蜈蚣蘋、山椒藻

【特征描述】 多年生水生漂浮植物。根状茎细长、横走，具连续二叉分枝，平展于水面，被棕色毛，无根。叶在根状茎上三片轮生，上面两叶漂浮于水面，呈长圆形、圆形或倒卵形，先端凹缺；基部呈圆形或心形。速生槐叶蘋幼时平展于水面，当植株不断成长且种群拥挤时，叶片的两侧会上举而呈褶合状，叶片上表皮密被多细胞具总柄的毛，毛上端有 3～4 分叉，此分叉于顶端愈合，呈笼状结构，下表面仅在靠近中肋处有单细胞的毛。其下面一叶沉于水中，形如须根，悬垂水中，长可达 25 cm。槐叶蘋属植物叶的发生是独特的，其浮于水面上叶面朝上的那一面在形态发生上为远轴面（即下表面）（Croxdale, 1978）。孢子果小，呈球形至卵球形，排成总状或穗状，着生于根状茎或叶柄基部，属异形孢子；孢子果内有多数无柄的孢子囊，但囊内常为空，或只有一些萎缩孢子的残留物。染色体：2*n*=45（Loyal & Grewal, 1966）。物候期：在适宜的气候条件下，全年间当植株成熟时均可产生大量孢子果。

【原产地及分布现状】 速生槐叶蘋原产于巴西南部（Forno & Harley, 1979），其作为水族箱造景植物被引种至世界各地。1939 年，速生槐叶蘋被引至斯里兰卡科伦坡大学的植物学系，这是该种在巴西以外地区出现的最早记录。1943 年，速生槐叶蘋在科伦坡的野外首次出现并建立种群（Room et al., 1990）。19 世纪 50 年代速生槐叶蘋被引至非洲南部津巴布韦后，于 1962 年覆盖了卡里巴湖（Lake Kariba）22% 的区域和大部分河流（Marshall & Junor, 1981），同样的情况相继发生在澳大利亚、东南亚和美国南部等地。如今该种已经遍及亚洲、欧洲、非洲、北美洲、南美洲和大洋洲（Thomas & Room, 1986），至少有 55 个国家有该种分布的记录（GBIF, 2016; EPPO, 2016）。**国内分布**：福建（厦门）、广东（深圳）、海南、台湾、香港，也见于各地花卉市场、植物园与水族馆中。

【生境】 喜生于高温多光照的区域，最常见于淡水湖泊、沿河边缘、沼泽、沟渠等处静水或流动缓慢的水域，易于稻田、人工湖以及水利设施等扰动生境中定殖，在低盐度的海湾中也能生存。

【传入与扩散】 **文献记载**：关于速生槐叶蘋最早的中文文献为洪福昌于 1986 年的一篇译文，记录了该种在菲律宾首次出现（洪福昌，1986）。该种引入中国台湾之后，牟善杰先生曾著文呼吁应重视其在台湾可能造成的危害（牟善杰，1996），2001 年《台湾水生植物图鉴》记载其已在台湾局部地区出现，未来是否会大量扩张尚有待观察（杨远波 等，2001）。陈运造（2006）将其列为台湾苗栗地区重要外来入侵植物之一。**标本信息**：Mitchell 1330（Holotype: SRGH）。该标本采自非洲南部的罗德西亚卡里巴湖（Lake Kariba）。中国最早的标本记录是 1996 年采自台湾台中县的标本（TESRI873）。2006 年于海南省也采集到该种标本（BNU0014589）。**传入方式**：作为水生观赏植物自东南亚地区引进台湾，引进时间不详（陈运造，2006）。海南、香港的居群可能也是由于人为引种而逃逸所致。**传播途径**：可通过水流和动物的活动在水体内自然传播。由人类介导的传播则是其大范围扩散的主要原因，其中以缺乏监管的园艺贸易为主。伴随着人类活动的无意携带，也可能导致其长距离传播。**繁殖方式：**速生槐叶蘋不能产生可育孢子，只进行营养繁殖。此外其根茎的节上具侧芽，这些侧芽在干旱等不良条件下呈休眠状态，当环境允许便可发芽长成新的植株。**入侵特点：**① 繁殖性　速生槐叶蘋可通过不断地生长和分裂进行快速的营养繁殖。在实验室条件下其生物量（干重）的倍增时间为 5～6 d（Sale et al., 1985），其叶面积在 2.2 d 内便可实现倍增（Cary & Weerts, 1983）。其他的研究表明其生物量或叶面积的倍增时间均短于 12 d（Mitchell & Tur, 1975），但是须注意这些实验所依据的都是处于初级入侵阶段的植株（primary-invading-form）。在自然条件下其增殖速率因生长阶段不同和环境的限制而不一致，在适宜的气候条件下均表现出快速的增殖，冬季则增殖缓慢。据观测，在澳大利亚昆士兰的冬季，速生槐叶蘋叶面积倍增时间为 40～60 d（Farrell, 1979）。② 传播性　速生槐叶蘋的生长可分为三个阶段，其中初生阶段叶片很小，平展于水面，极易产生植物碎片从而形成新的植株（Oliver, 1993），它通过人类活动进行长距离传播后，经此阶段可在其定殖地快速扩散。③ 适应性　该种主要生长于淡水中，但也能在低盐度（低于 20%）的水体中生存，在高盐度的海水中无法生长（Holm, 1977），同时也可忍受一定程度的干燥，可在泥滩上或湿度较高的环境下生长（Owens et al., 2004）。其适宜生境为水温较高、光照强、营养丰富的水体（Mitchell & Tur, 1975）。水体中丰富的氮和磷能明显促进其生长，且当气温上升至 30℃时，其生长速率明显增加（Cary & Weerts, 1983）；当气温低于 10℃时，其生长速率明显减慢，但是该种可忍受偶尔的霜冻和水面结冰环境（Owens et al., 2004）。Whiteman 和 Room 的研究表明，将速生槐叶蘋的芽暴露于气温低于−3℃或高于 43℃的空气中 2～3 h 后即死亡，同时他们指出，在极端气温条件下，该种有可能在面积大的开放水域中生存，因为大的热容量可降低气温的波动（Whiteman & Room, 1991）。**可能扩散的区域：**速生槐叶蘋的分布范围主要由海拔和最冷季的平均气温决定。随着全球气候变化的影响，其分布区逐渐向温带地区扩展的趋势似乎是必然的（Koncki & Aronson, 2015）。由此推测，中国台湾以及华南的大部分地区都有遭受该种入侵的风险。需注意的是，由于所有关于其生境耐受范围与分布区预测等结果都是基于中国区域以外的数据，因此只能揭示其在中国区域内的潜在影响，包括其危害与防控也是如此。

【危害及防控】 **危害**：速生槐叶蘋增殖迅速，在斯里兰卡逃逸之后的 1 年内就入侵了当地约 10 000 hm² 的水稻田和 900 hm² 的水道（Room et al., 1990），严重影响水稻产量与水上运输，之后在东南亚、大洋洲、南非等地都传出严重灾情。该种可在水面形成 1 m 厚的垫状物从而完全覆盖水面（Thomas & Room, 1986），这对水生生态系统尤其是水下生物的生存造成严重的危害，还会因阻隔水道畅通、恶化水质，给渔业、灌溉与饮水等带来问题。同时它还是一些病毒宿主的携带者，主要包括传播疟疾、登革热等疾病的蚊子和传播血吸虫病的蜗牛（Creagh, 1991）。在巴布亚新几内亚 Sepik 河流域的一个村庄就曾因速生槐叶蘋的入侵而不得不整体搬离（Gewertz, 1983）。2013 年，来自 63 个国家的 650 多位专家将速生槐叶蘋列为"世界 100 种恶性外来入侵生物"之一，取代了于 2010 年宣布在野外已被根除的 *Rinderpest virus*（Luque et al., 2013）。因此，尽管该种在中国的分布范围有限，但也不可忽略其潜在的高的入侵风险。**防控**：自速生槐叶蘋构成入侵之后的多年间，多个国家尝试从物理、化学与生物等各个方面进行防除，却始终一筹莫展，尤其是当该种已大面积泛滥时，物理与化学方法防除不仅不切实际而且耗资巨大。直到在其原产地找到一些生物性的天敌后才逐渐控制下来，然而由于 1972 年之前一直将该种误认为是同属的另一种，因此其生物防治的过程也颇为曲折。其生物防治成功的关键是天敌被释放的水体中有一定水平的氮含量或者天敌释放的种群密度大于某一临界值（Thomas & Room, 1986）。现在已经知道，津巴布韦（Marshall & Junor, 1981）、南非（Cilliers, 1991）、斯里兰卡（Room et al., 1990）和澳大利亚（Room et al., 1981）的生物防治均获得成功。在中国台湾地区有黑斑塘水螟（*Loophole nigrabalis*）会取食速生槐叶蘋幼株的记载（杨远波等，2001）。Koncki 和 Aronson 指出控制速生槐叶蘋的管理对策取决于它入侵的地点与入侵的严重程度，当它处于低密度时，许多管理策略均可行（Koncki & Aronson, 2015），因此规范引种行为、早日发现逃逸的植株并及时处理是控制其泛滥最有效的方法。

【凭证标本】 广东省深圳市仙湖植物园，海拔 96 m，22.578 0°N，114.172 1°E，2017 年 7 月 25 日，严靖、王樟华、汪远 RQHD03134（CSH）。

【相似种】 槐叶蘋 [*Salvinia natans* (Linnaeus) Allioni]。速生槐叶蘋与槐叶蘋的不同之处

在于，前者成熟植株的叶片较大且两边常呈卷曲状，后者成熟植株叶片较小且平展不卷曲。速生槐叶蘋的浮水叶表面有突起的毛，上端有 3～4 分叉，此分叉于顶端愈合，呈笼状结构，槐叶蘋的浮水叶表面有瘤状突起，毛被上端 3～4 分叉，但其末端朝外不愈合。速生槐叶蘋孢子果不能产生可育孢子，只能进行营养繁殖，槐叶蘋孢子可育，能以孢子繁殖。槐叶蘋广泛分布于中国南北各省区，但在台湾地区已十分稀少（杨远波 等，2001）。

另外，勺叶槐叶蘋（*Salvinia cucullata* Roxburgh）在华南地区有引种栽培，该种原产南美洲，其叶片卷曲形似漏勺，作为水生观赏植物引入，在国内尚无逸生。

速生槐叶蘋（*Salvinia molesta* D. S. Mitchell）

1. 生境；2. 叶；3. 叶表面毛被；4.～6. 大孢子果及须根

相似种：勺叶槐叶蘋（*Salvinia cucullata* Roxburgh）

相似种：槐叶蘋［*Salvinia natans* (Linnaeus) Allioni］

参考文献

陈运造，2006. 苗栗地区重要外来入侵植物图志［M］. 苗栗："行政院农业委员会"苗栗区农业改良场：64.

洪福昌，1986. 一种为害水稻的新杂草［J］. 广东农业科学，5(17)：44.

牟善杰，1996. 水生生态系的杀手——人厌槐叶蘋［J］. 自然保育季刊，16：38-45.

杨远波，颜圣纮，林仲刚，2001. 台湾水生植物图鉴［M］. 台北："行政院农业委员会"：27.

Cary P R, Weerts P G J, 1983. Growth of *Salvinia molesta* as affected by water temperature and nutrition I. Effects of nitrogen level and nitrogen compounds[J]. Aquatic Botany, 16(2): 163-172.

Cilliers C J, 1991. Biological control of water fern, *Salvinia molesta* (Salviniaceae), in South Africa[J]. Agriculture, Ecosystems & Environment, 37(1-3): 219-224.

Creagh C, 1991. A marauding weed in check[J]. ECOS, 70: 26-29.

Croxdale J G, 1978. *Salvinia* leaves. I. origin and early differentiation of floating and submerged leaves[J]. Canadian Journal of Botany, 56(16): 1982−1991.

De La Sota E R, 1962. Contribución al conocimiento de las Salviniaceae neotropicales, III *Salvinia herzogii* nov. Sp.[J]. Darwiniana, 12(3): 514−520.

De La Sota E R, 1995. Nuevos Sinónimos en *Salvinia* Ség. (Salviniaceae−Pteridophyta)[J]. Darwiniana, 33(1−4): 309−313.

European and Mediterranean Plant Protection Organization (EPPO), 2016. *Salvinia molesta* (Salviniaceae) [EB/OL]. (2016−4−14) [2020−3−16]. https://www.eppo.int/INVASIVE_PLANTS/iap_list/Salvinia_molesta.htm.

Farrell T P, 1979. Control of *Salvinia molesta* and *Hydrilla verticillata* in Lake Moondarra, North-west Queensland[R]. Department of Natural Resource, Canberra: Australian Water Resources Council Seminar on Management of Aquatic Weeds: 57−71.

Forno I W, 1983. Native distribution of the *Salvinia auriculata* complex and keys to species identification[J]. Aquatic Botany, 17(1): 71−83.

Forno I W, Harley K L S, 1979. The occurrence of *Salvinia molesta* in Brazil[J]. Aquatic Botany, 6(2): 185−187.

Global Biodiversity Information Facility (GBIF), 2016. *Salvinia molesta* Mitchell — Checklist view. [EB/OL]. (2016−4−14) [2020−3−16]. http://www.gbif.org/species/5274863.

Gewertz D B, 1983. Sepik River societies a historic ethnography of the chambri and their neighbors[M]. New Haven: Yale University Press: 196−217.

Herzog R, 1935. Ein beitrag zur systematik der gattung *Salvinia*[J]. Hedwigia, 74: 257−284.

Holm L G, Plucknett D L, Pancho J V, et al., 1977. The world's worst weeds[M]. Honolulu: University Press of Hawaii: 1−609.

Koncki N G, Aronson M F J, 2015. Invasion risk in a warmer world: modeling range expansion and habitat preferences of three nonnative aquatic invasive plants[J]. Invasive Plant Science and Management, 8(4): 436−449.

Loyal D S, Grewal R K, 1966. Cytological study on sterility in *Salvinia auriculata* Aublet with a bearing on its reproductive mechanism[J]. Cytologia, 31(3): 330−338.

Luque G M, Bellard C, Bertelsmeier C, et al., 2013. Alien species: monster fern makes IUCN invader list[J]. Nature, 498(7452): 37.

Marshall B E, Junor F J R, 1981. The decline of *Salvinia molesta* on lake Kariba[J]. Hydrobiologia, 83(3): 477−484.

Mitchell D S, 1972. The Kariba weed: *Salvinia molesta*[J]. Britain Fern Gazo, 10: 251−252.

Mitchell D S, Thomas P A, 1972. Ecology of water weeds in the neotropics: an ecological survey of the aquatic weeds *Eichhornia crassipedes* and *Salvinia* species, and their natural enemies in the neotropics[M]. Paris: The United Nations Educational, Scientific and Cultural Organization: 1–50.

Mitchell D S, Tur N M, 1975. The rate of growth of *Salvinia molesta* (*S. auriculata* Auct.) in laboratory and natural conditions[J]. Journal of Applied Ecology, 12(1): 213–225.

Moran R, Smith A R, 1999. *Salvinia adnata* Desv. versus *S. molesta* D.S. Mitchell[J]. American Fern Journal, 89: 268–269.

Oliver J D, 1993. A review of the biology of giant salvinia (*Salvinia molesta* Mitchell)[J]. Journal of Aquatic Plant Management, 31: 227–231.

Owens C S, Smart R M, Stewart R M, 2004. Low temperature limits of giant salvinia[J]. Journal of Aquatic Plant Management, 42: 91–94.

Room P M, Gunatilaka G A, Shivanathan P, et al., 1990. Control of *Salvinia molesta* in Sri Lanka by *Cyrtobagous salviniae*[R]// Delfosse E S. Proceedings of the VII International Symposium on Biological Control of Weeds. Rome, Italy: Ministero dell'Agricoltura e delle Foreste: 285–290.

Room P M, Harley K L S, Forno I W, et al., 1981. Successful biological control of the floating weed salvinia[J]. Nature, 294: 78–80.

Sale P J M, Orr P T, Shell G S, et al., 1985. Photosynthesis and growth rates in *Salvinia molesta* and *Eichhornia crassipes*[J]. Journal of Applied Ecology, 22(1): 125–137.

Thomas P A, Room P M, 1986. Taxonomy and control of *Salvinia molesta*[J]. Nature, 320: 581–584.

Whiteman J B, Room P M, 1991. Temperatures lethal to *Salvinia molesta* Mitchell[J]. Aquatic Botany, 40(1): 27–35.

满江红科 | **Azollaceae**

　　小型漂浮水生植物。根状茎纤细、曲折，有明显直立或呈之字形的主干，向两侧交替分枝，常横卧漂浮于水面，下面有悬垂水中的须根。叶无柄，成 2 列互生于茎上，覆瓦状排列，叶片分裂成上、下两个裂片，上裂片绿色肉质，浮于水面并覆盖住根状茎，基部具有 1 个共生腔，腔内寄生着能固氮的鱼腥藻（*Anabaena azollae* Strasburger）；下裂片膜质，沉没于水中。孢子果有大小 2 种（二型），成对着生于根状茎分枝基部的下裂片上，小孢子果的体积是大孢子果的 4～6 倍；大孢子果呈卵形，果内只有 1 个大孢子囊，囊内只有 1 个大孢子；小孢子果呈圆球形，果内有多个小孢子囊，每个囊内有 32～64 个小孢子。

　　满江红科仅 1 属约 7 种，中国有 1 属 2 种，其中 1 种为外来入侵植物。

满江红属 *Azolla* Lamarck

　　特征同科。染色体基数 $x=22$。本属根据其大孢子囊外的浮膘数量可划分为 2 个亚属：三膘满江红亚属 Subgen. *Azolla* 和九膘满江红亚属 Subgen. *Rhizosperma*。由于本属植物营养器官的性状不稳定，鉴定及命名所依据的标本大部分都缺乏孢子囊，而孢子囊的特征又是区分该属不同种的主要依据，因此满江红属是分类学中的疑难属，以致于有些种的范围并不明确，其原产地范围与分布范围也较模糊（Thomas, 1993）。满江红属因其能与鱼腥藻共生而具有固氮功能，这种共生关系在蕨类植物中非常独特（Ashton & Walmsley, 1984），正因如此，本属植物作为绿肥（尤其是细叶满江红）在稻产区被广泛引种放养与应用。鉴于其经济的重要性，满江红属已经成为世界上最常见的蕨类植物，通常生长于静水水体或流速缓慢的水域，其植株形态与颜色常随环境条件的不同而变化。

满江红属约 7 种，分布于热带至温带地区，中国有 2 种，1 种为外来入侵植物。

细叶满江红 *Azolla filiculoides* Lamarck, Encycl. 1(1): 343. 1783. ——*Azolla japonica* Franchet & Savatier, Enum. Pl. Jap. 2(1): 195. 1877.

【别名】 细绿萍、蕨状满江红、细满江红

【特征描述】 多年生水生漂浮植物。根状茎横走、斜升或近直立。羽状分枝，分枝出自叶腋之外，且分枝数目少于茎生叶，自分枝向下生出须根，伸向水中。叶无柄，互生，形如芝麻，覆瓦状排列，常分裂为背裂片和腹裂片两部分。背（上）裂片肉质、绿色、有膜质边缘，浮出水面，可进行光合作用，秋后变为紫红色，表面具乳头状突起，基部肥厚，于表皮下形成共生腔，腔内具有与藻类共生的胶质，能固氮；腹（下）裂片没入水中，膜质透明，具有吸收水分和营养的功能。孢子果成对着生于分枝基部的叶的下裂片上，大孢子果呈橄榄形，内含 1 个大孢子囊，囊外有 3 个浮膘，囊内有 1 个大孢子；小孢子果比大孢子果大，呈桃形，内含 80～120 个小孢子囊，每个小孢子囊内有 64 个小孢子，分别埋藏在 6 个无色海绵状的泡胶块中，泡胶块上有锚状毛。**染色体**：$2n=44$（Stergianou & Fowler, 1990）。**物候期**：大孢子于春季和夏季产生，能越冬，可以在极端干燥的条件下存活，大孢子通常在浅水水域水体底部的泥表面上发芽。

【原产地及分布现状】 细叶满江红原产于美国和加拿大西部的落基山脉区域，以及中美洲至南美洲北部的大部分区域（Lumpkin & Plucknett, 1980）。此外，有学者通过对包括植物化石在内的更新世沉积物分析发现，细叶满江红的原产地也包括欧洲（至少是法国）（O'Brien & Jones, 2003），但在最近一次冰期中灭绝了，之后于 19 世纪末被有意引入英国及法国波尔多（West, 1953; Janes, 1998），随即遍布欧洲大陆，现归化于全世界。**国内分布**：几乎遍布全国各地水田、池塘等静水水体。

【生境】 流速缓慢的溪流、江河与沟渠，池塘，水田，湖泊的浅水区域。

【传入与扩散】 **文献记载**：1977 年由中国科学院植物研究所从德国引进（吕书缨和严孟荀，1978），同年由当时的广东省农科院土肥所和温州地区农科所从中国科学院植物研究所引种试验（吕书缨和严孟荀，1978；张壮塔 等，1979），之后随着各农业院所的引种在国内迅速传播。彭兆普于 2008 年首次将其作为"湖南主要农林外来入侵生物"报道（彭兆普 等，2008）。**标本信息**：Commerson s.n.（Type: P）。该标本采自阿根廷。中国最早的标本记录是 1978 年采自北京中国科学院植物研究所的标本（PE01363707）。**传入方式**：作为绿肥和饲料从德国引入中国科学院植物研究所种植（吕书缨和严孟荀，1978）。**传播途径**：常随着水禽的活动在不同水体之间传播，人类有意或无意的传播是其扩散的主要原因，如引种试验、船舶携带、园艺贸易等。现通常被用作动物饲料或水生观赏植物放养，常因管理不善而弃置野外，随之在静水中尤其是富营养化的水体中迅速扩散。**繁殖方式**：以营养繁殖为主，在良好的环境条件下也可进行孢子繁殖。**入侵特点**：① 繁殖性 细叶满江红的单个植株（萍体）有主枝和侧枝数十个，通过分枝的不断伸长和断裂进行快速的无性繁殖，在理想条件下其群体的日增长率可超过 15%，5 d 左右即可增殖一倍（Lumpkin & Plucknett, 1982），同时还可进行孢子繁殖。② 传播性 通过水禽的活动进行短距离的传播，通过人类有意引种或无意夹带进行长距离甚至跨地域、跨国界的传播。③ 适应性 适应能力强，细叶满江红与鱼腥藻存在共生关系，可在缺氮的水体中生长，当水分减少或植株过于密集时，植株能够直立生长，其根系能固着于泥土中，腹裂片功能也向背裂片功能转化，对光照的要求不高，对温度的耐受幅度较广。Janes 指出细叶满江红为满江红属中最耐霜冻的种，该种可在英国 -10℃ 的条件下成功越冬（Janes，1998）；在中国新疆，该种从 3 月底至 10 月在自然条件下也可正常生长（姚晓玲 等，2003），且该种在短时间的冰冻条件下可成功越冬，具有较强的耐低温能力，但在极端低温条件下越冬困难（崔国文 等，2011）。极端高温也会影响该种的生长，当水温连续 4 d 在 39～41℃ 时，其死亡率为 42.1%，若及时降温便可安全越夏（罗乃宽，1981）。因此，该种能否成功越冬或越夏取决于极端温度条件持续时间的长短。**可能扩散的区域**：全国各地流速缓慢的水体或静水水体。

【危害及防控】 **危害**：该种自 1948 年作为鱼饲料引入南非，在随后的 20 年中入侵了南非的每一个河流系统（Guillarmod, 1979），此后在欧洲快速归化（Janes, 1998）；在中国的情况也是如此，尤其是在长江流域及其以南地区。但目前国内对该种的研究主要集中于绿肥、饲料以及废水处理等方面，对其危害性没有做详细研究。细叶满江红生长迅速，在流速缓慢的水体中植株常呈多层重叠生长，在水面上形成一层厚的草垫，这种漂浮着的草垫会阻止水中的氧扩散，影响水质，妨碍其他水生植物的光合作用，进而降低水生生物的多样性（Janes et al., 1996），同时也会影响水下动物群体的稳定性，并且对水资源利用的各个方面都有恶劣的影响（Gratwicke & Marshall, 2001），曾有报道称，有人将城市公园中厚厚的细叶满江红草垫误认为是塑胶跑道而不慎落水溺亡。**防控**：由于该种增殖迅速（倍增周期为 4～5 d），又具有水生习性，其孢子可在水底休眠，因此机械控制是不切实际的。该种的生长受磷的限制，在磷不足或缺乏的条件下生长缓慢（Kitoh et al., 1993），因此水质良好的水体不易受其入侵。一些除草剂如百草枯、敌草快、草甘膦等对该种有一定的抑制效果，但都具有毒性，其中百草枯已被欧盟禁止使用，敌草快也仅限于陆地使用，草甘膦对鱼类和其他水生植物均有毒性，因此在水体环境中除草剂的使用应慎重。在细叶满江红的原产地有 4 种昆虫对其种群的控制发挥着重要的作用，分别是 *Pseudolampsis guttata*、*P. darwinii*、*Stenopelmus rufinasus* 和 *S. brunneus*（Hill, 1998）。南非曾是细叶满江红入侵最为严重的国家，经研究发现 *S. rufinasus* 为在南非进行生物防治的最适种，自从引进该种之后，细叶满江红在 *S. rufinasus* 释放的水域几乎灭绝，虽然之后的十年间细叶满江红在多处再次出现，但其种群数量再也没有达到之前的水平（McConnachie et al., 2004），由此证明生物防治是行之有效的措施。同样的试验在欧洲各国也在进行，并且 *S. rufinasus* 被广泛应用于英国和爱尔兰，是生物防治成功的范例（Pratt et al., 2013），经过不断的试验研究，其防控成本也在不断地下降（McConnachie et al., 2003）。

【凭证标本】 上海市松江区沈砖公路辰塔路，海拔 3 m，121.183 0°N，31.075 0°E，2019 年 3 月 15 日，严靖、闫小玲、李惠茹 RQHD09823(CSH)。

【相似种】 满江红（*Azolla pinnata* subsp. *asiatica* R. M. K. Saunders & K. Fowler）。细叶

满江红与满江红的区别在于细叶满江红植株形状不规则，不是呈近三角形；根状茎能斜升或近直立，不仅仅是横走；呈羽状分枝，而不是二歧状分枝，且分枝出自叶腋外而不是叶腋；孢子囊外的浮膘仅有 3 个，而不是 9 个；小孢子囊内泡胶块上的毛为锚状而不是丝状。满江红广泛分布于中国南北各省区。此外，吴姗桦等报道该属的美洲满江红（*Azolla caroliniana* Willdenow）在中国台湾归化（Wu et al., 2010），本种的主要识别特征在于其囊群盖下小孢子囊的数目，有些学者将其作为细叶满江红的异名处理。

细叶满江红（*Azolla filiculoides* Lamarck）

1.～2. 不同生境；3. 植株；4.～5. 须根

相似种：满江红（*Azolla pinnata* subsp. *asiatica* R. M. K. Saunders & K. Fowler）

参考文献

崔国文，陈雅君，王明君，等，2011. 细绿萍引种试验报告［J］. 东北农业大学学报，42（3）：81-85.

罗乃宽，1981. 细绿萍越夏保种试验调查初步小结［J］. 安徽农业科学，1：60-62.

吕书缨，严孟荀，1978. 细满江红的初步观察［J］. 科技简报，18：13-17.

彭兆普，刘勇，周忠实，等，2008. 湖南主要农林外来入侵生物及其防控措施［J］. 湖南农业科学，3：104-107.

姚晓玲，姜彦成，王德萍，等，2003. 新疆引种蕨状满江红的生态适应性及生物学功能初探［J］. 植物资源与环境学报，12（1）：43-46.

张壮塔，柯玉诗，刘禧莲，等，1979. 细满江红（*Azollafiliculoides* Lam.）的生物学特性与有性繁殖初步研究［J］. 广东农业科学，5：8-12.

Ashton P J, Walmsley R D, 1984. The taxonomy and distribution of *Azolla* species in southern Africa[J]. Botanical Journal of the Linnean Society, 89(3): 239-247.

Gratwicke B, Marshall B E, 2001. The impact of *Azolla filiculoides* Lam. on animal biodiversity in streams in Zimbabwe[J]. African Journal of Ecology, 39(2): 216-218.

Guillarmod A J, 1979. Water weeds in southern Africa[J]. Aquatic Botany, 6: 377-391.

Hill M P, 1998. Life history and laboratory host range of *Stenopelmus rufinasus*, a natural enemy for *Azolla filiculoides* in South Africa[J]. Biological Control, 43(2): 215-224.

Janes R, 1998. Growth and survival of *Azolla filiculoides* in Britain I. vegetative reproduction[J]. New Phytologist, 138(2): 367–375.

Janes R A, Eaton J W, Hardwick K, 1996. The effects of floating mats of *Azolla filiculoides* Lam. and *Lemna minuta* Kunth on the growth of submerged macrophytes[J]. Hydrobiologia, 340: 23–26.

Kitoh S, Shiomi N, Uheda E, 1993. The growth and nitrogen fixation of *Azolla filiculoides* Lam. in polluted water[J]. Aquatic Botany, 46(2): 129–139.

Lumpkin T A, Plucknett D L, 1980. *Azolla*: botany, physiology, and use as a green manure[J]. Economic Botany, 34(2): 111–153.

Lumpkin T A, Plucknett D L, 1982. *Azolla* as a green manure: use and management in crop production[M]. Colorado: Westview Press Boulder.

McConnachie A J, De Wit M P, Hill M P, et al., 2003. Economic evaluation of the successful biological control of *Azolla filiculoides* in South Africa[J]. Biological Control, 28(1): 25–32.

McConnachie A J, Hill M P, Byrne M J, 2004. Field assessment of a frond-feeding weevil, a successful biological control agent of red waterfern, *Azolla filiculoides*, in Southern Africa[J]. Biological Control, 29(3): 326–331.

O'Brien C E, Jones R L, 2003. Early and Middle Pleistocene vegetation of the Médoc region, southwest France[J]. Journal of Quaternary Science, 18 (6): 557–579.

Pratt C F, Shaw R H, Tanner R A, et al., 2013. Biological control of invasive non-native weeds: an opportunity not to be ignored[J]. Entomologische Berichten, 73(4): 144–154.

Stergianou K K, Fowler K, 1990. Chromosome numbers and taxonomic implications in the fern genus *Azolla* (Azollaceae)[J]. Plant Systematics and Evolution, 173: 223–239.

Thomas A L, 1993. *Azolla*[M]// Flora of North America Editorial Committee. Flora of North America: North of Mexico: Volume 2. New York and Oxford: Oxford University Press: 338.

West R G, 1953. The occurrence of *Azolla* in British interglacial deposits[J]. New Phytologist, 52(3): 267–272.

Wu S H, Yang T Y A, Teng Y C, et al., 2010. Insights of the latest naturalized flora of taiwan: change in the past eight years[J]. Taiwania, 55(2): 139–159.

种子植物门 | SPERMATOPHYTA
被子植物亚门 ANGIOSPERMAE

乔木或灌木、藤本，稀为草本，常具乳状汁液，有刺或无刺。单叶互生，稀对生，全缘或有锯齿或缺裂，叶脉为掌状或羽状，托叶常早落。花小，单性，雌雄同株或异株；花序顶生或腋生，呈总状、圆锥状、头状、穗状或壶状，稀为聚伞状，花序托有时为肉质，增厚或封闭而为隐头花序或开张而为圆柱状。单被花，花萼通常为 4（1～6）枚，呈覆瓦状或镊合状排列，宿存；雄蕊通常与萼片同数且对生，花丝在蕾中内折或直立，退化雌蕊有或无；雌花子房 1～2 室，上位至下位，每室有倒生或弯生胚珠 1 枚，柱头 1～2，线形。果常聚生成聚花果或隐花果，小果为瘦果或核果状。种子大或小，包于内果皮中，种皮膜质或不存。

桑科约 53 属 1 400 种，多分布于热带与亚热带地区，少数分布在温带地区。中国约有 12 属 153 种，其中 1 种为外来入侵种。

大麻属 *Cannabis* Linnaeus

一年生直立草本，具分枝，因乳液导管发育不完全，故无乳状汁液，但仍有乳液导管存在。叶互生或下部对生，具长柄，掌状全裂。花单性异株，稀同株；雄花呈长而疏散的圆锥花序，顶生或腋生，小花具细柄，下垂，花萼 5；雄蕊 5，在花蕾中直立，花丝极短，花药长圆形；雌花簇生于叶腋，每花具一叶状卵形苞片，花萼 1，薄膜质，全缘，紧包子房，花柱 2、深裂。瘦果卵形，两侧压扁，单生于苞片内。种子扁平。

分子证据显示，大麻属应从桑科分出，和葎草属（*Humulus*）、原榆科的朴亚科（Celtidoideae）等类群合并组成大麻科（Cannabaceae）（Sytsma et al., 2002）。大麻属内的分类问题一直存在争议，自 1753 年 *Cannabis sativa* Linnaeus 建立以来，关于大麻属内物种的新名称就不断出现，目前在大麻属下的名称至少有 27 个。1974 年，Schultes 等根据果实形态认为大麻属有 3 个种：*C. sativa* Linnaeus、*C. indica* Lamarck 和 *C. ruderalis* Janischewsky（Schultes et al., 1974）。Small 和 Cronquist 则根据细胞学、化学成分以及数量分类学的研究认为大麻属仅有 1 个种，即 *C. sativa* Linnaeus，并指出这是一个高度变异的种，将其分为两个亚种：原亚种和 *C. sativa* subsp. *indica* (Lamarck) Small et Cronquist，又根据其生活环境和果实形态的不同将每个亚种分为两个平行发展的类型（Small & Cronquist, 1976）。然而，尽管存在如此多的名称，一般认为，现在存在的多种变异应为 *C. sativa* Linnaeus 不同的栽培型或生物型（biotypes），而未上升到亚种或变种甚至种的等级（Zhou & Bartholomew, 2003），并且在大多数情况下，分布于北美的该属植物均可名之为 *C. sativa* Linnaeus（Small, 1997）。

大麻属 1 种或 2 种，分布于中亚，世界各地广泛栽培。中国有 1 种，为外来入侵种。

大麻 *Cannabis sativa* Linnaeus, Sp. Pl. 2: 1027. 1753. ——*Cannabis sativa* var. *ruderalis* (Janischewsky) S. Z. Liou, Fl. Liaoningica 1: 289. 1988.

【别名】 线麻、火麻、野麻、胡麻、麻

【特征描述】 一年生直立草本，高可达 3 m，茎表面有纵沟，灰绿色，密被贴伏毛。叶互生或在茎下部对生，掌状全裂，裂片 3～11，中裂片最长，裂片边缘有粗锯齿，上面疏被糙毛，背面密被灰白色贴伏毛，间被无柄腺毛，叶具长柄，托叶线形。花单性，雌雄异株，偶同株，雄株茎细长，雌株粗短；雄花序为疏散的圆锥花序，花黄绿色，花被片 5，膜质，背面及边缘均有短毛，雄蕊 5，花丝极短，花药长圆形、纵裂，富含花粉；雌花序短穗状，腋生，小花绿色，被一鸟喙状苞片所包，花被片 1，膜质透明，花柱 2、细长，其上密生小乳突。瘦果扁卵状，直径约 4 mm，为宿存苞片所包，果皮坚脆，表面具网状纹饰。大麻是一个形态多样化的类群，植株高矮、茎分枝方式、节间长短、叶的形状和大小、花序紧密程度、果实形状和大小以及苞片形状等都有一定程度的变异。通常，栽培大麻植株高大，果实较大；野生植株则相对矮小，果实也较小。染色体：$2n=20$

（Small & Cronquist, 1976）。**物候期**：物候期南北差异较大，总体而言雄花期为 5—10 月，雌花期为 7—10 月，果期为 8—10 月。

【**原产地及分布现状**】 关于大麻原产地的说法众说纷纭，其古老的栽培史使得其确切的起源地在今天看来显得很模糊，据 *Flora of China*（FOC）记载，它可能起源于中亚（Zhou & Bartholomew, 2003）。最早研究大麻起源的植物学家是 De Candolle，他在从里海南部至吉尔吉斯斯坦、俄罗斯西伯利亚地区鄂木斯克附近、经贝加尔湖直至伊尔库茨克洲的达乌里山脉这一广阔区域均发现了野生的大麻（De Candolle, 1885）。著名的俄罗斯植物学家瓦维洛夫在经过大量的科学考察，并对大麻不同生物型的表型变异进行细致的分析后，也同意 De Candolle 的观点，即大麻起源于中亚地区，可能为阿尔泰山的高地山谷（Vavilov, 1926）。印度大麻药品委员会（The Indian Hemp Drugs Commission）则认为大麻起源于一个包括喜马拉雅南部山麓在内的更加广泛的区域（Kaplan, 1969）。其他关于大麻起源地的说法还包括伊朗、印度、中国等（戴蕃瑨，1989；陈其本和杨明，1996），但大多为根据古书记载、墓葬出土物品的年代等进行的推测，均无切实的证据。墓葬出土大麻制品或种子等的年代只能反映大麻在该地域出现的时间，而无法直接证明其起源于此，古书记载也是如此，更何况古书记载的可靠性要低于对出土物品考古学的研究。Tarasov 等在贝加尔湖发现了距今约 15 000 年前的大麻花粉（Tarasov et al., 2007），这是目前所知的关于大麻的最早记录，在距今约 6 000 年前的外蒙古阿尔泰山也有大麻花粉的发现（Tarasov et al., 1998）。故关于大麻的起源无论何种说法，均绕不开中亚这一区域，中亚地区是大多数学者所认可的可信的大麻起源地。如今除大洋洲之外世界各大洲均有一定范围的大麻种植，以及因栽培而逃逸所形成的归化种群，其野生种群则主要分布于亚洲。**国内分布**：全国各省区均有栽培，在云南、西藏及东北、华北以及西北地区常见逸生，长江以南地区偶有逸生。

【**生境**】 喜营养丰富、排水性好、结构良好、有机质含量高的粉质土壤。常生于山坡、农田、路旁荒地、疏林下及水边高地。

【传入与扩散】 **文献记载**：中国最早关于大麻的明确记载为《诗经》。《诗经》的内容包括自西周初期（公元前 11 世纪）至春秋中叶（公元前 6 世纪）约五百余年间的诗歌，其中关于"麻"的记载均出现于《诗经·风》中，即当时的"民谣"，因此具体年代已不可考，且记载的都是栽培状态的"麻"。《书·禹贡》被认为是最早描写野生"枲"的中国典籍，记载其产地为岱（即山东泰山），该书的成书年代有多种说法，其中学界尊战国中期说者较多，即约在公元前 350 年。之后的各大农书、本草学著作等均有关于大麻的记载。刘全儒等于 2002 年首次将其作为"北京地区外来入侵植物"报道（刘全儒 等，2002），随后各地均有关于大麻入侵的报道。**标本信息**：P. 457 Cannabis no. 1, B（Lectotype: BM）。1974 年 Stearn 指出 Linnaeus 在 *Species Plantarum*（1753）中对大麻的描述与 *Hortus Cliffortianus*（1738）中的描述一致，所以从存放于 Clifford Herbarium（克利福特标本集）中的大麻腊叶标本中选择一份作为其后选模式（Stearn, 1974）。中国最早的标本记录是由日本植物学家矢部吉隆（Yabe Yoshitaka）于 1905 年采自北京东便门外的标本（NAS00290134）。**传入方式**：Clarke 和 Merlin 认为以现有的考古学资料和化石证据来看，在人类大范围活动之前，大麻最早可能是由鸟类携带种子而自然传播于中国境内，即早期在中国西部区域可能存在自然生长的种群，然后随着人类活动将其传播到中国北方，并成为中国古代的主要栽培作物之一（Clarke & Merlin, 2013）。然而关于大麻的传播与扩散我们应该持谨慎的态度，不能仅仅通过古植物学的形态学研究来回答。Jiang 等在新疆吐鲁番洋海墓地发现了保存完好的大麻叶片、果实和枝条，距今约 2 500 年（Jiang et al., 2006），Mukherjee 等以此为材料进行 DNA 序列的分析比对发现，这份古老的大麻样本应该是由欧洲—西伯利亚传入中国（Mukherjee et al., 2008）。鉴于大麻具有古老的栽培驯化史，并且存在多个不同的生物型，如纤维大麻和药用大麻，因此如今分布于中国的大麻存在多次传入的可能性，这还需要更多的古植物学证据来证明，而对包括古老大麻样本在内的不同时代大麻样本 DNA 的分析比对有利于我们更清晰地理解其起源、传播与扩散。**传播途径**：鸟类携带可使其进行长距离的传播，如在中国新疆有分布的候鸟赤胸朱顶雀（*Carduelis cannabina*）就在大麻由中亚传播至周边区域的过程中发挥了重要作用，而马则是大麻在整个欧亚大陆传播的关键（Clarke & Merlin, 2013）。由此可知，大麻的广泛分布是自古而今由自然传播和人类引种共同作用的结果。**繁殖方式**：

以种子繁殖。**入侵特点**：① 繁殖性　主要以种子繁殖，结实率高，种子吸水 3～7 d 即可发芽，发芽率高。② 传播性　多数杂食性的鸟类均会取食其种子，有利于其自然传播。人类长期的引种活动则使其遍布中国各地，在中国几乎每个省区都曾经种植过大麻，今天多个区域也仍有大范围的大麻种植，并常见逸生。③ 适应性　大麻对环境具有较强的适应性，对温度的耐受幅度较广。大麻拥有广泛分布于土壤表层的根系，抗旱性强，从低海拔至海拔 3 700 m、从赤道到约 63° 纬度均可生长，生长状况因其生物型不同而有差异。**可能扩散的区域**：大麻的气候适应性广，在海拔低于 3 700 m 的不同区域均可能有逸生或造成入侵。

【危害及防控】　**危害**：由于人类长期且频繁的引种驯化，野生大麻种群在欧亚大陆蓬勃发展，这使得大麻不同生物型之间存在杂交的可能性。大麻在欧洲和北美洲均被当作持续性的入侵性农业杂草（invasive agricultural weed），且 "非常具有侵略性"（extremely aggressive），大麻对北美洲的农业生产有显著影响，而入侵美国的大麻种群就是 20 世纪初期工业大麻育种中产生的杂交后代（Clarke & Merlin, 2013）。另外，9–四氢大麻酚（9–THC）含量大于 0.3% 的大麻生物型（根据 Small 和 Cronquist 的观点，该生物型为 *C. sativa* ssp. *indica*，即所谓 "印度大麻"）被列为毒品，其在中国是被明令禁止贩卖及吸食的。大麻在中国为一般性农田杂草，发生量有限，主要危害北方地区的玉米与大豆等旱地作物的种植。**防控**：由于其发生量较小，因此对侵入农田的大麻可在结果前拔除。药用大麻的种植应在政府的引导下合理、规范地进行。

【凭证标本】　新疆维吾尔自治区和田地区于田县英瓦艾特，海拔 1 424 m，36.861 4°N，81.694 4°E，2015 年 8 月 20 日，张勇 RQSB01943（CSH）；黑龙江省牡丹江市穆棱市马桥河镇，海拔 149 m，50.230 2°N，127.505 7°E，2015 年 8 月 10 日，齐淑艳 RQSB04199（CSH）；甘肃省甘南藏族自治州卓尼县大峪沟，海拔 2 382 m，35.348 3°N，103.411 5°E，2014 年 6 月 28 日，张勇、李鹏 RQSB02754（CSH）；浙江省湖州市南浔区横港村，海拔 1 m，31.117 9°N，119.923 2°E，2014 年 9 月 26 日，严靖、闫小玲、王樟华、李惠茹 RQHD01070（CSH）。

【相似种】 大麻属下仅大麻一种，因此无相似种一说。但大麻拥有诸多不同的生物型。总体而言，栽培状态下的大麻植株高大，果实也较大；野生大麻则植株相对矮小，果实较小。

Clarke 和 Merlin 根据大麻的植株大小、分枝多少、节间长短、叶形状、花序特征、种子尺寸以及用途和分布中心等的不同将其划分为不同的类型，即窄叶麻用型（narrow-leaf hemp，NLH）、宽叶麻用型（broad-leaf hemp，BLH）、窄叶药用型（narrow-leaf drug，NLD）和宽叶药用型（broad-leaf drug，BLD），此外还有窄叶麻用型祖先（narrow-leaf hemp ancestor，NLHA）和一个假设的窄叶药用型祖先（narrow-leaf drug ancestor），其中宽叶麻用型（BLH）大麻在中国分布最为广泛，从西南地区的横断山区—云贵高原至东北地区均有栽培或逸生，韩国以及日本大量栽培的也是这种类型（Clarke & Merlin, 2013）。

大麻（*Cannabis sativa* Linnaeus）

1. 生境；2. 叶；3. 果序；4. 雄花序；5. 雄花；6. 瘦果；7.～8. 窄叶型大麻

参考文献

陈其本，杨明，1996. 小议大麻的起源 [J]. 农业考古，1: 215-217.

戴蕃瑂，1989. 中国大麻起源、用途及其地理分布 [J]. 西南师范大学学报（自然科学版），3: 114-119.

刘全儒，于明，周云龙，2002. 北京地区外来入侵植物的初步研究 [J]. 北京师范大学学报（自然科学版），38（3）: 399-404.

Clarke R C, Merlin M D, 2013. *Cannabis*: evolution and ethnobotany[M]. Berkeley: University of California Press: 1–434.

De Candolle A, 1885. Origin of cultivated plants[M]. New York: Daniel Appleton and Company: 148–149.

Jiang H E, Li X, Zhao Y X, et al., 2006. A new insight into *Cannabis sativa* (Cannabaceae) utilization from 2500–year-old Yanghai Tombs, Xinjiang, China[J]. Journal of Ethnopharmacology, 108(3): 414–422.

Kaplan J, 1969. Marijuana: report of the Indian Hemp Drugs Commission 1893–1894[M]. Silver Spring, MD: Thomas Jefferson Publishing Company.

Mukherjee A, Roy S. C, De Bera S, et al., 2008. Results of molecular analysis of an archaeological hemp (*Cannabis sativa* L.) DNA sample from north west China[J]. Genetic Resources and Crop Evolution, 55(4): 481–485.

Schultes R E, Klein W M, Plowman T, et al., 1974. *Cannabis*: an example of taxonomic neglect[M]. Cambridge: Botanical Museum Leaflets, Harvard University, 23: 337–367.

Small E, 1997. Cannabaceae[M]// Flora of North America Editorial Committee. Flora of North America North of Mexico: Volume 3. New York and Oxford: Oxford University Press: 222.

Small E, Cronquist A, 1976. A practical and natural taxonomy for *Cannabis*[J]. Taxon, 25(4): 405–435.

Stearn W T, 1974. Typification of *Cannabis sativa* L[M]. Cambridge: Botanical Museum Leaflets, Harvard University, 23(9): 325–336.

Sytsma K J, Morawetz J, Pires J C, et al., 2002. Urticalean rosids: circumscription, rosid ancestry, and phylogenetics based on *rbcL*, *trnL-F*, and *ndhF* sequences[J]. American Journal of Botany, 89(9): 1531–1546.

Tarasov P, Bezrukovab E, Karabanovc E, et al., 2007. Vegetation and climate dynamics during the Holocene and Eemian interglacials derived from Lake Baikal pollen records[J]. Palaeogeography, Palaeoclimatology, Palaeoecology, 252(3–4): 440–457.

Tarasov P, Webb III T, Andreev A A, et al., 1998. Present-day and mid-Holocene Biomes reconstructed from pollen and plant macrofossil data from the Former Soviet Union and

Mongolia[J]. Journal of Biogeography, 25(6): 1029–1053.

Vavilov N I, 1926. Tzentry proiskhozhdeniya kulturnykh rastenii. (The centers of origin of cultivated plants.) (In Russian and English.)[J]. Bulletin of Applied Botany, Genetics, and Plant Breeding, 16(2): 1–248.

Zhou Z K, Bartholomew B, 2003. Cannabaceae[M]// Wu Z Y, Raven P H, Hong D Y. Flora of China: Volume 5. Beijing: Science Press & St. Louis: Missouri Botanical Garden Press: 74–75.

荨麻科 | Urticaceae

　　草本、亚灌木或灌木，稀乔木或攀援藤本，有时具螫毛。茎常富含纤维，有时肉质。单叶互生或对生，常具托叶，叶表皮细胞内常有钟乳体。花极小，单性，雌雄同株或异株，稀两性，常排成聚伞花序、圆锥花序或由若干小的团伞花序排成总状、头状或穗状，或密集于膨大的花序托上。雄花花被片2～5，稀1，覆瓦状排列或镊合状排列；雄蕊与花被片同数而对生，花丝在花蕾中内曲，成熟时利于将花粉向上弹射出，常具退化雌蕊。雌花花被片5～9，稀2或缺，分生或多少合生，花后常增大，退化雄蕊鳞片状或缺；子房1室，与花被离生或贴合，花柱单一或无花柱；胚珠1，直立。果为瘦果，有时为肉质核果状，常包被于宿存的扩大、干燥或肉质的花被内。种子内胚乳常为油质或缺，子叶肉质，卵形或近圆形。

　　荨麻科约有48属1 300余种，分布于世界热带与温带地区。中国有29属约350种，其中1种为外来入侵种，另外原产于热带美洲的火焰桑叶麻 [Laportea aestuans (Linnaeus) Chew] 在台湾地区归化，并有不断扩散的趋势，需注意监控其种群的动态。

　　分子系统学研究显示，号角树科（Cecropiaceae）应合并入荨麻科（Sytsma et al., 2002），并新增一发现于中国神农架的新属征镒麻属（*Zhengyia*）（Deng et al., 2013）。此外，中国引种了号角树属（*Cecropia*）、伞树属（*Musanga*）和金钱麻属（*Soleirolia*）。

冷水花属 *Pilea* Lindley

　　一年生或多年生草本，稀为亚灌木，无刺毛。叶对生，具柄，稀同对的一枚近无柄，同对叶片等大或稍不等大，边缘具齿或全缘，具三出脉，稀为羽状脉，表皮细胞内的钟乳体呈线形、纺锤形或短杆状、稀点状；托叶2，在柄内合生。花单性，雌雄同株或异株，团伞花序单生或簇生，或排成聚伞状、圆锥状或头状，腋生；雄花花被片 2～4，稀为 5，花被片合生至中部或基部，雄蕊与花被片同数对生；退化雌蕊小，圆锥状。雌花花被片 3，稀为 5，分生或多少合生，常不等大，不同形，有时近等大，在果时增大；退化雄蕊鳞片状，花后常增大；子房直立，无花柱，柱头呈画笔头状。瘦果卵形或近圆形，多少压扁，表面平滑无毛或有瘤状突起。种子无胚乳。

　　冷水花属约有 400 种，广泛分布于热带与亚热带地区，少数分布于温带地区。中国约有 90 种，其中 1 种为外来入侵种。此外京都冷水花（*Pilea kiotensis* Ohwi）和华东冷水花（*Pilea elliptifolia* B. L. Shih et Yuan P. Yang）被报道在中国浙江归化，京都冷水花原产于日本，在中国是一个被忽略的种，在浙江分布较广，过去常与山冷水花 [*Pilea japonica* (Maximowicz) Handel-Mazzetti] 相混淆；华东冷水花原产于中国台湾，现在浙江杭州有分布（徐跃良　等，2019）。

小叶冷水花 *Pilea microphylla* (Linnaeus) Liebmann, Kongel. Danske Vidensk. Selsk. Skr., Naturvidensk. Math. Afd. 2: 296.1851.　——*Parietaria microphylla* Linnaeus, Syst. Nat., (ed. 10) 2: 1308. 1759.

【别名】　透明草、小叶冷水麻、礼花草、玻璃草、小水麻

【特征描述】　一年生小草本，铺散或直立，高约 10 cm，无毛。茎肉质，多分枝，干时常变蓝绿色，密布线形钟乳体。叶片小、肉质、倒卵形至匙形，同对的不等大，先端钝，基部楔形或渐狭，边缘全缘，钟乳体线形，在叶的上表面明显，呈横向排列；叶脉羽状，中脉稍明显，在近先端消失，侧脉和网脉均不明显；叶柄纤细，长为 1～4 mm；托叶不明显。雌雄同株，有时同序，聚伞花序小型，腋生，密集成近头状，具梗，稀近无梗。雄花序生于下部叶腋，不具花序托，无总苞片，雄花花被片 4，卵形，外面近先端有短角状突起，雄蕊 4。雌花序生于上部叶腋，雌花花被片 3，大小不等，果时中间 1 片呈倒卵形，稍增厚，与果近等长；侧生 2 枚呈卵形，先端锐尖，薄膜质，相比较长的一枚短约 1/4。瘦果卵形，熟时变褐色，光滑。染色体：不同地区对其染色体数的

报道不同，有 $2n=50$（印度南部；Subramanian & Thilagavathy, 1988）和 $2n=36$（夏威夷；Wagner et al., 1990）。**物候期**：花果期为夏秋季节。在中国台湾地区可全年开花结果（Yang et al., 1996）。

【原产地及分布现状】 小叶冷水花原产于美洲热带地区，包括美国佛罗里达州、墨西哥、西印度群岛以及中南美洲的热带地区（Wagner et al., 1990; Pool, 2001）。其曾作为观赏植物广泛栽培于全世界，归化于世界热带与亚热带地区，欧洲的一些国家如波兰也有分布（Galera & Ratyńska, 1999），并在多个国家成为入侵植物。**国内分布**：安徽、澳门、北京、重庆、福建、广东、广西、贵州、海南、湖北、湖南、江苏、江西、山西、上海、台湾、香港、云南、浙江。在北方地区常见于花盆及温室内，露天难以越冬。

【生境】 喜潮湿环境，生于低海拔山地、沟谷、溪边、路旁、石缝以及园圃当中，常见于房前屋后潮湿阴凉的墙壁、砖缝、水井、沟渠等处。

【传入与扩散】 **文献记载**：奥地利植物学家 Handel-Mazzetti 于 1929 年首先对中国大陆的冷水花属植物进行了系统整理，共记载了 36 种，其中就有关于小叶冷水花的记录，但未说明具体分布，只记载由广东引进（Handel-Mazzetti, 1929）。该种在台湾最早的记载见于日本植物学家正宗严敬（Masamune Genkei）在《台湾博物学会会报》上的描述（Masamune, 1939）。刘全儒等于 2002 年首次将其作为北京地区外来入侵植物报道（刘全儒 等，2002）。**标本信息**：Herb. Linn. 1220.8（Lectotype: LINN）。这份标本由 Patrick Browne 采集自牙买加，De Rooij 将其指定为后选模式（De Rooij, 1975）。中国最早的标本记录为当时任教于岭南大学的罗飞云教授（Carl Oscar Levine）于 1917 年采自广州的标本（C.O.Levine 997）（PE），随后的 10 年间在广西、海南、台湾以及香港等地均采到标本。**传入方式**：根据 Handel-Mazzetti（1929）的记载，小叶冷水花为"广东引进"（Kwangtung, eingeschleppt），这是关于该种在中国最早的文献记载。正宗严敬（1939）的描述为"可能最近引进台湾"。该种最早的标本采自广东，因此其首次传入地应该是广东省，传入时间为 20 世纪初，可能是作为小型观赏植物有意引进，或是在花木交易时无意引入，前者的可能性较大。**传播途径**：通常在园艺贸易活动中随带土苗木传播，或作为微景观植物随着人为有意引种而传播扩散。此外也有关于该种的种子附着于鸟类羽毛或羊毛中传播的报道（Sugden, 1982）。**繁殖方式**：以种子繁殖，植物茎段在适宜的土壤中也可生根长成新的植株。**入侵特点**：① 繁殖性 小叶冷水花植株体小，常多株丛生，虽然没有关于该种单株种子量的报道，但在其生长的区域内土壤中的种子量非常大，萌发率高，生长迅速，如在西双版纳的季雨林和一些次生林中（Cao et al., 2000）。在植物园、花圃、温室周围也是如此，当环境适宜，小叶冷水花极易逃逸至野外。② 传播性 该种成熟时其种子细小、干燥，易于短距离传播。虽然该种自然传播的范围有限，但极易混于花盆及苗木所携带的土壤中，随着园艺活动的发展，这种方式已成为该种传播的主要方式。③ 适应性 该种喜温暖、湿润的环境，耐阴，但在阳光充足且相对干燥的环境中也能生长。对土壤条件的适应性广，砂土、壤土或黏土均可生长。适宜的生长温度为 15～25℃，不耐低温，冬季温度低于 5℃ 则逐渐死亡。**可能扩散的区域**：该种常混杂于带土苗木及花盆的泥土中随园艺活动而在全国各地传播，但因其在北方地区无法越冬，入侵范围有限。因此该种可能扩散的区域更倾向于适宜其生长的一些具小气候环境的地区，同时其野外分布区域也在逐渐北移。

【危害及防控】 **危害**：小叶冷水花在大多数情况下表现为一种园艺杂草，如温室杂草、花园杂草等，有时也可能成为农业杂草或环境杂草。在美洲有些区域由于其生长迅速，而影响其他观赏或食用植物的种植和养护，如兰花的栽培（Freitas et al., 2007）和阿萨伊果（巴西莓）（*Euterpe oleracea* Martius）的苗期管理（Romani et al., 2013），甚至在一些花园成为严重的入侵植物。**防控**：小范围的入侵可在结果前彻底人工清除，避免遗留植株片段。在对美洲大量发生的小叶冷水花种群的防治研究中发现，一定浓度的果尔（Oxyfluorfen）可有效控制其种群发生（Freitas et al., 2007; Romani et al., 2013）。

【凭证标本】 香港岛薄扶林大道，海拔 145 m，22.269 7°N，114.130 1°E，2015 年 7 月 26 日，王瑞江、薛彬娥、朱双双 RQHN00946（CSH）；贵州省黔西南州望谟县望谟河边，海拔 548 m，25.176 6°N，106.094 9°E，2016 年 7 月 16 日，马海英、彭丽双、刘斌辉、蔡秋宇 RQXN05211（CSH）；江苏省南京市栖霞区花卉市场，海拔 43 m，32.107 3°N，118.877 4°E，2015 年 6 月 29 日，严靖、闫小玲、李惠茹、王樟华 RQHD02522（CSH）。

【相似种】 透茎冷水花 [*Pilea pumila* (Linnaeus) A. Gray]。小叶冷水花以其肉质的植株、全缘而小巧的叶片在植株形态上有独特之处。透茎冷水花植株也呈肉质，但该种叶片明显更宽大，且叶片基部以上具牙齿或牙状锯齿，与小叶冷水花有较大区别。除新疆、青海、台湾和海南之外，该种分布几乎遍及全国。

另外，吴姗桦等记录了一种作为观赏植物引进的泡叶冷水花 [*Pilea nummulariifolia* (Swartz) Weddell] 于 2009 年在台湾归化（Wu et al., 2009），该种茎匍匐生长，叶片近圆形，边缘具圆齿，叶肉组织在叶上面不平整而似泡状隆起。泡叶冷水花原产于热带美洲，中国华南地区和台湾有引种。

小叶冷水花 [*Pilea microphylla* (Linnaeus) Liebmann]

1. 生境；2.～3. 植株；4. 花序；5. 雄花

相似种：泡叶冷水花 [*Pilea nummulariifolia* (Swartz) Weddell]

相似种：透茎冷水花 [*Pilea pumila* (Linnaeus) A. Gray]

参考文献

刘全儒，于明，周云龙，2002. 北京地区外来入侵植物的初步研究 [J]. 北京师范大学学报（自然科学版），38（3）：399–404.

徐跃良，张洋，何贤平，等，2019. 浙江植物新记录 [J]. 浙江林业科技，39（4）：95–98.

Cao M, Tang Y, Sheng C Y, et al., 2000. Viable seeds buried in the tropical forest soils of Xishuangbanna, SW China[J]. Seed Science Research, 10(3): 255–264.

De Rooij M J M, 1975. *Pilea*[M]// Lanjouw J, Stoffers A L. Flora of Suriname: Volume 5. Leiden: E. J. Brill: 314.

Deng T, Kim C, Zhang D G, et al., 2013. *Zhengyia shennongensis*: a new bulbiliferous genus and species of the nettle family (Urticaceae) from central China exhibiting parallel evolution of the bulbil trait[J]. Taxon, 62(1): 89–99.

Freitas F C L, Grossi J A S, Barros A F, et al., 2007. Chemical control of *Pilea microphylla* in Orchid cultivation[J]. Planta Daninha, 25(3): 589–593.

Galera H, Ratyńska H, 1999. Greenhouse weeds in the Botanical Garden of PAS in Warsaw-Powsin[J]. Acta Societatis Botanicorum Poloniae, 68(3): 227–236.

Handel-Mazzetti H, 1929. Symbolae Sinicae: Volume 7[M]. Vienna: Verlag von Julius Springer: 141.

Masamune G, 1939. Transactions of the natural history society of Taiwan[J]. Bulletin of the Taiwan Natural History Society, 29: 84.

Pool A, 2001. Urticaceae[M]// Stevens W D, Ulloa C, Pool A, et al. Flora de Nicaragua: Volume 85, T. 3. St. Louis, Missouri: Missouri Botanical Garden Press: 2479–2495.

Romani G N, Queiroz J R G, Silva M T, et al., 2013. Chemical control of *Pilea microphylla* in *Euterpe oleraceae* nurseries with oxyfluorfen[J]. Acta Horticulturae, 1000: 327–330.

Subramanian D, Thilagavathy A, 1988. Cytotaxonomical studies of south Indian Urticaceae[J]. Cytologia, 53(4): 671–678.

Sugden A M, 1982. Long-distance dispersal, isolation, and the cloud forest flora of the Serranía de Macuira, Guajira, Colombia[J]. Biotropica, 14(3): 208–219.

Sytsma K J, Morawetz J, Pires J C, et al., 2002. Urticalean rosids: circumscription, rosid ancestry, and phylogenetics based on *rbcL*, *trnL-F*, and *ndhF* sequences[J]. American Journal of Botany, 89(9): 1531–1546.

Wagner W L, Herbst D R, Sohmer S H, 1990. Manual of the flowering plants of Hawaii: Volume 2[M]. Honolulu: University of Hawaii Press & Bishop Museum Press: 1306.

Wu S H, Chang C Y, Tsai J K, et al., 2009. A newly naturalized species in Taiwan: *Pilea nummulariifolia* (Swartz) Weddell (Urticaceae)[J]. Taiwania, 54(2): 179–182.

Yang Y P, Shih B L, Liu H Y, 1996. Urticaceae[M]// Tseng-Chieng. Flora of Taiwan: Volume 2, 2nd ed. Taipei: Editorial Committee of the Flora of Taiwan: 245.

蓼科 | Polygonaceae

草本，稀灌木或小乔木。茎直立、平卧、攀援或缠绕，茎节通常膨大，稀膝曲。单叶，互生，稀对生或轮生，边缘通常全缘，有时分裂，常具叶柄；托叶通常联合成膜质鞘包围茎节，称为托叶鞘，宿存或脱落。花较小，两性，稀单性，雌雄异株或同株，辐射对称，簇生叶腋或由花簇排列成穗状、总状、头状或圆锥状的花序，花梗常具关节。花被 3~6 深裂，常花瓣状，覆瓦状排列或成 2 轮，宿存，内花被片有时增大，背部具翅、刺或小瘤；雄蕊常 8 枚，稀 6~10 枚或更少，花丝离生或基部贴生，花盘环状或缺；子房上位，1 室，通常 3 心皮，花柱 2~3，稀 4，离生或下部合生，胚珠 1，直生，极少倒生。瘦果卵形或椭圆形，具 3 棱或双凸镜状，有时具翅或刺，包于宿存花被内或外露。种子具丰富的粉质胚乳，胚常弯曲，子叶扁平。

蓼科内各属的划分存在一定的争议，尤其是蓼属（*Polygonum*），根据分子系统学的证据，之前广义上的蓼属应拆分为数个小属（Sanchez et al., 2011），而荞麦属（*Fagopyrum*）应合并翅果蓼属（*Parapteropyrum*）（Tian et al., 2011）。中国近年来引种了海葡萄属（*Coccoloba*）、蓼树属（*Triplaris*）、苞蓼属（*Eriogonum*）和千叶兰属（*Muehlenbeckia*）。

蓼科约 50 属，1 150 余种，广布于全世界，但主产于北温带，少数分布于热带。中国有 18 属，约 240 种，其中 1 种为外来入侵种。国内文献常将竹节蓼 [*Homalocladium platycladum* (F. J. Muller) Bailey] 和小酸模（*Rumex acetosella* Linnaeus）作为入侵植物报道，经查证，前者在中国仍处于栽培状态，偶有逸生，但并未形成入侵，后者为国产种，而非外来种。宾州蓼（*Polygonum pensylvanicum* Linnaeus）在江苏的进口粮食口岸有分布记录（胡长松 等，2016）。香辣蓼 [*Persicaria odorata* (Lour.) Soják] 于 2019 年被报道在中国南方归化，该种原产于中南半岛，被作为香料植物在云南、广西、广东及江西等地的傣族或客家人聚居区广泛栽培，现在云南西双版纳傣族自治州及德宏傣族景颇族自治州发现大量归化居群（王冰 等，2019），需注意监测其种群动态。

珊瑚藤属 *Antigonon* Endlicher

多年生攀缘状藤本。茎基部稍木质，具卷须和肥厚的块茎。叶互生，基部心形或戟形，托叶鞘退化，通常只留一横线痕迹，具叶柄。花序总状，花序轴顶端延伸成卷须；花两性，呈红色或白色，花被5裂，外轮3枚较内轮2枚大，宿存，结果时略增大；雄蕊7～8枚（稀10枚），花丝基部合生；子房卵形，略具3棱。瘦果三角形，光滑，包藏于宿存花被内。

珊瑚藤属原产于美洲热带，即从墨西哥的下加利福尼亚州西部向南至哥斯达黎加的区域（Duke, 1960）。珊瑚藤属内的物种划分存在一定的难度，不同的分类学家认为该属内所含的物种数不尽相同，有1种至8种等不同的观点（Brandbyge, 1993; Graham & Wood, 1965），我国的各地方植物志所采取的观点也不一致，但大多数学者认为该属有4种（Duke, 1960; Standley & Steyermark, 1946）。中国引入1种，即珊瑚藤，为外来入侵种。

**珊瑚藤 *Antigonon leptopus* Hooker & Arnott, Bot. Beechey Voy. 308, t. 69. 1838. ——
Antigonon cinerascens M. Martens & Galeotti, Bull. Acad. Roy. Sci. Bruxelles, 10(1):
354−355. 1843.**

【别名】 秋海棠、凤冠、紫苞藤、红珊瑚、假菩提

【特征描述】 多年生攀缘状藤本植物。基部稍木质，具地下块茎。茎被短柔毛，具棱，先端呈卷须状。单叶互生，呈卵状三角形，顶端渐尖或急尖，基部心形或近戟形，全缘，略呈波浪状，叶两面被短柔毛，网脉明显，叶柄长约2 cm，托叶鞘退化，仅留一横线痕迹。花多数，常呈淡红色，有时白色，排成长的总状花序，最终成为一个复合的大型圆

锥状花序，花序轴顶部延伸成卷须，被柔毛。花两性，雌雄蕊异熟，在功能上表现为雌雄同株。花被 5 裂，外轮 3 枚较内轮 2 枚大，宿存。雄蕊 8 枚，稀 10 枚，其中 4 枚较另 4 枚长约 1 mm，交替排列，花丝具腺毛，基部合生；子房卵形，略具 3 棱，柱头 3，花柱远短于花丝。瘦果卵状三角形，顶端锐尖，成熟时呈褐色，藏于增大宿存花被中；种子大，胚乳丰富。**染色体**：$2n=14$，40，$42\sim44$，48（Freeman & Reveal, 2005）。**物候期**：在温暖的区域几乎全年都能开花结果，但盛花期在夏秋季；在温带气候中其花果期为夏秋季节，冬季落叶。单个花序持续开花的时间约为 10 d。

【**原产地及分布现状**】 珊瑚藤原产于墨西哥，在热带或温暖的亚热带地区作为观赏植物被广泛引种栽培并逃逸，包括非洲、美洲、东南亚、澳大利亚以及太平洋的大部分岛屿（Burke & DiTommaso, 2011），并在多处成为强入侵植物，尤其是热带岛屿（Swarbrick & Hart, 2001）。**国内分布**：安徽、澳门、福建、广东、广西、海南、江苏、台湾、香港和云南均有栽培，在福建、广东、海南、台湾和云南等地逸为野生。

【**生境**】 在热带与亚热带地区可在多种生境中生长，包括滨海森林或礁石、干燥或潮湿的低地森林、雨林边缘，常见于干扰生境中，如路边荒地、公园、废弃的区域等。

【**传入与扩散**】 **文献记载**：早在 1917 年，日本植物学家早田文藏（Bunzo Hayata）就在他的著作中记录了该种，分布的地点为中国台北（Hayata, 1917）。我国各地方植物志中最早记载该种的为 1965 年出版的《海南植物志》（侯宽昭 等，1965）。2006年，陈运造将其列为台湾苗栗地区外来入侵植物之一（陈运造，2006）。**标本信息**：Beechey s.n.（Type: E）。模式标本采自墨西哥的瓦哈卡。1915 年，日本植物学家松田英二（Eizi Matuda）在台湾屏东采集到该种（TAI041874），这是该种在中国最早的标本记录，之后 1919 年在广东、1922 年在福建均采集到其标本。**传入方式**：该种在世界各地被作为观赏植物广泛引种，其传入中国的方式也是如此。有报道称该种于 1913年由日本人自大洋洲引入台湾（何家庆，2012），但没有给出相关的证据。我们根据最早的标本信息以及文字记载推断，该种传入中国的时间为 1910 年左右，首次传入地点为台湾。**传播途径**：主要随着人类的大范围引种栽培活动而传播。其果实可浮于水面，随水流传播，同时有些动物（如鸟类）会取食该种的果实，从而使其种子得以扩散。**繁殖方式**：主要以种子繁殖，也可通过植物片段如茎段、块茎和根吸盘（root suckers）等进行无性繁殖（Raju et al., 2001）。**入侵特点**：① 繁殖性　该种生长迅速，植株覆盖面积大，单株可生产大量的种子，这些种子在野外可维持活力达数年之久。此外还可以植物片段进行克隆繁殖，这种既可以种子繁殖又可无性繁殖的双重繁殖方式使该种成为热带地区成功的入侵植物（Raju et al., 2001）。② 传播性　该种的传播介质以及传播方式多种多样，传播性强。种子细小，且极易随水流和动物的取食而传播；地下块茎与根吸盘易随土壤的迁移而扩散（Burke & DiTommaso, 2011）。③ 适应性　该种喜生于阳光充足、高温多雨的低海拔地区，在其原产地的分布范围均低于海拔 1 000 m（Burke & DiTommaso, 2011）。对土壤条件要求不高，耐旱、耐贫瘠、耐盐碱、耐水淹，该种可通过落叶度过干旱，水分充足时便迅速生长。该种主要生长于温暖的热带和亚热带地区，不耐低温，叶片在低于冰点时即死亡，若土壤冻结，其根部会死亡（Langeland et al., 2008），因此限制其分布范围的主要因素是温度。**可能扩散的区域**：年平均气温相对较高的华南地区。

【危害及防控】　**危害**：珊瑚藤为大型藤蔓植物，可完全覆盖树冠，影响其他物种的资源分配，妨碍其他植物生长，排挤本土植物，破坏原生植被。该种在印度是强入侵种，覆盖范围广，对当地的园林绿化造成了严重危害（Raju et al., 2001; Surendra et al., 2013）。**防控**：目前该种在中国并未大面积扩散，危害程度有限，可通过物理方法防除，需注意必须去除其地下块茎才能根除。关于该种的化学及生物防治方面的研究尚浅，化学物质如草甘膦等的防除效果以及喷雾的浓度范围尚不明确。Burke 和 DiTommaso 指出，对于被大面积入侵的地方，可采取物理与化学方法相结合的方式防除，并建议限制使用草甘膦而以绿草定（triclopyr）（0.2 kg/hm^2）代替（Burke & DiTommaso, 2011）。

【凭证标本】　海南省三亚市春光路，海拔 9 m，18.262 3°N，109.513 0°E，2015 年 8 月 8 日，王发国、李仕裕、李西贝阳、王永淇 RQHN03166（CSH）；广东省潮州市湘桥区凤凰洲，海拔 43 m，23.653 0°N，116.645 7°E，2014 年 10 月 6 日，曾宪锋 RQHN06399（CSH）。

【相似种】 珊瑚藤属内物种之间界限模糊，长期以来各种的描述均不明确，需要进行分类学修订（Brandbyge, 1993）。其中珊瑚藤分布最广，且在世界热带地区广泛栽培，其表型可塑性高，变异非常大，尤其是叶的形状和块茎的大小与重量，花冠的颜色也存在变异，其中白花型为栽培状态下的变异。基于形态特征和地理分布特点，该属内另外 3 个比较明确的种分别为 *Antigonon amabile* W. Bull、*Antigonon cordatum* M. Martens & Galeotti 和 *Antigonon platypus* Hooker & Arnott，并且珊瑚藤和 *Antigonon platypus* Hooker & Arnott 之间可能存在着天然杂交（Burke & DiTommaso, 2011）。

珊瑚藤 (*Antigonon leptopus* Hooker & Arnott)

1.～2. 生境；3. 叶；4.～5. 花序；6. 花；7. 瘦果；8. 果序

参考文献

陈运造，2006. 苗栗地区重要外来入侵植物图志 [M]. 苗栗："行政院农业委员会"苗栗区农业改良场：21.

何家庆，2012. 中国外来植物 [M]. 上海：上海科学技术出版社：39.

侯宽昭，吴德邻，卫兆芬，1965. 蓼科 [M] // 陈焕镛. 海南植物志（第一卷）. 北京：科学出版社：385-394.

胡长松，陈瑞辉，董贤忠，等，2016. 江苏粮食口岸外来杂草的监测调查 [J]. 植物检疫，30（4）：63-67.

王冰，金静婉，陈少风，等，2019. 香辣蓼，中国春蓼属（蓼科）——新归化植物 [J]. 热带亚热带植物学报，27（4）：465-468.

Brandbyge J, 1993. Polygonaceae[M]// Kubitzki K, Rohwer J G, Bittrich V. The families and genera of vascular plants: Volume 2. Berlin, Germany: Springer-Verlag: 531–544.

Burke J M, DiTommaso A, 2011. Corallita (*Antigonon leptopus*): intentional introduction of a plant with documented invasive capability[J]. Invasive Plant Science and Management, 4(3): 265–273.

Duke J A, 1960. Polygonaceae[J]// Rizzini C T. Flora of Panama. Part IV, Fascicle III. Annals of the Missouri Botanical Garden, 47(4): 305–341.

Freeman C C, Reveal J L, 2005. Polygonaceae[M]// Flora of North America Editorial Committee. Flora of North America: North of Mexico: Volume 5. New York and Oxford: Oxford University Press: 216–601.

Graham S A, Wood C E, 1965. The genera of Polygonaceae in the southeastern United States[J]. Journal of the Arnold Arboretum, 46(2): 91–121.

Hayata B, 1917. General index to the flora of "Formosa" [1] [R]. Taibei: Bureau of productive industry, government of "Formosa": 59.

Langeland K A, Cherry H M, McCormick C M, et al., 2008. Identification and biology of non-native plants in Florida's natural areas[M]. 2nd ed. Gainesville, Florida, USA: University of Florida IFAS Extension.

Raju A J S, Raju V K, Victor P, et al., 2001. Floral ecology, breeding system and pollination in *Antigonon leptopus* L. (Polygonaceae)[J]. Plant Species Biology, 16(2): 159–164.

Sanchez A, Schuster T M, Burke J M, et al., 2011. Taxonomy of Polygonoideae (Polygonaceae): a new tribal classification[J]. Taxon, 60(1): 151–160.

Standley P C, Steyermark J A, 1946. Polygonaceae[J]// Standley P C, Steyermark J A. Flora of Guatemala. Part IV. Fieldiana, Botany, 24(4): 104–137.

Surendra B, Muhammed A A, Temam S K, et al., 2013. Invasive alien plant species assessment in urban ecosystem: a case study from Andhra University, Visakhapatnam, India[J]. International Research Journal of Environmental Science, 2(5): 79–86.

[1] "Formosa"，即中国台湾。

Swarbrick J T, Hart R, 2001. Environmental weeds of Christmas Island (Indian Ocean) and their management[J]. Plant Protection Quarterly, 16(2): 54–57.

Tian X M, Luo J, Wang A, et al., 2011. On the origin of the woody buckwheat *Fagopyrum tibeticum* (=*Parapteropyrum tibeticum*) in the Qinghai-Tibetan Plateau[J]. Molecular Phylogenetics and Evolution, 61(2): 515–520.

商陆科 | Phytolaccaceae

草本或灌木，稀为乔木。通常直立，稀攀援。单叶互生，全缘，托叶小或无。花小，两性，或有时为单性，辐射对称，排列成总状花序、聚伞花序、圆锥状花序或穗状花序，腋生或顶生；花被片4～5，分离或基部连合，大小相等或不等，呈叶状或花瓣状，宿存；雄蕊4～5或多数，与花被片互生或对生，或多数而成不规则排列，花丝分离或基部略相连，花药2室；子房上位，心皮1至多数，分离或合生，每心皮含1胚珠，花柱与心皮同数。果实肉质，浆果或核果，稀蒴果。种子小，侧扁，呈肾形或球形，胚位于胚乳外围，胚乳丰富，粉质或油质。

商陆科约17属70余种，广布于热带至温带地区，主产于美洲热带、非洲南部，少数产于亚洲。中国有4属10种，其中2属2种为外来入侵植物，另外引种的铁环藤属（*Trichostigma*）、蒜香草属（*Petiveria*）在华南地区归化。

传统的商陆科是一个多系类群，随着研究的深入，发现其科内所含属的组成一直都在变化。系统发育学研究表明，Stegnospermataceae、Achatocarpaceae、Petiveriaceae、Agdestidaceae、Gisekiaceae、Barbeuiaceae 和 Microteaceae 等科均应从商陆科中独立（APG，1998; Cuénoud et al., 2002; Schäferhoff et al., 2009）。

参考文献

Angiosperm Phylogeny Group(APG), 1998. An ordinal classification for the families of flowering plants[J]. Annals of the Missouri Botanical Garden, 85(4): 531–553.

Cuénoud P, Savolainen V, Chatrou L W, et al., 2002. Molecular phylogenetics of Caryophyllales based on nuclear 18S rDNA and plastid *rbcL*, *atpB*, and *matK* DNA sequences[J]. American Journal of Botany, 89(1): 132–144.

Schäferhoff B, Müller K F, Borsch T, 2009. Caryophyllales phylogenetics: disentangling

Phytolaccaceae and Molluginaceae and description of Microteaceae as a new isolated family[J]. Willdenowia, 39(2): 209–228.

> ## 分属检索表

1 花被片 5；雄蕊 6～33；心皮 5～16；果实黑色或暗红色⋯⋯⋯ 1. 商陆属 *Phytolacca* Linnaeus

1 花被片 4；雄蕊 4；心皮单一；果实鲜红色或橙色⋯⋯⋯⋯⋯ 2. 数珠珊瑚属 *Rivina* Linnaeus

1. 商陆属 *Phytolacca* Linnaeus

草本或灌木，稀为乔木，根通常肉质肥大。茎直立或攀援。叶互生，卵形、椭圆形或披针形，常有大量的针晶体，无托叶。花通常两性，稀单性，小型，有梗或无，排成总状花序、聚伞圆锥花序或穗状花序，花序顶生或与叶对生；花被片 5，常花瓣状，开展或反折，宿存；雄蕊 6～33，着生于花被基部，花丝分离或基部连合；子房近球形，上位，心皮 5～16，分离或连合，每室 1 胚珠，花柱钻形，离生。果实为浆果，肉质多汁，后干燥，扁球形；种子肾形，扁压，光滑或具纤细同心条纹，胚环形，包围粉质胚乳。

该属长期以来缺乏系统的分类学研究，因此在种的划分以及形态描述上不够明确，以至于该属内所含种数仍不确定。该属有 25～35 种，分布于热带至温带地区，大部分产于南美洲。中国有 7 种，其中 1 种为外来入侵种，另有二十蕊商陆（*Phytolacca icosandra* Linnaeus）在台湾归化（Hsieh et al., 2012），巴西商陆（*Phytolacca thyrsiflora* Fenzl ex J. A. Schmidt）在江苏的进口粮食口岸有分布记录（胡长松 等，2016）。

垂序商陆 *Phytolacca americana* Linnaeus, Sp. Pl. 1: 441. 1753.

【别名】 美洲商陆、垂穗商陆、美国商陆、十蕊商陆、洋商陆、美商陆

【特征描述】 多年生高大草本，高可达 2～3 m。根粗壮、肉质，圆锥形；茎直立，常为紫红色，中部以上多分枝。叶椭圆状卵形或卵状披针形，顶端急尖或渐尖，基部楔形，叶柄长可达 4 cm。总状花序顶生或与叶对生，稍下垂，花序轴通常比叶长，小花排列稀疏，花两性，花被片 5，白色，微带红晕，雄蕊 10，心皮及花柱通常为 10（有时为 8 或 12），心皮合生。果序明显下垂，浆果扁球形，成熟时紫黑色。种子肾形，稍扁平，黑褐色，平滑而有光泽。**染色体**：$2n$=18，36（Lu & Larsen，2003）。**物候期**：花期为 6—8 月，果期为 8—10 月。

【**原产地及分布现状**】 原产于北美洲，现广泛分布于亚洲和欧洲（Lu & Larsen，2003），非洲也有引种栽培（Huang & Huang，1996）。该种可能于 17 世纪首次被引入欧洲，到 20 世纪末已经在欧洲的西南部和北部地区归化，并最终成为广布于欧洲的外来入侵种（Dumas，2011）。**国内分布**：安徽、北京、重庆、福建、甘肃、广东、广西、贵州、海南、河北、河南、黑龙江、湖北、湖南、江苏、江西、辽宁、陕西、山东、上海、四川、台湾、天津、香港、新疆、云南、浙江。

【**生境**】 喜疏松深厚的土壤环境，耐阴，生于路边荒地、房前屋后以及农田或公园绿化中，多入侵于草地、林缘及疏林下，适应开阔、干扰的生境。

【**传入与扩散**】 **文献记载**：垂序商陆在中国最早的记载见于 1937 年出版的《中国植物图鉴（第 1 版）》（贾祖璋和贾祖珊，1937）。1995 年，郭水良和李扬汉首次将其作为外来杂草报道，并指出其对菜地和果园等已构成严重危害（郭水良和李扬汉，1995）。**标本信息**：Herb. Linn. No. 607.3（Lectotype: LINN）。这份标本采自墨西哥弗吉尼亚镇（今属洪都拉斯）（Habitat in Virginia, Mexico），由 Larsen 指定为后选模式（Larsen，1989）。中国最早的标本于 1932 年采自山东青岛（PE01606726），两年后在浙江杭州也采得该种标本（NAS00307184）。**传入方式**：1932 年所采标本的记录记载其生境为路边，可推测当时已经有逸生。早期的文献记载垂序商陆在青岛有栽培（崔友文，1953），供观赏用（胡先骕，1955），1961 年作为药用植物收录于《杭州药用植物志》中。因此该种为有意引进，以供药用和观赏，引入时间为 1932 年或更早，首次引入地可能为山东青岛。

传播途径： 在传入早期由于人为的引种栽培而导致其逸生是其传播的主要途径，自然环境中其种子主要通过食果动物尤其是鸟类的取食而传播。在中国，白头鹎（*Pycnonotus sinensis*）和红嘴蓝鹊（*Urocissa erythrorhyncha*）是垂序商陆种子传播的主要载体，其幼苗数量及分布与这两种鸟类的栖息行为密切相关（Li et al., 2017）。此外其种子也可能混在一些蔬菜的种子中进行传播。**繁殖方式：** 主要以种子繁殖，也可以根茎繁殖。**入侵特点：** ① 繁殖性　垂序商陆的结实量大，有数据统计其单个果实平均可产生 9.74 粒种子（McDonnell et al., 1984）。其种子在实验室条件下播种时萌发率不高，播种后 20 d 其累积萌发率为 18.5%（周兵 等，2013），而根据从鸟粪中分离出来的种子进行的发芽实验显示，8 d 后其种子的发芽率可达 84%（Armesto et al., 1983）。该种种子生活力强，且鸟类取食不会改变种子的生活力，反而能调节种子萌发的时间，使其能够快速萌发（Orrock, 2005）。其交配机制灵活，可自交结实，也可进行异交传粉（周兵 等，2013），该种灵活的交配机制保证了其种子的高产量，从而成为其入侵成功的重要因素。② 传播性　如今对于垂序商陆的种植已经非常少见，其传播主要依赖种子。该种果实成熟时呈红色至紫黑色，水分含量高，因此吸引了诸多食果动物特别是鸟类取食。有研究者在收集到的 70 份鸟粪样品中共计分离出 1 695 粒结构完整的美洲商陆种子，并且这些鸟粪样品都只含有美洲商陆的种子（李新华 等，2011），可见其传播性之强。③ 适应性　垂序商陆适应性强，已入侵至多种多样的干扰生境或自然生境中。**可能扩散的区域：** 该种可能扩散至全国各省区市的适生区，包括西藏东南部、宁夏南部、内蒙古东南部、吉林等地区（王瑞，2006）。

【危害及防控】 危害： 垂序商陆全株有毒，尤其是根部和果实，对人类及家畜均有毒害。该种具有一定的化感作用（闫小红 等，2012），入侵公园绿化、人工林以及天然林，危害农林业生产，破坏生态平衡。该种在山东省沿海区域泛滥成灾，导致沿海防护林的生物多样性严重降低，乔木更新受到抑制，已成为沿海防护林危害最为严重的外来物种之一（翟树强 等，2010）；此外，其在浙江天目山自然保护区内的开阔、干扰生境中危害也比较严重（李新华 等，2011）。2016 年，中国环境保护部和中国科学院将其列入第四批中国自然生态系统外来入侵物种名单（中华人民共和国环境保护部和中国科学院，

2016）。**防控**：加强对干扰生境的监管，在果实成熟前将垂序商陆种群清除（需铲除其根系），以控制其结实和种子散布。对于垂序商陆入侵严重的地区，无论是采取刈割、切根，还是使用除草剂（如草甘膦喷雾），其控制效果仅能维持 1～2 年，要达到持续控制的目的，需要不断进行处理；此外在入侵地替代种植其他植物（如紫穗槐）也是一种有效的控制手段（付俊鹏 等，2012）。

【凭证标本】 江苏省南京市六合区金牛湖公园附近，海拔 17 m，32.470 7°N，118.963 4°E，2015 年 6 月 29 日，严靖、闫小玲、李惠茹、王樟华 RQHD02504（CSH）；辽宁省大连市瓦房店市九龙杨沟村，海拔 14 m，40.367 0°N，122.344 5°E，2014 年 8 月 23 日，齐淑艳 RQSB03468（CSH）；云南省红河州金平县大寨乡大都马八十桥，海拔 1 955 m，25.135 8°N，102.738 3°E，2015 年 7 月 7 日，陈文红、陈润征 RQXN00113（CSH）。

【相似种】 商陆属植物在营养器官上的区别很小，甚至于没有区别，种和种之间的区别主要是花的少数特征，而且由于花的这些特征往往都是可变的，从而使得商陆属的分类显得有更多的人为性和不可靠性。

　　国产种中商陆（*Phytolacca acinosa* Roxburgh）与垂序商陆相近，商陆花序较为粗壮、心皮常为 8 且分离、果序直立而区别于垂序商陆。归化于台湾的二十蕊商陆（*Phytolacca icosandra* Linnaeus）具直立的总状花序，其雄蕊为 12～20（Hsieh et al., 2012）。

垂序商陆（*Phytolacca americana* Linnaeus）

1.~2. 生境；3. 叶；4. 幼苗；5. 花序；6. 果序；7. 根；8. 根横切面；9. 花和浆果

相似种：二十蕊商陆（*Phytolacca icosandra* Linnaeus）

相似种：商陆（*Phytolacca acinosa* Roxburgh）

参考文献

崔友文，1953. 华北经济植物志要［M］. 北京：科学出版社：65.

付俊鹏，李传荣，许景伟，等，2012. 沙质海岸防护林入侵植物垂序商陆的防治［J］. 应用生态学报，23（4）：991-997.

郭水良，李扬汉，1995. 我国东南地区外来杂草研究初报［J］. 杂草科学，2：4-8.

胡先骕，1955. 经济植物手册（上册第一分册）［M］. 北京：科学出版社：274.

胡长松，陈瑞辉，董贤忠，等，2016. 江苏粮食口岸外来杂草的监测调查［J］. 植物检疫，30（4）：63-67.

贾祖璋，贾祖珊，1937. 中国植物图鉴［M］. 第 1 版. 上海：开明书店：860.

李新华，王聪，陈钘，等，2011. 浙江天目山自然保护区鸟类对美洲商陆种子的传播［J］. 四川动物，30（3）：421-423.

王瑞，2006. 中国严重威胁性外来入侵植物入侵与扩散历史过程重建及其潜在分布区的预测［D］. 北京：中国科学院研究生院（植物研究所）.

闫小红，张蓓玲，周兵，等，2012. 外来入侵植物美洲商陆提取物的化感活性［J］. 生态与农村环境学报，28（2）：139-145.

翟树强，李传荣，许景伟，等，2010. 灵山湾国家森林公园刺槐林下垂序商陆种子雨时空动态［J］. 植物生态学报，34（10）：1236-1242.

中华人民共和国环境保护部，中国科学院. 关于发布中国自然生态系统外来入侵物种名单（第四批）的公告［EB/OL］.（2016-12-20）［2019-6-15］. http://mee.gov.cn/gkml/hbb/bgg/201612/t20161226.373636.htm.

周兵，闫小红，肖宜安，等，2013. 外来入侵植物美洲商陆的繁殖生物学特性及其与入侵性的关系［J］. 生态环境学报，22（4）：567-574.

Armesto J J, Cheplick G P, McDonnell M J, 1983. Observations on the reproductive biology of *Phytolacca americana* (Phytolaccaceae)[J]. Bulletin of Torrey Botanical Club, 110(3): 380–383.

Dumas Y, 2011. American grape (*Phytolacca americana*): an invasive alien species[J]. RenDez-vous Techniques, 33/34: 47–57.

Hsieh S I, Lee C T, Wu J H, et al., 2012. A newly naturalized species in Taiwan: *Phytolacca icosandra* L. (Phytolaccaceae)[J]. Taiwania, 57(4): 396–398.

Huang S F, Huang T C, 1996. Phytolaccaceae[M]// Tseng-Chieng. Flora of Taiwan: Volume 2. 2nd ed. Taipei: Editorial Committee of the Flora of Taiwan: 316.

Larsen K, 1989. Caryophyllales[M]// Morat P. Flore du Cambodge du Laos et du Viêtnam: Volume 24. Paris: Association de Botanique Tropicale: 118.

Li N, Yang W, Fang S, et al., 2017. Dispersal of invasive *Phytolacca americana* seeds by birds in an urban garden in China[J]. Integrative zoology, 12(1): 26–31.

Lu D Q, Larsen K, 2003. Phytolaccaceae[M]// Wu Z Y, Raven P H, Hong D Y. Flora of China: Volume 5. Beijing: Science Press & St. Louis: Missouri Botanical Garden Press: 435−436.

McDonnell M J, Stiles E W, Cheplick G P, et al., 1984. Bird-dispersal of *Phytolacca americana* L. and the influence of fruit removal on subsequent fruit development[J]. American Journal of Botany, 71(7): 895−901.

Orrock J L, 2005. The effect of gut passage by two species of avian frugivore on seeds of pokeweed, *Phytolacca americana*[J]. Canadian Journal of Botany, 83(4): 427−431.

2. 数珠珊瑚属 *Rivina* Linnaeus

半灌木状草本。茎直立，二叉分枝，有棱，无毛或被短柔毛。叶片卵形，叶柄长，托叶早落。总状花序顶生或腋生，纤细，直立或弯曲；花梗纤细；花小，两性，辐射状；花被片 4，花瓣状，近相等，宿存；雄蕊 4；子房上位，单心皮，1 室，花柱近顶生，比子房短，稍弯，柱头单一，头状。浆果球形，成熟时鲜红色或橙色；种子双凸镜状。

该属 1 种，原产美洲热带和亚热带，亚洲、大洋洲和非洲岛屿引种，在中国为外来入侵种。

系统发育学研究表明，该属与在华南地区归化的蒜香草属（*Petiveria*）应归入蒜香草科（Petiveriaceae）而从传统的商陆科中分出（Cuénoud et al., 2002）。

数珠珊瑚 *Rivina humilis* Linnaeus, Sp. Pl. 1: 121. 1753.

【别名】 蕾芬、胭脂草、珊瑚珠、珍珠一串红

【特征描述】 半灌木状草本，高可达 1 m。茎直立，基部常木质化，枝开展。叶稍稀疏，互生，叶片卵形，顶端渐尖，基部圆形或急狭，边缘具细圆齿或全缘；叶柄长 1～3.5 cm，淡红色或紫红色；托叶细小，早落。总状花序直立或弯曲，腋生，稀顶生，被短柔毛，连花序梗长 4～10 cm；花梗纤细，基部具微小的苞片；花被片 4，花瓣状，呈椭圆形或倒卵状长圆形，顶端圆或稍尖，凹或平，白色或粉红色，果时变厚、变绿，

宿存；雄蕊 4，着生于小花盘上，较花被片短，交互着生；子房单心皮，近球形，花柱短，花后反折，柱头头状。浆果呈球形，直径 3～4 mm，外果皮肉质，鲜红色或橙色；种子双凸镜状，直径约 2 mm，无毛或被短毛。**染色体**：2n=108（Keighery，1975），或 2n=126（Lu & Larsen，2003）。**物候期**：花果期几乎全年。

【**原产地及分布现状**】 原产于美洲热带与亚热带地区，世界热带地区均有栽培，并常逸生成为杂草（Rohwer，1993）。约 17 世纪首次在欧洲荷兰有该种的记录，很可能也是在这个时期在当地归化并成为杂草（Wijnands，1983）。现该种广泛归化于热带地区，尤其对太平洋中的许多岛屿生态系统已构成威胁（PIER，2013），温带地区也有少量栽培。**国内分布**：中国各大植物园均有引种栽培，归化于广东、海南、云南、香港，在台湾构成入侵。

【**生境**】 喜肥沃的沙质壤土，喜干扰生境，耐阴，常见于路边荒地、郊野、林缘以及花圃周围。

【**传入与扩散**】 **文献记载**：该种在中国最早记载于 1982 年出版的《中国种子植物科属词典（第 2 版）》中（侯宽昭，1982）。2006 年，陈运造将其列为台湾苗栗地区重要外来入侵植物（陈运造，2006）。**标本信息**：Herb. Clifford: 35, Rivina 1（Lectotype: BM）。该模式由 Wijnands 指定，现存放于伦敦自然博物馆（Wijnands，1983）。该种在中国的标本记录较少，2002 年在云南西双版纳采到该种标本（周仕顺 486）（HITBC），2005 年和 2007 年在广东深圳有标本记录。**传入方式**：据《中国种子植物科属词典（第 2 版）》记载，该种在台湾有引种栽培（侯宽昭，1982）。除此之外再无更早的记录，因此该种可能于 1980 年作为观赏植物引入中国台湾。**传播途径**：其果实具较高的观赏价值，还可作为染料及药用的资源，因此人为引种而后逸生扩散是其传播的主要途径，鸟类对其果实的采集也有利于其传播。**繁殖方式**：以种子繁殖。**入侵特点**：① 繁殖性 花果量大，结实率高，且成熟种子不需经过任何预处理就能萌发，播种 43d 后萌发率可达 79%（Vora，1989），植株生长迅速。② 传播性 该种传播性较高，除人为引种使其在世界大部分区域传播之外，鸟类的采集是利于其扩散的主要因素，有报道称在印度洋科科斯群岛（Cocos Islands）的抗风桐（*Pisonia grandis* R. Brown）林中，数珠珊瑚的种群密度非常大，而这主要是由于当地的鸟类采集其果实作为筑巢材料而使其迅速扩散的（Claussen & Slip, 2002）。③ 适应性　耐阴，对土壤环境要求不高，耐盐渍土壤，可忍受短暂的低温。**可能扩散的区域：** 我国华南、西南以及华东的热带及南亚热带地区。

【危害及防控】　危害： 该种全株有毒，尤其是叶片和根系，且生长迅速，极易在林下形成密集的种群，从而排挤本土物种，侵占栖息地，危害当地的生态平衡与生物多样性，对热带与亚热带地区的林业生产也会产生不良影响。据 PIER（Pacific Islands Ecosystems at Risk Project）统计，该种已在多地构成入侵，尤其在太平洋岛屿、澳大利亚、南非等地，通过竞争栖息地威胁澳大利亚濒危物种 *Corchorus cunninghamii* F. Mueller 的生存，具有高风险性（Saunders, 2001; PIER, 2013）。数珠珊瑚在中国台湾已构成入侵，其在香港的种群密度也较大，尤其是具林窗的林下和林缘，须引起重视。**防控：** 引种栽培时务必注意不能随意丢弃，勿使其逃逸，对于偶尔逸出的植株应及时拔除。目前关于数珠珊瑚的研究比较匮乏，包括其种子的寿命、种子的发芽行为、种群的建立以及对除草剂的反应等，因此当该种处于高密度种群时的防治方法还需进一步探索。

【凭证标本】 海南省文昌市重兴镇，海拔 5 m，19.402 5°N，110.684 6°E，2018 年 3 月 27 日，严靖、汪远、王樟华 RQHD03570（CSH）。

【相似种】 数珠珊瑚属是一个单型属，只有数珠珊瑚一种。该种形态变异较大，主要体现在花被片的形状和颜色、花序的直立或下垂、叶片的长度与花序长度之比等，Hans Walter 曾据此将该属划分为 3 个种（Walter, 1909）。Nowicke 则认为以上所有性状都属于过渡性状，并指出数珠珊瑚是一个高度变异的种（Nowicke, 1968）。

数珠珊瑚 (*Rivina humilis* Linnaeus)

1. 生境；2. 植株；3. 叶；
4. ~5. 花序；6. 果序；
7. 花和浆果

参考文献

陈运造，2006. 苗栗地区重要外来入侵植物图志［M］. 苗栗："行政院农业委员会"苗栗区农业改良场：232.

侯宽昭，1982. 中国种子植物科属词典［M］. 第 2 版 . 北京：科学出版社：418.

Claussen J, Slip D, 2002. The status of exotic plants on the Cocos (Keeling) Islands, Indian Ocean. Report to Parks Australia North, Cocos (Keeling) Islands[EB/OL]. (2002–12–01) [2020–01–15] Christmas Island, Australia: Parks Australia North. http://www.ga.gov.au/webtemp/image_cache/GA21007.pdf

Cuénoud P, Savolainen V, Chatrou L W, et al., 2002. Molecular phylogenetics of Caryophyllales based on nuclear 18S rDNA and plastid *rbcL*, *atpB*, and *matK* DNA sequences[J]. American Journal of Botany, 89(1): 132–144.

Keighery G J, 1975. Chromosome numbers in the Gyrostemonaceae Endl. and the Phytolaccaceae Lindl.: a comparison[J]. Australian Journal of Botany, 23(2): 335–338.

Lu D Q, Larsen K, 2003. Phytolaccaceae[M]// Wu Z Y, Raven P H, Hong D Y. Flora of China: Volume 5. Beijing: Science Press & St. Louis: Missouri Botanical Garden Press: 435–436.

Nowicke J W, 1968. Palynotaxonomic study of the Phytolaccaceae[J]. Annals of the Missouri Botanical Garden, 55(3): 294–363.

Pacific Islands Ecosystems at Risk Project (PIER). Plant threats to Pacific ecosystems[EB/OL]. Honolulu, Hawaii, USA: HEAR, University of Hawaii, 2013 (2013–06–15) [2019–06–03]. http://www.hear.org/pier/species/rivina_humilis.htm.

Rohwer J G, 1993. Phytolaccaceae[M]// Kubitzki K, Rohwer J G, Bittrich V. The families and genera of vascular plants: Volume 2. Berlin, Germany: Springer-Verlag: 506–513.

Saunders M, 2001. National recovery plan for the Endangered Native Jute Species, Corchorus cunninghamii F. Muell. in Queensland (2001–2006)[EB/OL]. Queensland, Australia: Rainforest Ecotone Recovery Team (RERT) Environment Australia, 2001 (2001–07–15) [2019–06–04]. http://www.environment.gov.au/node/15175.

Vora R S, 1989. Seed germination characteristics of selected native plants of the lower Rio Grande Valley, Texas[J]. Journal of Range Management, 42(1): 36–40.

Walter H, 1909. Phytolaccaceae[M]// Engler A. Das Pflanzenreich IV. Leipzig: Verlag von Wilhelm Engelmann, 83: 101–108.

Wijnands D O, 1983. The botany of the Commelins[M]. Rotterdam, Netherlands: A. A. Balkema: 172.

紫茉莉科 | Nyctaginaceae

　　草本、灌木或乔木，有时为具刺的藤状灌木。根有时肉质，呈块状，茎节处常膨大。单叶，对生、互生或假轮生，全缘，具柄，无托叶。花两性，稀单性或杂性，辐射对称，为单被花；单生、簇生或排成各种花序，常为聚伞花序、伞形花序；常具苞片或小苞片，苞片花萼状，有时色彩鲜艳；花被单层，常为花冠状，圆筒形、漏斗状或高脚碟状，有时钟形，下部合生成管，顶端5～10裂，花的上部常在花后早落，下部则宿存，包围成熟的果实；雄蕊1至多数，通常为3～5，花丝分离或基部连合；子房上位，1室，含1胚珠，花柱单一，柱头球形，不分裂或分裂。果实为瘦果，包围在宿存花被内，有棱或槽，有时具翅。种子具丰富的胚乳，胚直生或弯生。

　　紫茉莉科约30属300多种，主要分布于美洲热带和亚热带地区，少数分布于欧洲。中国有6属13种，其中引进2属3种，常见栽培或有逸生，主要分布于华南和西南，其中1种为外来入侵种。叶子花属（*Bougainvillea*）的叶子花（*Bougainvillea spectabilis* Willdenow）和光叶子花（*Bougainvillea glabra* Choisy）常被当作入侵植物报道，经查证，上述两种植物虽然在华南和西南的野外偶尔可见逸生，且通过其枝条的延伸可覆盖较大范围的空间，但均不能产生种子，也无法自行营养繁殖，多处于栽培状态，未构成入侵。

紫茉莉属 *Mirabilis* Linnaeus

　　一年生或多年生草本。根通常肥厚，近圆锥形。单叶对生，有柄或上部叶无柄。花两性，单生或数朵簇生枝端或腋生；每花基部有一个5深裂的萼状总苞，绿色，裂片直立，摺扇状，花后不扩大；花被花瓣状，色彩丰富，筒状，花被筒伸长，在子房上部稍缢缩，顶端5裂，裂片平展；雄蕊3～6，与花被筒等长或外伸，花丝不等长，下部贴生花被筒上；子房卵球形，花柱线形，与雄蕊等长或更长，伸出，柱头头状。瘦果球形或倒卵球形，革质或坚纸质，平滑或有疣状凸起。种子的胚弯曲，子叶折叠，包围粉质胚乳。

分子证据表明，原来的山紫茉莉属（*Oxybaphus*）应并入紫茉莉属（Levin, 2000）。本属可划分为 4 组约 54 种，几乎全部分布于美洲，只有 1 种山紫茉莉［*Mirabilis himalaica* (Edgeworth) Heimerl］分布于喜马拉雅地区（Bittrich & Kuhn, 1993）。也有学者认为该属可划分为 6 组约 60 种（Le Duc, 1995）。中国有 3 种，其中 1 种为外来入侵种。

紫茉莉 *Mirabilis jalapa* Linnaeus, Sp. Pl. 1: 177. 1753. ——*Nyctago jalapa* (Linnaeus) Candolle, Fl. Franc. (ed. 3) 3: 426. 1805.

【别名】 胭脂花、地雷花、苦丁香、野丁香、粉豆花、状元花

【特征描述】 一年生草本，高可达 1 m。根粗壮，圆锥形，黑色或深褐色。茎直立，圆柱形，多分枝，无毛或疏生细柔毛，节稍膨大。叶片卵形或卵状三角形，顶端渐尖，基部截形或心形，全缘，两面均无毛，脉隆起；叶柄长 2～6 cm，上部叶几无柄。花常数朵聚伞状簇生于枝端，花梗长 1～2 mm，每花基部有 1 萼状总苞，总苞钟形，顶端 5 深裂，裂片三角状卵形，无毛，具脉纹，果时宿存；花被紫红色、黄色、白色或杂色，高脚碟状，筒部长 4～6 cm，檐部直径 2.5～3 cm，5 浅裂，基部膨大成球形而包裹子房；雄蕊 5，花丝细长，常伸出花外，花药球形；花柱单一，线形，与雄蕊近等长，柱头头状。瘦果近球形，熟时黑色，表面具皱纹；种子白色，胚乳白粉质。**染色体**：$2n=58$（Kruszewska, 1961），$2n=56$（时丽冉 等，2010），前者材料采自波兰华沙（Warsaw），后者采自中国河北。**物候期**：花期为 6—10 月，果期为 8—11 月。单花花期为 2～3 d，大部分花集中在下午 16:00 之后开放，直至第 2 天 10:00 左右花冠闭合；果实发育成熟需 18～25 d（陈香 等，2008）。

【原产地及分布现状】 原产于美洲热带，广泛归化于热带至温带地区（Lu & Gilbert,

2003）。该种是紫茉莉属中被引种栽培最为广泛的物种，首先由阿兹特克人（Aztecs）在墨西哥栽培，之后被引种至欧洲，在林奈命名该种之前，该种在欧洲的栽培历史已有200多年，如今该种在世界许多地区已成为一种分布广泛的杂草（Le Duc, 1995）。**国内分布**：安徽、澳门、北京、重庆、福建、甘肃、广东、广西、贵州、海南、河北、河南、湖北、湖南、江苏、江西、辽宁、青海、陕西、山东、山西、上海、四川、台湾、天津、香港、新疆、云南、浙江。全国各地均有栽培。

【**生境**】 喜暖不耐寒，喜阳光直射，喜疏松土壤，常生于路边荒地、公园绿地、房前屋后等干扰生境，也见于河边、林缘、灌木地。

【**传入与扩散**】 **文献记载**：紫茉莉一名到明代晚期才出现，见于陈继儒（1558—1639）手订的《重订增补陶朱公致富全书》卷二《花部》："紫茉莉，一名状元红。"此书为明末托陶朱公之名由陈继儒手订而成，具体成书年代不详。清康熙年间，汪灏等辑《广群芳谱》卷四十三《茉莉》附录《紫茉莉》条中引《草花谱》曰："紫茉莉，草本。春间下子，早开午收。"欧贻宏先生对此曾有详细考证，《草花谱》据《中国丛书综录》仅《说郛续》有收录，无他丛书收之；而《说郛续》所载《草花谱》实为高濂所著《遵生八笺》（1591年刊）中的草花部分（欧贻宏，1993）。欧贻宏先生曾查《说郛续·草花谱》以及《遵生八笺》，却均无"紫茉莉"、"胭脂花"的记载。即使是成书年代更早的经典《本草纲目》（成书于1573年）、后来的名作《群芳谱》（成书于1621年）也未收紫茉莉，可见《草花谱》之说尚待商榷。直到吴其濬《植物名实图考》中的文字叙述以及绘图，可确定野茉莉即今日紫茉莉科植物紫茉莉。1995年，郭水良和李扬汉首次将其作为外来杂草报道（郭水良和李扬汉，1995）。**标本信息**：Herb. Linn. No. 240.2（Lectotype: LINN）。这份标本采自秘鲁，由 Larsen 指定为后选模式（Larsen, 1989）。1911年在北京采集到该种标本（Anonymous 4305）（PE），之后1912年在云南、1915年在安徽和浙江、1917年在广东均有标本记录，且早期大部分的标本记录集中于华东地区。在台湾较早的标本于1909年采自台北植物园（TAIF-PLANT-9301）。**传入方式**：紫茉莉是在1533年由西班牙人征服秘鲁之后才第一次传播至欧洲的，之后葡萄牙人于1553年攫取了在澳门的居住权，西班牙人于1565年至1571年期间陆续占领菲律宾群岛，并开始与中国内陆地区进行贸易活动，因此紫茉莉应为这一段时期或稍晚（明万历末年至崇祯年间）才传入中国华南或东南沿海。在印度次大陆紫茉莉也是历史悠久的药用植物，以至于在其起源问题上有起源于印度的错误认识（Ramesh & Mahalakshmi, 2014）。据此，紫茉莉应为明末期作为观赏植物由东南亚地区传入中国，首次传入地点为中国华南或东南沿海。**传播途径**：主要由人为的引种栽培而传播扩散。其果实果皮坚硬具浮力，种子在一定条件下可通过水流传播。**繁殖方式**：主要以种子繁殖，也可以肉质根和茎段进行营养繁殖。**入侵特点**：① 繁殖性 据统计，正常生长的植株可产生果实100～1 000粒不等，其成熟种子具短暂的休眠期以度过寒冷的冬季，当条件适宜时即可萌发，发芽率可达80%以上；其不定根既可以从茎段的节部产生，也可以由节间的横断面处产生，且营养繁殖的成活率高，具有较强的营养繁殖能力（许桂芳 等，2008）。② 传播性 紫茉莉具有较高的观赏和药用价值，因而容易被人工传播。该种自播能力强，在适宜的生境可迅速传播蔓延，但由于缺少翅、冠毛等辅助传播结构，自然传播速度一般。③ 适应性 紫茉莉对土壤条件的要求不高，耐阴，耐旱耐高温，在寒冷地区其地上部分在霜冻之后会死亡，但至来年春季又可从地下块根萌发新芽。该种自交、异交并存，以自交为主，并且在传粉发生后其花冠便永久性闭合，可避免雨水对花粉的冲刷和对柱头的伤害，并进而提高其结实率，保障成功繁殖（陈香 等，2008）。其种子耐盐性强，在1.4%的盐浓度下仍有25.56%的发芽率（许桂芳 等，2008），可在较高盐浓度的土壤环境中形成优势种群。**可能扩散的区域**：全国各地海拔3 000 m以下的区域。

【危害及防控】 **危害**：紫茉莉具化感作用（许桂芳 等，2008），其根系分泌物可以较强地改变土壤微生物群落结构和土壤养分的供求平衡，从而形成有利于自身生长的微环境，抑制当地植物的生长（赵金莉 等，2014）。该种的种子和肉质根均有毒性，且自身生长速度快而导致其能够高密度占领生境，在热带地区的许多国家被认为是一种环境杂草，并形成入侵（PIER, 2011）。在中国，除了东北和西藏地区之外，其他各地均有逸生，在华东、华南和西南地区构成入侵。**防控**：加强种植地管理，控制种子的扩散。在小区域内清除紫茉莉时，可在其开花前铲除，须将其肉质根一同挖除。

【凭证标本】 新疆维吾尔自治区喀什地区巴楚县，海拔 473 m，39.797 5°N，78.570 9°E，2015 年 8 月 17 日，张勇 RQSB02020（CSH）；青海省海南藏族自治州贵德县拉瓦西镇杏花村，海拔 2 263 m，36.063 1°N，101.296 6°E，2015 年 7 月 16 日，张勇 RQSB02661（CSH）；江西省南昌市南昌火车站附近，海拔 36 m，28.667 5°N，115.909 8°E，2016 年 9 月 18 日，严靖、王樟华 RQHD10043（CSH）。

【相似种】 紫茉莉是一个形态上高度变异的物种，该种在欧洲栽培状态下存在许多变异，以至于在早期该种存在许多的异名，且在其原产地紫茉莉与长筒紫茉莉（*Mirabilis longiflora* Linnaeus）之间存在杂交现象，在欧洲的情况也是如此（Le Duc, 1995）。

国产种山紫茉莉［*Mirabilis himalaica* (Edgeworth) Heimerl］的花远小于紫茉莉，花被长约 1 cm，总苞花后增大，与紫茉莉区别明显，且仅分布于喜马拉雅西部地区。另有原产于美国的夜香紫茉莉［*Mirabilis nyctaginea* (Michaux) MacMillan］在北京有分布记录（刘全儒和张劲林，2014），该种花簇生枝顶，瘦果倒卵形，且密被毛，数个包于宿存总苞内。

紫茉莉（*Mirabilis jalapa* Linnaeus）

1. 生境；2. 幼苗；3.～4. 花；5.～6. 瘦果；7. 种子

相似种：夜香紫茉莉 [*Mirabilis nyctaginea* (Michaux) MacMillan]

参考文献

陈香，胡雪华，肖宜安，等，2008. 紫茉莉的花部综合特征与繁育系统［J］. 生态学杂志，27（10）：1653-1658.

郭水良，李扬汉，1995. 我国东南地区外来杂草研究初报［J］. 杂草科学，2：4-8.

刘全儒，张劲林，2014. 北京植物区系新资料［J］. 北京师范大学学报（自然科学版），50（2）：166-168.

欧贻宏，1993. 紫茉莉考略［J］. 古今农业，3：71-73.

时丽冉，高汝勇，李会芬，等，2010. 紫茉莉染色体数目及核型分析［J］. 草业科学，27（1）：52-55.

许桂芳，刘明久，李雨雷，2008. 紫茉莉入侵特性及其入侵风险评估［J］. 西北植物学报，28（4）：765-770.

赵金莉，程春泉，顾晓阳，等，2014. 入侵植物紫茉莉根系分泌物对土壤微生态环境的影响［J］. 河南师范大学学报（自然科学版），42（3）：95-99.

Bittrich V, Kuhn U, 1993. Nyctaginaceae[M]// Kubitzki K, Rohwer J G, Bittrich V. The families and genera of vascular Plants: Volume 2. Berlin, Germany: Springer-Verlag: 482.

Kruszewska A, 1961. The heredity of specific traits in the hybrid *Mirabilis jalapa* × *Mirabilis longiflora*[J]. Acta Societatls Botanicorum Poloniae, 30(3–4): 611–648.

Larsen K, 1989. Nyctaginaceae[M]// Morat P. Flore du Cambodge du Laos et du Viêtnam: Volume 24. Paris: Association de Botanique Tropicale: 108.

Le Duc A, 1995. A revision of *Mirabilis* section *Mirabilis* (Nyctaginaceae)[J]. SIDA, Contributions to Botany, 16(4): 613–648.

Levin R A, 2000. Phylogenetic relationships within Nyctaginaceae tribe Nyctagineae: evidence from nuclear and chloroplast genomes[J]. Systematic Botany, 25(4): 738–750.

Lu D Q, Gilbert M G, 2003. Nyctaginaceae[M]// Wu Z Y, Raven P H, Hong D Y. Flora of China: Volume 5. Beijing & St. Louis: Science Press & Missouri Botanical Garden Press: 432.

Pacific Islands Ecosystems at Risk Project (PIER), 2011. Plant threats to Pacific ecosystems[EB/OL]. Honolulu, Hawaii, USA: HEAR, University of Hawaii, 2011 (2011–10–15) [2019–06–17]. http://www.hear.org/pier/species/mirabilis_jalapa.htm.

Ramesh B N, Mahalakshmi A M, 2014. An ethanopharmacological review of four o'clock flower plant (*Mirabilis jalapa* Linn.)[J]. Journal of Biological & Scientific Opinion, 2(6): 344–348.

番杏科 | Aizoaceae

　　一年生或多年生草本，亚灌木或灌木。茎直立或平卧。单叶对生、互生或轮生，常肉质多汁，全缘，稀具疏齿；托叶干膜质或无。花通常两性，稀杂性，辐射对称，常排成聚伞花序或簇生，稀单生；单被或异被，萼片5，稀4，分离或基部联合成筒状，宿存，花萼筒与子房分离或贴生；无花瓣或具多数花瓣，线形，1至多轮；雄蕊与萼片同数而互生，有时极多数，外轮的雄蕊呈花瓣状，形似头状花序；花托扩展成碗状，常有蜜腺，或在子房周围形成花盘；子房上位或下位，心皮2、5或多数，合生成2至多室，稀离生，每室含1至多数胚珠。蒴果，或为坚果或核果状，常为宿存萼片包围。种子常肾形，胚弯曲或呈环状，包围粉质胚乳，常有假种皮。

　　番杏科的分布中心为非洲南部地区，该地区的冬季降雨区的物种多样性最高，其次为大洋洲，其在世界热带与亚热带的干旱地区也有分布，少数为广布种。德国植物学家Hartmann将该科划分为5个亚科127属，约2 700余种（Hartmann, 1993），之后经过多次修订。分子研究表明，番杏科可划分为4个亚科，传统上的番杏亚科（Tetragonioideae）是多系而不予承认，其中的番杏属（*Tetragonia*）并入景天番杏亚科（Aizooideae）（Klak et al., 2003）。目前关于该科的研究还在进行，一些属的范围以及种类的多少还需要进一步的界定。番杏科为著名的多肉植物类群，在多肉植物爱好者的引介下，景天科、番杏科、仙人掌科3个科80%的物种在我国均有引种，合计约5 000种（刘冰 等，2015）。分子系统学研究表明，针晶粟草科（Gisekiaceae）和粟米草科（Molluginaceae）应从番杏科中分出（Cuénoud et al., 2002），由此番杏科原产于中国的仅有2种，即海马齿 [*Sesuvium portulacastrum* (Linnaeus) Linnaeus] 和假海马齿（*Trianthema portulacastrum* Linnaeus），其余皆为引种栽培，引种60余属，其中1种为外来入侵种。原产于非洲的无茎粟米草（*Mollugo nudicaulis* Lamarck）归化于广东和海南。

番杏属 *Tetragonia* Linnaeus

肉质草本或半灌木，常具小颗粒状凸起（针晶体）。茎直立、斜升或平卧。叶互生，扁平，全缘或浅波状，肉质，无托叶。花两性或雄全同株，小型，单生或数朵簇生于叶腋，花梗短或无；花萼 3～5 裂，常有角，萼筒与子房贴生；花瓣缺；雄蕊 4 或更多，着生于花萼筒上，与花萼裂片互生；花托具环状蜜腺；子房下位，3～9 室，每室具 1 粒下垂胚珠，花柱线形，与子房室同数。果实坚果状，陀螺形或倒卵球形，为宿存花萼所包围，顶部常凸起或具棱角。种子近肾形，胚弯曲。

番杏属约 60 种，主要分布于南半球的热带与亚热带地区，以非洲南部为分布中心，少数种广布于各大洲的海岸。中国有 1 种，为外来入侵种。

番杏 *Tetragonia tetragonoides* (Pallas) Kuntze, Revis. Gen. Pl. 1: 264. 1891. —— *Demidovia tetragonioides* Pallas, Enum. Hort. Demidof, 150. 1781. ——*Tetragonia expansa* Murray, Commentat. Soc. Regiae Sci. Gott. 6:13. 1783.

【别名】 法国菠菜、新西兰菠菜、澳洲菠菜、夏菠菜、滨莴苣、蔓菜

【特征描述】 一年生或二年生肉质草本，无毛，表皮细胞内有针状结晶体，呈白色颗粒状凸起。茎粗壮，初直立，后平卧上升，淡绿色，从基部分枝。叶互生，叶片卵状菱形或卵状三角形，长 4～10 cm，宽 3～5 cm，先端钝或急尖，基部收缩成较宽的叶柄，边缘全缘或波状。花单生或 2～3 朵簇生叶腋，花梗极短或近无梗；花萼 4～5 裂，裂片开展，内面黄绿色，花萼筒长 2～3 mm；雄蕊 4～10（～16），柱头 3～8（～10），与子房室的数量相等。坚果陀螺状，光滑无毛，绿色，长约 5 mm，骨质，表面具角状突起，有 4～5 角，具种子数粒。染色体：$2n=16$，32（Wagner et al., 1990）。物候期：花果期为 6—10 月。在其原产地之一塔斯马尼亚全年均可开花结果（Morris & Duretto, 2009）。

【原产地及分布现状】 其原产地的范围尚存争议。有学者认为番杏原产于日本、新西兰、阿根廷和智利（Taylor, 1994）；有的认为其原产于新西兰、塔斯马尼亚、澳大利亚、

日本以及南美洲（Wagner et al., 1990），甚至还包括韩国（Kim, 2005）；也有的认为其原产于非洲，在南美洲为外来种（Ugarte et al., 2011）；但大多数学者认为该种原产于澳大利亚和新西兰，归化于欧洲和非洲（Morris & Duretto, 2009; Prescott, 1984）。由于番杏可随洋流跨洋传播并建立种群（Abe, 2006），因此其原产地的范围可能被高估。如今番杏已遍布大洋洲、美洲、非洲、欧洲和亚洲的海岸地带。**国内分布**：福建、广东、江苏、江西、上海、四川、台湾、云南、浙江。中国多数植物园及农业科学研究机构均有栽培。

【生境】 喜阳光充足的生境，生于海边沙滩或沙丘、沿海悬崖、盐沼地和其他沿海生境。主要入侵无霜的海岸带生境，在有些温带地区也可自栽培状态逸为野生。

【传入与扩散】 **文献记载**：番杏的记载最早见于琉球中山人吴继志于清乾隆四十七年（1782 年）编著的《质问本草》，之后载于 1960 年的《本草推陈（正篇）》中，又名滨莴苣。2009 年和 2012 年分别有文献将其作为外来入侵植物报道，其入侵性较弱（曾宪锋 等，2009；朱慧，2012）。**标本信息**：MPU006541（Type: MPU）。模式标本采自莫斯科，但这份标本来自栽培状态下的植株，由播种繁殖而成，种子的来源已模糊不清，标本存放于法国蒙彼利埃大学（Université de Montpellier）植物标本馆（MPU）。1919 年在浙江省普陀山采到该种标本（IBSC0151486），1930 年在台湾基隆采到该种标本（F00002872），存放于台湾大学植物标本馆，1933 年在福建厦门也有该种的标本记录。**传入方式**：《质问本草》中番杏条记载："辛丑之冬，清舶漂到，采此种问之，番杏。"作者吴继志所问之人郑茂庆为福建"漂客"，且该书中绘图与今之番杏相同无疑，而当时福建已有人知其名为番杏，故番杏传入中国的时间应更早，由此可推测番杏为 1782 年之前或随洋流、或人为由海上传入中国福建。公元 20 世纪中期左右，番杏又被多次从欧美引入中国，1946 年在南京引种栽培，之后形成了一定的生产规模（张德纯，2011）。**传播途径**：人为的引种栽培是其传播扩散的主要途径，此外其果实可通过水流、洋流传播（Bogle, 1970），且种子在海水中浸泡一个月之后仍能保持活力（Taylor, 1994），因此水流在番杏种子的传播中起着重要的作用。**繁殖方式**：以种子繁殖。**入侵特点**：① 繁殖性 番杏主要为自花授粉，也可异花授粉。番杏种子能够长时间储存而保持活力，成熟种子通常不到 20 d 就可萌发，并且可能在温带或寒冷的气候条件下自然发生（Roskruge, 2011）。其种子在土壤中埋藏一年之后萌发率有所下降，但仍然可达 86%（Moles et al., 2003）。② 传播性　番杏的种子极易获取与运输，且其果实的构造易于随水流传播，有证据表明在日本新近形成的一个火山岛上已有番杏种群的建立，其来源是随洋流自然传播的果实（Abe, 2006）。③ 适应性　番杏抗病能力和适应性强，耐炎热、抗干旱（Hara, 2008），对光照条件要求不严格。适应各种土壤条件，耐盐，适宜的土壤 pH 为 5.8～7.5，喜无霜环境，地上部分不耐霜冻（Roskruge, 2011）。只要在一个生长季节内能完成开花结果，其成熟的种子便能度过低温至来年萌发生长。**可能扩散的区域**：南海岛屿、华南以及东南沿海地带。

【危害及防控】　危害：番杏在智利、夏威夷、美国佛罗里达州和加利福尼亚州的沿海生境已建立大面积的种群（Robbins, 1940），是朝鲜半岛海滨沙丘上几种主要的植物之一（Kim, 2005），在太平洋的东南部岛屿，如复活节岛也已形成大的种群（Carvallo & Castro, 2017），在非洲东南部的留尼旺岛更是几种主要的入侵种之一（Soubeyran, 2008）。其危害主要表现为排挤本地物种，破坏生态平衡，尚没有关于番杏影响农作物的报道。目前番杏在中国主要分布于东南沿海，危害较轻。**防控**：规范引种栽培方式，监测其在沿海生境的种群动态变化。可人工拔除，未见关于其化学防治的报道。

【凭证标本】　浙江省舟山市岱山县东沙古镇海边，海拔 1 m，30.316 6°N，122.140 4°E，2014 年 10 月 28 日，严靖、闫小玲、李惠茹、王樟华 RQHD01125（CSH）；福建省漳州市漳浦县林进屿，海拔 18 m，24.205 0°N，118.016 6°E，2014 年 10 月 01 日，曾宪锋、黄雅凤 RQHN06267（CSH）。

【相似种】　番杏属在中国仅有 1 种，番杏以其叶片卵状菱形或卵状三角形，果实光滑且具角状突起而明显区别于本属其他种。有学者曾在澳大利亚中南部发现了该属一新种，将其命名为 *Tetragonia moorei* M. Gray，仅以果实角状突起的差异、叶的形状和宿存花被等之间的微小差异区别于番杏（Gray, 1997），但该名称在 TPL（The Plant List）中的状态为"未解决的名称"（unresolved name），Tropicos 也未收录该名称。

番杏 [*Tetragonia tetragonoides* (Pallas) Kuntze]
1.～2.生境；3.植株；4.叶；5.花；6.花和坚果

参考文献

刘冰，叶建飞，刘夙，等，2015. 中国被子植物科属概览：依据 APG Ⅲ 系统 [J]. 生物多样性，23（2）：225-231.

曾宪锋，林晓单，邱贺媛，等，2009. 粤东地区外来入侵植物的调查研究 [J]. 福建林业科技，36（2）：174-179.

张德纯，2011. 蔬菜史话·番杏 [J]. 中国蔬菜，13：31.

朱慧，2012. 粤东地区入侵植物的克隆性与入侵性研究 [J]. 中国农学通报，28（15）：199-206.

Abe T, 2006. Colonization of Nishino-shima Island by plants and arthropods 31 years after eruption[J]. Pacific Science, 60(3): 355-365.

Bogle A L, 1970. The genera of Molluginaceae and Aizoaceae in the southeastern United States[J]. Journal of the Arnold Arboretum, 51(4): 432-463.

Carvallo G O, Castro S A, 2017. Invasions but not extinctions change phylogenetic diversity of angiosperm assemblage on southeastern Pacific Oceanic islands[J]. PloS one, 12(8): e0182105.

Cuénoud P, Savolainen V, Chatrou L W, et al., 2002. Molecular phylogenetics of Caryophyllales based on nuclear 18S rDNA and plastid *rbcL*, *atpB*, and *matK* DNA sequences[J]. American Journal of Botany, 89(1): 132-144.

Gray M, 1997. A new species of *Tetragonia* (Aizoaceae) from arid Australia[J]. Telopea, 7(2): 119-127.

Hara M, Tokunaga K, Kuboi T, 2008. Isolation of a drought-responsive alkaline α-galactosidase gene from New Zealand spinach. Plant Biotechnology, 25: 497-501.

Hartmann H E K, 1993. Aizoaceae[M]// Kubitzki K, Rohwer J G, Bittrich V. The families and genera of vascular plants: Volume 2. Berlin, Germany: Springer-Verlag: 37-69.

Kim K D, 2005. Invasive plants on disturbed Korean sand dunes[J]. Estuarine, Coastal & Shelf Science, 62(1-2): 353-364.

Klak C, Khunou A, Reeves G, et al., 2003. A phylogenetic hypothesis for the Aizoaceae (Caryophyllales) based on four plastid DNA regions[J]. American Journal of Botany, 90(10): 1433-1445.

Moles A T, Warton D I, Westoby M, 2003. Seed size and survival in the soil in arid Australia[J]. Austral Ecology, 28(5): 575-585.

Morris D I, Duretto M F, 2009. Aizoacea[M]// Duretto M F. Flora of Tasmania: Volume 101. Hobart, Australia: Tasmanian Herbarium, Tasmanian Museum and Art Gallery: 7.

Prescott A, 1984. *Tetragonia*[M]// George A S. Flora of Australia: Volume 4. Canberra, Australia: Australian Government Publishing Service: 37-42.

Robbins W W, 1940. Alien plants growing without cultivation in California[M]. Berkeley, California, USA: University of California: 45.

Roskruge N, 2011. The commercialisation of kōkihi or New Zealand spinach (*Tetragonia tetragonioides*) in New Zealand[J]. Agronomy New Zealand, 41: 149–156.

Soubeyran Y, 2008. Exotic species invading french overseas communities: inventory of fixtures and recommendations. (Les espèces exotiques envahissantes dans les collectivités françaises d'outre-mer: etat des lieux et recommandations.)[R]. French committee of the IUCN: 100.

Taylor C M, 1994. Revision of *Tetragonia* (Aizoaceae) in South America[J]. Systematic Botany, 19(4): 575–589.

Ugarte E, Lira F, Fuentes N, et al., 2011. Vascular alien flora, Chile[J]. Check List, 7(3): 365–382.

Wagner W L, Herbst D R, Sohmer S H, 1990. Manual of the flowering plants of Hawaii: Volume 1 [M]. Honolulu: University of Hawaii Press & Bishop Museum Press: 178.

马齿苋科 | Portulacaceae

一年生或多年生草本，稀半灌木，通常肉质。单叶，互生或对生，全缘；托叶干膜质或柔毛状，稀不存在。花两性，辐射对称或两侧对称，腋生或顶生，单生或成聚伞花序、总状花序或圆锥花序；萼片2，稀5，草质或干膜质，离生或基部与子房合生；花瓣4～5，稀更多，覆瓦状排列，离生或基部稍连合，早落或宿存；雄蕊与花瓣同数且对生，或更多而分离或成束或与花瓣贴生，花丝线形，花药2室；雌蕊由3～5心皮合生，子房上位、半下位或下位，1室，基生胎座或特立中央胎座，有弯生胚珠1至多数，花柱单一，柱头2～8裂，形成内向的柱头面。果实常为蒴果，盖裂或2～3瓣裂，稀为坚果。种子细小，肾形或球形，种阜有或无，胚环状，环绕着粉质胚乳。

马齿苋科约19属500余种，主要分布于南半球的干旱地区，尤其是非洲、南美洲和澳大利亚，少数种类分布于欧亚大陆和北美洲。中国有2属9种，其中2属3种为外来入侵植物，另外引种了露薇花属（*Lewisia*）、马齿苋树属（*Portulacaria*）、刺戟木属（*Didierea*）、亚龙木属（*Alluaudia*）、回欢草属（*Anacampseros*）等诸多观赏植物。

分子研究表明，马齿苋科应拆分为7个科，与仙人掌科（Cactaceae）为姊妹群，其中中国有引种的包括水卷耳科（Montiaceae）、刺戟木科（Didiereaceae）、土人参科（Talinaceae）和回欢草科（Anacampserotaceae）4个科，马齿苋科仅剩马齿苋属1属（Nyffeler & Eggli, 2010）。

参考文献

Nyffeler R, Eggli U, 2010. Disintegrating Portulacaceae: a new familial classification of the suborder Portulacineae (Caryophyllales) based on molecular and morphological data[J]. Taxon, 59(1): 227–240.

1. 马齿苋属 *Portulaca* Linnaeus

一年生或多年生肉质草本，多数具块根。茎铺散，平卧或斜升。叶互生或近对生，或在茎上部轮生，叶片扁平或圆柱状。花单生或簇生于枝顶，花梗有或无，常具数片叶状总苞；萼片2，基部与子房合生成筒状；花瓣4～6，离生或下部连合，着生于萼筒上；雄蕊4枚至多数，着生花瓣上；子房半下位，1室，胚珠多数，花柱线形，柱头3～8。蒴果盖裂。种子细小，多数，呈肾形或圆形，光亮，具疣状凸起。

马齿苋属世界广布，主要分布于热带与亚热带地区，物种多样性中心位于南美洲和非洲。马齿苋属的物种数量至今尚不明确，有不超过15、约100、约150、约200等多种说法。该属属内物种的划分比较模糊，尤其是关于毛马齿苋（*Portulaca pilosa* Linnaeus）与其他种类的划分更是如此，Geesink认为整个马齿苋属只有两个亚属不超过15个好种，并估计有150个当时被接受的名称都应属于毛马齿苋复合群（Geesink, 1969）。分子证据也支持将该属划分为2个分支，但属内各种的亲缘关系有不同，特别是毛马齿苋与其相近种类之间的关系，并估计该属约有100种（Ocampo & Columbus, 2012）。中国有7种，其中2种为归化植物，1种为外来入侵植物。

毛马齿苋 *Portulaca pilosa* Linnaeus, Sp. Pl. 1: 445. 1753.

【别名】 多毛马齿苋、多花马齿苋、午时草、松毛牡丹

【特征描述】 一年生或短命多年生草本，肉质多汁，高可达30 cm。根稍肉质，茎密丛

生，铺散多分枝。叶互生，叶片近圆柱状、线形或长圆状披针形，长约 2 cm，宽 4 mm，叶腋内有长疏柔毛，茎上部密生柔毛。花直径约 2 cm，无梗，花下部叶密生长柔毛；萼片长圆形，渐尖或急尖；花瓣 5，深紫红色，宽倒卵形，顶端钝或微凹，基部合生；雄蕊 5～12 或更多，花丝洋红色，基部不连合；花柱短，柱头 3～6 裂。蒴果卵球形，蜡黄色，有光泽，盖裂；种子小，深褐色，有时略带紫色，有小瘤体。**染色体**：$2n=8$（Matthews et al., 1992），$2n=16$（Steiner, 1944）。另外也有 $2n=18$ 或 36 的报道，其中后者来自台湾（Hsu, 1968），但 Matthews 对标本进行鉴定后认为其所依据的材料为其他分类群，而非毛马齿苋（Matthews et al., 1992）。尽管马齿苋属的染色体基数 $x=9$，但在毛马齿苋分支（Pilosa clade）中存在染色体缺失（缺失 2 条）的情况（Ocampo & Columbus, 2012）。**物候期**：花果期为 5—8 月，在华南地区可全年开花结果。单朵花的开放时间比较短暂，约为 5 h，且通常在阳光明媚的早晨开放（Kim & Carr, 1990）。

【原产地及分布现状】 大部分学者认为其原产地范围至少包括南美洲，而除此之外的原产地范围尚不明确。分子系统学研究表明毛马齿苋所在的这一分支起源于南美洲（Ocampo & Columbus, 2012），19 世纪随着该种的野生种群自南美洲至北美洲南部被不断发现，现在一般笼统地认为该种原产于美洲。Matthews 和 Levins 讨论了该种传入美国的两条途径，其一是从加勒比地区传入佛罗里达直至美国东北部，其二是从南美洲到中美洲（墨西哥）直至美国西南部，但并未对其原产地作说明（Matthews & Levins, 1985）。如今该种广泛分布于世界泛热带地区，包括美洲、非洲南部、大洋洲、亚洲，欧洲南部也有分布。**国内分布**：澳门、福建、广东、广西、海南、台湾、香港。园林应用较少，经调查发现只有少数地区（如上海）偶见栽培，尚未见大量人工栽培。

【生境】 喜欢光照充足环境，多见于干燥的干扰生境中，生长于田野路边、庭园废墟等向阳处以及海边沙地或岩岸。

【传入与扩散】 **文献记载**：日本植物学家早田文藏（Bunzo Hayata）分别于 1911 年和 1917 年在他的著作中记录了该种，台北和台南均有毛马齿苋分布（Hayata, 1911;

1917）。《海南植物志》最早收录该种，指出其见于海南沿海各地（侯宽昭和黄茂先，1964）。2006年，陈运造将其列为台湾苗栗地区外来入侵植物之一（陈运造，2006）。**标本信息**：Herb. Linn. No. 625.2（Lectotype: LINN），该模式为一幅植物绘图，由 Geesink（1969）指定为后选模式，林奈命名该种时指出其生长于美国南部（Habitat in America meridionali）。1907年日本植物学家川上泷弥（Takiya Kawakami）在台东采到该种标本（TAIF-PLANT-9383），随后1912年在台南、1914年在台北均有该种标本记录，中国大陆最早的标本记录为1919年采自广东的标本（IBSC0151671）。**传入方式**：早期未见关于该种的引种栽培记录，最早的标本记录见于1907年，其标本也都采自野外自然生境，因此该种可能随进口农产品夹带而来，传入时间为1900年或更早，首次传入地为台湾。**传播途径**：该种虽然在其他国家因栽培广泛而常有逸生，但在中国尚未见引种栽培，常随人类的农业活动无意传播。在澳大利亚昆士兰，有研究者发现在牛的粪便中存在大量的毛马齿苋种子，尽管只有约20%的种子能够萌发，但这也表明动物的取食行为也是该种潜在的传播途径（Jones & Bunch, 1999）。**繁殖方式**：主要以种子繁殖，也可营养繁殖。**入侵特点**：① 繁殖性 该种可自花授粉，花因光照不足而不能正常开放时可闭花受精（Zimmerman, 1977）。其种子从胚的形成至成熟只需两周时间，平均每个果实可产生60.7粒种子，并且在1～2周内具有高的萌发率，不具有休眠性（Kim & Carr, 1990）。也有研究表明，在不同环境条件下，其种子具有初生休眠和弱光诱导的次生休眠特性（龚家建 等，2016）。此外该种还易于扦插繁殖，其茎段扦插成活率高达95%以上（龚家建和杨小锋，2015）。② 传播性 该种自播性强，种子细小，蒴果盖裂后撒落于植株四周，借风、水流或动物飘到更远处。③ 适应性 耐干旱、较耐水涝，对土壤水肥条件要求不严格，以排水良好的砂质壤土为好，适应性较广。不耐阴，不耐低温，适宜生长的温度为10～38℃，种子的萌发需要光照和适宜的温度，25℃时其萌发率最高（Zimmerman, 1977）。**可能扩散的区域**：华南沿海以及西南地区等气候温暖的区域。

【危害及防控】 **危害**：毛马齿苋生长快速，多分枝，常形成密集的圆盘状，易入侵受频繁干扰的生境，尤其是沿海生境，其危害表现为与本土物种竞争资源，威胁其正常生长，破坏生态平衡。Loh等发现夏威夷的濒危种硬果马齿苋（*Portulaca sclerocarpa* Gray）

受到两大入侵种的严重威胁，其中之一就是毛马齿苋（Loh et al., 2014）。该种在中国对岛屿生态所造成的威胁不容忽视，受威胁的地区主要为华南地区和台湾。**防控**：严格监管其作为观赏植物进行引种栽培，防止逸生。一些芽后除草剂如 2,4-二氟苯氧乙酸（2,4-D）、绿草定（triclopyr）、甲磺隆（metsulfuron-methyl）等的防治效果较好，但在美国的调查发现该种对一些除草剂已经产生了抗性（Scott et al., 2009）。

【凭证标本】 香港离岛区大屿山东涌侯王宫，海拔 3 m，22.280 5°N，113.932 0°E，2016 年 8 月 29 日，王瑞江、陈雨晴、蒋奥林 RQHN01239（CSH）；广东省茂名市茂港区水东湾第一滩，海拔 10 m，21.452 9°N，111.033 9°E，2015 年 7 月 10 日，王发国、李西贝阳、李仕裕 RQHN03057（CSH）；海南省乐东黎族自治县莺歌海镇，海拔 6 m，18.530 1°N，108.763 3°E，2018 年 3 月 30 日，严靖、汪远、王樟华 RQHD03581（CSH）。

【相似种】 大花马齿苋（*Portulaca grandiflora* Hooker）。本种与毛马齿苋相比花明显较大，且颜色各异而不只有紫红色，花丝紫色且基部合生，花下毛被稀疏。大花马齿苋原产于阿根廷、巴西南部和乌拉圭，中国各地公园、花圃常有栽培。另外有一种环翅马齿苋（*Portulaca umbraticola* Kunth）常被错误鉴定为大花马齿苋或其变种，这一错误鉴定广泛而持久地存在，中国各地栽培广泛，其蒴果基部有果时增大形成的环翅，与其他种有明显区别。毛马齿苋是一个分布广泛且高度变异的种，其形态特征随生境的不同而差异巨大，植株在干燥的环境中密被柔毛，在潮湿的环境中则毛被稀疏；在温暖湿润的环境中植株可快速地进行匍匐生长，随后直立生长，在凉爽干燥的条件下则先直立生长后匍匐生长，且生长速度缓慢，植株形态紧凑。因此，关于该种的鉴定常存在问题。

毛马齿苋（*Portulaca pilosa* Linnaeus）
1.～2. 生境；3. 植株；4. 花；5. 叶；6. 蒴果；
7. 7. 毛马齿苋（左）、环翅马齿苋（中）、大花马齿苋（右）

相似种：大花马齿苋（*Portulaca grandiflora* Hooker）

相似种：环翅马齿苋（*Portulaca umbraticola* Kunth）

参考文献

陈运造，2006. 苗栗地区重要外来入侵植物图志 [M]. 苗栗："行政院农业委员会"苗栗区农业改良场：248.

龚家建，杨小锋，2015. 毛马齿苋扩繁及栽培管理技术 [J]. 现代农业科技，20：122-124.

龚家建，杨小锋，邢谷财，等，2016. 毛马齿苋种子休眠与萌芽特性研究 [J]. 广东农业科学，43（6）：76-80.

侯宽昭，黄茂先，1964. 马齿苋科 [M] // 陈焕镛. 海南植物志（第一卷）. 北京：科学出版社：383-385.

Geesink R, 1969. An account of the genus *Portulaca* in Indo-Australia and the Pacific (Portulacaceae) [J]. Blumea, 17(2): 275–301.

Hayata B, 1911. Icones plantarum "Formosanarum": Volume 1[M]. Taibei: Bureau of productive industry, government of "Formosa": 73.

Hayata B, 1917. General index to the flora of "Formosa" [M]. Taibei: Bureau of productive industry, government of "Formosa": 7.

Hsu C C, 1968. Preliminary chromosome studies on the vascular plants of Taiwan (II)[J]. Taiwania, 14: 11–27.

Jones R M, Bunch G A, 1999. Levels of seed in faeces of cattle grazing speargrass (*Heteropogon contortus*) pastures oversown with legumes in southern subcoastal Queensland[J]. Tropical Grasslands, 33(1): 11–17.

Kim I, Carr G D, 1990. Reproductive biology and uniform culture of *Portulaca* in Hawaii. Pacific Science, 44(2): 123–129.

Loh R K, Tunison T, Zimmer C, et al., 2014. A review of invasive plant management in special ecological areas, Hawai'i Volcanoes National Park, 1984–2007[R]. Honolulu, USA: University of Hawai'i, Pacific Cooperative Studies Unit (Technical Report 187): 35.

Matthews J F, Ketron D W, Zane S F, 1992. The reevaluation of *Portulaca pilosa* and *P. mundula* (Portulacaceae)[J]. Sida, Contributions to Botany, 15(1): 71–89.

Matthews J F, Levins P A, 1985. *Portulaca pilosa* L., *P. mundula* IM Johnst. and *P. parvula* Gray in the southwest[J]. Sida, Contributions to Botany, 11(1): 45–61.

Ocampo G, Columbus J T, 2012. Molecular phylogenetics, historical biogeography, and chromosome number evolution of *Portulaca* (Portulacaceae)[J]. Molecular Phylogenetics and Evolution, 63(1): 97–112.

Scott B A, Vangessel M J, White-Hansen S, 2009. Herbicide-resistant weeds in the United States and their impact on extension[J]. Weed Technology, 23(4): 599–603.

Steiner E, 1944. Cytogenetic studies on *Talinum* and *Portulaca*[J]. Botanical Gazette, 105(3): 374–379.

Zimmerman C A, 1977. A comparison of breeding systems and seed physiologies in three species of *Portulaca* L[J]. Ecology, 58(4): 860–868.

2. 土人参属 *Talinum* Adanson

一年生或多年生草本，或为半灌木，常具块根。茎直立，肉质，无毛。叶互生或部分对生，叶片扁平，全缘，无柄或具短柄，无托叶。花小，两性，成顶生的总状花序或圆锥状花序，稀单生叶腋；萼片 2，卵形，常早落，少有宿存；花瓣 5，稀 8～10，红色，常早落；雄蕊 5 至多数，常与花瓣基部合生；子房上位，1 室，特立中央胎座，胚珠多数，柱头顶端 3 裂，稀 2 裂。蒴果圆球状、卵状或椭圆状，薄膜质，常下垂，成熟时 3 瓣裂，外果皮常与纤维质的内果皮分离并脱落。种子近球形或压扁，亮黑色，具瘤或棱。

McNeill 认为该属约有 50 种，广泛分布于世界热带与亚热带地区 (McNeill, 1974)。然而，形态学研究与分子证据均证明该属并非单系，其中具圆柱形叶的玉栌兰组（sect. *Phemeranthus*）应从土人参属中分出而成立玉栌兰属（*Phemeranthus*）（Applequist & Wallace, 2001），从而土人参属的种类只有约 15 种，主要分布于美洲和非洲，玉栌兰属有约 30 种，主要分布于美国南部与墨西哥。中国有 2 种，均为外来种，其中 1 种为外来入侵植物。

土人参 *Talinum paniculatum* (Jacquin) Gaertner, Fruct. Sem. Pl. 2: 219. 1791. —— *Portulaca paniculata* Jacquin, Enum. Pl. Carib. 22. 1760. ——*Talinum patens* (Linnaeus) Willdenow, Sp. Pl. 2(2): 863. 1799.

【别名】 栌兰、假人参、土高丽参、红参、紫人参、煮饭花、土洋参

【特征描述】 一年生或多年生肉质草本，全株无毛。主根粗壮，圆锥形，有分枝，皮黑褐色，断面乳白色，形如人参。茎直立，肉质，基部稍木质化，具分枝，圆柱形，有时具槽。叶互生或近对生，稍肉质，扁平，倒卵形或倒卵状长椭圆形，基部渐狭成柄，顶端圆钝或急尖，有时微凹，具短尖头，全缘。圆锥状花序顶生或腋生，较大型，二叉状分枝，花序梗长；花小，直径约 6 mm，淡红色或紫红色，苞片 2，膜质，披针形，花梗

圆柱形，长 5～10 mm；萼片 2，卵形，早落，花瓣 5，长椭圆形、倒卵形或椭圆形，长 6～12 mm，顶端圆钝，稀微凹；雄蕊 10 枚以上，比花瓣短；花柱线形，基部具关节，柱头 3 深裂，子房卵球形。蒴果近球形，直径约 4 mm，3 瓣裂。种子多数，扁圆形，直径约 1 mm，黑色，有光泽，表面布满同心排列的细小突起。染色体：2*n*=24（Steiner, 1944）。物候期：花期为 6—10 月。在华南、西南等温暖的区域全年均可开花结果。单花的开放时间只有约 4 h（Valerio & Ramirez, 2003）。

【原产地及分布现状】 原产于美洲热带地区、美国西南部以及西印度群岛（Wagner et al., 1990）。美洲、非洲南部、东南亚和太平洋的许多岛屿均有栽培或逸生，甚至形成入侵。国内分布：安徽、澳门、重庆、福建、广东、广西、贵州、海南、湖北、湖南、江苏、江西、上海、四川、台湾、香港、云南、浙江。中国中部和南部地区均有栽培或逸为野生，华北地区少见栽培，偶有逸生但无法形成稳定居群。

【生境】 喜湿润肥沃土壤，常栽培于庭院、菜园或盆栽，逸为野生者常生于房前屋后、路边墙角、山麓岩石旁等干扰生境。

【传入与扩散】 文献记载：明朝初年兰茂（1397—1476）所著的《滇南本草》卷三有记载："土人参，味甘，性寒。补虚损劳疾。"但未见对该种的基本描述，因此《滇南本草》所记载的"土人参"是否为今之土人参尚待商榷。尽管如此，《中医大辞典》与《中华本草》均认为"土人参是马齿苋科植物栌兰的根"。关于土人参较早的确信记载为 1918 年出版的《植物学大辞典》。1906 年，日本植物学家松村任三（Jinzō Matsumura）和早田文藏（Bunzo Hayata）在其著作中收录了该种，并指出该种是从美洲热带地区引入台湾（Matsumura & Hayata, 1906）的。2004 年，严岳鸿等将其作为具危害的外来植物报道（严岳鸿 等，2004）。标本信息：F. J. Lindheimer 580（Type: MO）。该模式标本采自美国。1906 年，松村任三和早田文藏在其著作中收录该种时所引证的标本中有一份为 1898 年采自台北八芝兰的标本，存放于东京帝国大学理学院植物标本馆。1905 年在中国福建采到该种标本（IBSC0151828），存放于中国科学院华南植物园植物标本馆。**传入方式**：根据已有证据推测，土人参可能于 19 世纪末期作为药用植物或观赏植物首次引入台湾，并从福建传入中国大陆。**传播途径**：主要随人类的引种栽培而传播扩散。在其开裂的果实中靠近种子的部分结构富含脂类，有研究者推测其种子可能随蚁类的搬运而传播，但并未观察到该种的生物传播介质（Valerio & Ramirez, 2003）。**繁殖方式**：以种子繁殖为主，生产上也可扦插繁殖。**入侵特点**：① 繁殖性　可自花授粉，并且自花授粉的结实率要显著高于异花授粉的结实率，自然条件下其结实率可达 60.4%，可保证其在生境破碎化严重的干扰生境中成功繁殖并扩散（Valerio & Ramirez, 2003）。此外还可通过其肉质根进行营养繁殖，其肉质根深扎土壤且易折断，不易清除。② 传播性　目前该种作为药用或观赏植物栽培广泛而常有逸生，因此随人类活动传播的风险高。该种的果实具有特殊的开裂方式，果实开裂后其种子仍能在果瓣里储存一段时间而不脱落，尽管其种柄因富含脂类可吸引昆虫前去取食，但因其种子本身缺乏昆虫所需的营养物质而使其动物传播的可能性非常低（Veselova et al., 2012），因此其自然传播速率较慢。③ 适应性　喜温暖湿润的气候，耐高温高湿，不耐寒冷，地上部分遇霜冻枯死，肉质根能耐 0℃或短时 −5℃低温，适宜生长温度为 25～32℃；对土壤的适应性较强，耐贫瘠，但以富含有机质的沙质土壤为宜，不耐涝，在干旱半干旱的条件下均能生长；为喜光植物，但在半荫蔽的条件下营养生长较好；抗逆性强，病虫害少。**可能扩散的区域**：土人参主要随人类活动传播，可能自华东至华北地区扩散，以地下肉质根度过寒冷的冬季。

【危害及防控】　**危害**：该种幼苗生长迅速，植株从开花到结实所经历的时间短，一个花序中常常是花和果实同时存在，虽然传播距离不远，但自播性强，在包括夏威夷、库克群岛和斐济等在内的诸多太平洋岛屿和大洋洲均已形成入侵（PIER, 2011）。主要表现为危害园林绿化、苗圃与农田，在其原产地巴西有危害豆类（Freitas et al., 2009）、胡萝卜（Soares et al., 2010）等农作物收成的报道。该种在中国主要发生于东南、华南与西南地区的菜地、苗圃与绿化当中，危害程度一般。**防控**：在幼苗期将其带肉质根的植株彻底铲除。引种栽培的过程中需严格管理，不可随意丢弃。花园中可以盆栽的方式栽培，若直接在土壤中栽培，则在未来的几年里有成为难以清除的杂草的可能。

【凭证标本】 浙江省丽水市莲都区大港镇古堰画乡，海拔 79 m，28.298 6°N，119.740 3°E，2016 年 7 月 8 日，严靖、王樟华 RQHD02899（CSH）；香港岛薄扶林大道，海拔 89 m，22.281 2°N，111.011 4°E，2015 年 7 月 26 日，王瑞江、薛彬娥、朱双双 RQHN00932（CSH）；海南省海口市美兰区海南大学校园，海拔 14 m，20.055 3°N，110.314 0°E，2015 年 8 月 6 日，王发国、李仕裕、李西贝阳、王永淇 RQHN03151（CSH）；重庆市南川区三泉镇三泉村小学旁，海拔 603 m，29.132 1°N，107.202 8°E，2014 年 9 月 10 日，刘正宇、张军等 RQHZ06551（CSH）。

【相似种】 棱轴土人参［*Talinum fruticosum* (Linnaeus) Jussieu］。本种花序为总状或聚伞状而非大型圆锥状，花梗三棱形，柱头 3 浅裂，与土人参区别明显。该种原产于墨西哥、加勒比地区、中美洲以及南美洲的大部分地区，目前在西非、南亚、东南亚、北美及南美温暖地带广泛栽种，中国台湾、华南地区有栽培并逸为野生，在台湾苗栗地区被列为重要外来入侵植物之一（陈运造，2006）。

土人参 [*Talinum paniculatum* (Jacquin) Gaertner]

1. 生境；2. 植株；3. 叶；4. 花序和果序；5. 花；6. 根

相似种：棱轴土人参 [*Talinum fruticosum* (Linnaeus) Jussieu]

参考文献

陈运造，2006. 苗栗地区重要外来入侵植物图志 [M] . 苗栗："行政院农业委员会"苗栗区
　　农业改良场：21.

严岳鸿，邢福武，黄向旭，等，2004. 深圳的外来植物 [J] . 广西植物，24（3）：
　　232 – 238.

Applequist W L, Wallace R S, 2001. Phylogeny of the portulacaceous cohort based on *ndhF*
　　sequence data[J]. Systematic Botany, 26(2): 406 – 419.

Freitas F C L, Medeiros V F L P, Grangeiro L C, et al., 2009. Weed interference in cowpea[J]. Planta
　　Daninha, 27(2): 241 – 247

Matsumura J, Hayata B, 1906. Enumeratio plantarum "Formosanarum" [M]. Tokyo, Japan: Imperial
　　University of Tokyo: 39.

McNeill J, 1974. Synopsis of a revised classification of the Portulacaceae[J]. Taxon, 23: 725 – 728.

Pacific Islands Ecosystems at Risk Project (PIER), 2011. Plant threats to Pacific ecosystems[EB/OL].
　　Honolulu, Hawaii, USA: HEAR, University of Hawaii. (2011 – 8 – 9) [2019 – 4 – 15]. http://www.
　　hear.org/pier/species/talinum_paniculatum.htm.

Soares I A A, Freitas F C L, Negreiros M Z, et al., 2010. Weed interference in carrot yield and
　　quality[J]. Planta Daninha, 28(2): 247 – 254.

Steiner E, 1944. Cytogenetic studies on *Talinum* and *Portulaca*[J]. Botanical Gazette, 105(3):
　　374 – 379.

Valerio R, Ramirez N, 2003. Exogamic depression and reproductive biology of *Talinum paniculatum*
　　(Jacq.) Gaertner (Portulacaceae)[J]. Acta Botánica Venezuelica, 26(2): 111 – 124.

Veselova T D, Dzhalilova K K, Remizowa M V, et al., 2012. Embryology of *Talinum paniculatum*
　　(Jacq.) Gaertn. and *T. triangulare* (Jacq.) Willd.(Portulacaceae sl, Caryophyllales)[J]. Wulfenia,
　　19: 107 – 129.

Wagner W L, Herbst D R, Sohmer S H, 1990. Manual of the flowering plants of Hawaii: Volume
　　2[M]. Honolulu: University of Hawaii Press & Bishop Museum Press: 1076.

落葵科 | **Basellaceae**

一年生或多年生缠绕草本，全株无毛。单叶，互生，全缘，多为肉质，通常具柄，无托叶。花小，两性，稀单性，辐射对称，通常排列成穗状花序、总状花序或圆锥花序，稀单生；苞片3，早落，小苞片2，花被状，宿存；花被片5，离生或下部合生，通常呈白色或淡红色，宿存，在芽中覆瓦状排列；雄蕊5，与花被片对生，花丝着生于花被上，花药2室；雌蕊由3心皮合生，子房上位，1室，胚珠1粒，基生，花柱单一或3深裂。果实为浆果状核果，干燥或肉质，通常被宿存的小苞片和花被包围，不开裂；种子单生，圆球形，种皮膜质，胚乳丰富，围以螺旋状、半圆形或马蹄状的胚。

落葵科约4属20种，大多数种类分布于美洲热带地区和美国安第斯地区，只有落葵属（*Basella* Linnaeus）的少数种类分布至马达加斯加和非洲东部。中国有2属3种，均为引种栽培，其中1种为外来入侵植物。

落葵薯属 *Anredera* Jussieu

多年生缠绕草本。茎多分枝。叶互生，全缘，稍肉质，无柄或具柄。花小，黄白色，有梗，排成腋生或顶生的总状花序。花梗在花被下具关节，苞片宿存或早落，小苞片2对，交互对生；花被5深裂，基部合生，裂片薄，开花时伸展，花后稍增厚，包裹果实；雄蕊5，花丝丝状，基部宽，在花蕾中常反折；子房上位，1室，胚珠1，花柱3，柱头头状或棍棒状。果实卵球形，包于宿存花被及小苞片内，外果皮稍肉质或似羊皮纸质。种子凸镜状，胚半环形。

由于划分标准不一致，该属的种数有5～10种、约10种、10～15种等不同说法，The Plant List（2013）包含12种，该属产于美国南部、西印度群岛至阿根廷、加拉帕哥斯群岛，主要分布于南美洲的北部（Sperling & Bittrich, 1993）。中国有 2 种，其中 1 种为外来入侵种。

落葵薯 *Anredera cordifolia* (Tenore) Steenis, Fl. Malesiana, ser. 1, Spermatoph. 5(3): 303. 1957. ——*Boussingaultia cordifolia* Tenore, Ann. Sci. Nat., Bot. ser. 3, 19: 355. 1853.

【别名】 藤三七、藤七、川七、心叶落葵薯、洋落葵、细枝落葵薯、土三七

【特征描述】 多年生缠绕草本，长可达数米。具肉质根状茎，老茎灰褐色，具外突皮孔，幼茎略带紫红色。叶具短柄，叶片卵圆形至卵状披针形，长 2～6 cm，先端急尖或钝，基部圆形或心形，全缘，稍肉质，叶腋常具珠芽。总状花序具多数花，腋生或顶生，花序轴纤细，长 7～25 cm；花两性，有梗，苞片狭，长不超过花梗，宿存；花托顶端杯状，花常由此脱落；小苞片 2 对，花被状，上面 1 对扁平，圆形至宽椭圆形，宿存；花被 5 深裂，花直径约 5 mm，花被片白色，渐变黑，顶端钝圆；雄蕊白色，与花被片同数且对生，花丝在蕾中反折，开花时伸出花外；子房卵球形，花柱 3，白色，柱头头状。果实和种子均未见。**染色体**：2*n*=24（Vincent, 2003），有学者对该种及其种下等级进行的细胞学研究表明，世界广布的以营养繁殖为主的种（*Anredera cordifolia*）的染色体为 2*n*=36，而以有性繁殖为主的原产地的种（*Anredera cordifolia* subsp. *gracilis*）的染色体为 2*n*=24（Xifreda et al., 1999），后者现被当作 *Anredera cordifolia* 的异名处理。**物候期**：花期为 6—10 月，其珠芽在华南地区 3 月即开始萌发。

【原产地及分布现状】 原产于南美洲的中部与东部地区，从巴拉圭至巴西南部和阿根廷北部，作为观赏植物在世界热带地区广泛栽培（Wagner et al., 1990）。如今该种广泛分布于世界热带与亚热带地区，在澳大利亚、新西兰、南非、北美洲南部和太平洋诸多岛屿（如夏威夷群岛）等已形成入侵危害，在欧洲南部地区也有分布，且在克罗地亚归化（Stancic & Mihelj, 2010）。**国内分布**：澳门、重庆、福建、广东、广西、贵州、海南、湖

北、湖南、江西、四川、台湾、香港、云南、浙江，华北地区有栽培，偶有逸生。

【生境】 喜温暖湿润的气候环境，常见于林缘、灌木丛、河边、荒地、房前屋后以及沿海生境。

【传入与扩散】 **文献记载**：1955 年出版的《经济植物手册》收录了该种，当时记载的名称为马德拉藤（*Boussingaultia gracilis* var. *pseudo-baselloides*）（胡先骕，1955），为其异名。李振宇和解焱于 2002 年将其作为中国外来入侵种报道（李振宇和解焱，2002）。**标本信息**：Cuita Hort. Naples, Coll. Tenore（Lectotype: NAP）。模式标本来自栽培于意大利那不勒斯的植株，该植株源于阿根廷，最初引种于那不勒斯皇家植物园（Real Orto Botanico di Napoli），后由 Tenore 引入那不勒斯腓特烈二世大学（Università Degli Studi di Napoli Federico Ⅱ），模式标本存放于该大学植物标本馆（Xifreda et al., 1999）。1926 年，周太炎在江苏南京采到该种标本（T.Y.Cheo 12915）（NAS）。**传入方式**：《经济植物手册》记载该种为栽培供观赏用，根据其标本信息推测，可能为 20 世纪 20 年代作为观赏植物首次引入南京栽培；有学者认为该种于 20 世纪 70 年代从东南亚引种（李振宇和解焱，2002），说明存在多次引种的过程。**传播途径**：随人为引种栽培而传播，其繁殖体可随水流传播。**繁殖方式**：该种在其原产地能形成少量的果实和种子，在其入侵地澳大利亚昆士兰有实生苗的报道（Swarbrick, 1999），在中国则几乎完全为营养繁殖，包括根状茎和珠芽，断枝也可繁殖。**入侵特点**：① 繁殖性 生长迅速，在适宜的环境中其茎的生长速率每周可达 1 m。每植株的珠芽产量大且繁殖力强，重 1.0 g 以上的珠芽在实验室条件下萌发率可达 100%（王玉林 等，2008），且可保持长久活性，只要条件适宜，就可长成新的植株，其根状茎亦是如此。② 传播性 该种曾作为"新型保健蔬菜"、"特种叶菜"在中国南北各地广泛引种栽培并逸生，并且其珠芽极易脱落，传播性强。③ 适应性 对土壤条件要求不严格，喜湿润，但也耐干旱，抗逆性强，无病虫害。其地上部分不耐霜冻，在华北地区以根状茎越冬。在荫蔽和全光照条件下均能生长，其叶背面在高光强条件下分布有大量的气孔，可固定大量的碳并快速对光隙作出响应（Boyne et al., 2013）。**可能扩散的区域**：华北地区。

【危害及防控】 **危害**：植株覆盖灌丛树木，影响其光合及土壤中种子的萌发，妨碍其生长，严重危害原生植物，破坏生态平衡。有研究表明其茎叶提取液具有化感作用，可抑制其他种子萌发及幼苗生长（王玉林 等，2008）。该种在澳大利亚新南威尔士被认为是 3 种危害最严重的入侵植物之一，对当地的生物多样性有严重影响（Downey et al., 2010）。该种在中国主要入侵东南、华南和西南地区，覆盖度大，常形成单一优势种群，严重危害本土植物。**防控**：栽培时应严格控制其种群，注意妥善处理枝茎、珠芽与根状茎，防止逸生。由于其珠芽和地下根状茎的存在，该种的物理防控非常困难。一些除草剂如甲磺隆、绿草定和毒莠定的混合物、氟草定和草甘膦等对其防控效果较好，其珠芽在高浓度的绿草定、毒莠定或氟草定处理下即失去活力（Webb & Harrington, 2005）。Prior 等学者认为较低浓度的氟草定处理效果更佳，这种处理方式下本土物种可建立种群与之竞争，而广谱型除草剂如草甘膦的使用可消除其地上部分几乎所有植物，但落葵薯的地下根状茎的萌发会造成再次入侵（Prior & Armstrong, 2001）。其生物防治的研究最早开始于南非，*Plectonycha correntina* 为来自阿根廷和巴西的昆虫，可显著减少落葵薯的生物量（Westhuizen, 2011）。后续的研究表明，这种昆虫的寄主范围仅限于落葵科植物，并指出其在澳大利亚和新西兰是安全且有效的生物防治措施（Cagnotti et al., 2007）。有报道称在中国台湾烟草赤星病菌（*Alternaria alternata*）造成了落葵薯叶斑病的发生（Lai et al., 1996）。

【凭证标本】 香港米埔自然保护区，海拔 1 m，22.494 6°N，114.046 5°E，2015 年 7 月 27 日，王瑞江、薛彬娥、朱双双 RQHN00991（CSH）；浙江省衢州市江山市郭峰村，海拔 131 m，28.727 9°N，118.520 2°E，2014 年 9 月 17 日，严靖、闫小玲、王樟华、李惠茹 RQHD00826（CSH）；四川省凉山彝族自治州盐源县平川镇平川村，海拔 1 643 m，27.655 2°N，101.861 2°E，2014 年 11 月 7 日，刘正宇、张军等 RQHZ06341（CSH）；贵州省铜仁市石阡县高寨村，海拔 477 m，27.495 0°N，108.224 2°E，2015 年 8 月 6 日，马海英、邱天雯、徐志茹 RQXN07448（CSH）。

【相似种】 短序落葵薯 [*Anredera scandens* (Linnaeus) Smith]。该种形态特征与落葵薯

极相似，总状花序较落葵薯短而粗壮，其 2 对小苞片中的上面 1 对呈船形，具显著的龙骨状突起，落葵薯的则为扁平状且无龙骨状突起。本种原产于美洲热带，中国福建、广东有栽培，较少见。另一种原产于美洲热带、非洲及亚洲热带地区的落葵（*Basella alba* Linnaeus）在中国南北各地多有种植，以叶片供蔬菜食用，中国虽有文献将其列为入侵植物，但该种只在长江以南偶有逸生且仅限于房前屋后或菜园周围，未造成入侵，世界其他地区也未见其入侵或杂草化的报道。

落葵薯 [*Anredera cordifolia* (Tenore) Steenis]
1.～2. 生境；3. 花序；4. 叶；5. 花特写；6. 珠芽

相似种：落葵（*Basella alba* Linnaeus）

参考文献

胡先骕，1955. 经济植物手册（上册第一分册）[M] . 北京：科学出版社：280.

李振宇，解焱，2002. 中国外来入侵种 [M] . 北京：中国林业出版社：111.

王玉林，韦美玉，赵洪，2008. 外来植物落葵薯生物特征及其控制 [J] . 安徽农业科学，36（13）：5524-5526.

Boyne R L, Osunkoya O O, Scharaschkin T, 2013. Variation in leaf structure of the invasive Madeira vine (*Anredera cordifolia*, Basellaceae) at different light levels[J]. Australian Journal of Botany, 61(5): 412-417.

Cagnotti C, McKay F, Gandolfo D, 2007. Biology and host specificity of *Plectonycha correntina* Lacordaire (Chrysomelidae), a candidate for the biological control of *Anredera cordifolia* (Tenore) Steenis (Basellaceae)[J]. African Entomology, 15(2): 300-309.

Downey P O, Scanlon T J, Hosking J R, 2010. Prioritizing weed species based on their threat and ability to impact on biodiversity: a case study from New South Wales[J]. Plant Protection Quarterly, 25(3): 111–126.

Lai Y L, Hsieh W H, Huang H C, et al., 1996. Leaf spots of madeira vine caused by *Alternaria alternata* in Taiwan[J]. Plant Pathology Bulletin, 5(4): 193–195.

Prior S L, Armstrong T R, 2001. A comparison of the effects of foliar applications of glyphosate and fluroxypyr on Madeira vine, *Anredera cordifolia* (Ten.) van Steenis[J]. Plant Protection Quarterly, 16(1): 33–36.

Sperling C R, Bittrich V, 1993. Basellaceae[M]// Kubitzki K, Rohwer J G, Bittrich V. The families and genera of vascular plants: Volume 2. Berlin, Germany: Springer-Verlag: 146.

Stancic Z, Mihelj D, 2010. *Anredera cordifolia* (Ten.) Steenis (Basellaceae), naturalised in south Croatia[J]. Natura Croatica, 19(1): 273–279.

Swarbrick J T, 1999. Seedling production by Madeira vine (*Anredera cordifolia*)[J]. Plant Protection Quarterly, 14(1): 38–39.

Vincent M A, 2003. Basellaceae[M]// Flora of North America Editorial Committee. Flora of North America: North of Mexico: Volume 4. New York: Oxford Universtiy Press: 507.

Wagner W L, Herbst D R, Sohmer S H, 1990. Manual of the flowering plants of Hawaii: Volume 1[M]. Honolulu: University of Hawaii Press & Bishop Museum Press: 181.

Webb H J, Harrington K C, 2005. Control strategies for Madeira vine (*Anredera cordifolia*)[J]. New Zealand plant protection, 58: 169–173.

Westhuizen L, 2011. Initiation of a biological control programme against Madeira vine, *Anredera cordifolia* (Ten.) Steenis (Basellaceae), in South Africa[J]. African Entomology, 19(2): 217–222.

Xifreda C C, Argimón S, Wulff A F, 1999. Infraspecific characterization and chromosome numbers in *Anredera cordifolia* (Basellaceae)[J]. Thaiszia-Journal of Botany, 9(2): 99–108.

石竹科 | Caryophyllaceae

　　一年生或多年生草本，稀半灌木。茎节通常膨大，具关节。单叶对生，稀互生或轮生，全缘或稍有锯齿，基部常连合，托叶干膜质或缺。花两性，稀单性，辐射对称，常排成聚伞花序，稀单生，少数呈假轮伞花序或伞形花序，有时具闭花授精花；萼片5，稀4，覆瓦状排列或联合成管状，宿存；花瓣与萼片同数，稀缺，无爪或具爪，爪与瓣片之间常具2鳞片状或片状副花冠片；雄蕊10，稀5或2，花药2室，纵裂；雌蕊1，由2～5合生心皮构成，子房上位，1室，稀不完全2～5室，特立中央胎座或基底胎座，具1至多数胚珠，花柱（1）2～5，离生或合生。蒴果长椭圆形、圆柱形、卵形或圆球形，顶端齿裂或瓣裂，裂片与心皮同数或为其2倍，稀为浆果或瘦果。种子1至多数，弯生，肾形、卵形、圆盾形或圆形，微扁，稀具流苏状篦齿或翅；胚乳粉质，位于中心或偏于一侧，胚环形或半圆形，常弯曲而包围胚乳。

　　石竹科世界广布，但主要分布在北半球的温带和暖温带，为泛北极分布，地中海地区和伊朗—土耳其地区为其多样性中心，少数种类分布于非洲、大洋洲和南美洲。中国有30属约390种，几乎遍布全国，主要分布于北部和西部地区，其中外来入侵种4属4种，此外引种了八宝韦草属（*Telephium*）、刺繁缕属（*Drypis*）和蝇春罗属（*Viscaria*）。国内文献一直以来当作入侵植物报道的鹅肠菜 [*Myosoton aquaticum* (Linnaeus) Moench] 和麦蓝菜 [*Vaccaria hispanica* (Miller) Rauschert] 经考证为国产种；大爪草（*Spergula arvensis* Linnaeus）为全球广布种，中国也是该种原产地之一；原产于西亚和欧洲的肥皂草（*Saponaria officinalis* Linnaeus）常作为观赏植物广泛栽培，偶有逸生，但并未形成入侵；原产于中南美洲的毛荷莲豆草（*Drymaria villosa* Chamisso & Schlechtendal）则仅在西藏有少量归化，在此不再收录。

　　石竹科内属的划分一直处于不断的变化之中，一些广义大属的拆分或小属的合并导致其属的数量不断变动，有 120 属、88 属、82 属等不同观点，物种数更是如此，有 2 000～3 000 种。该科传统上划分为 3 个亚科，即指甲草亚科（Paronychioideae）、繁缕亚科（Alsinoideae）和石竹亚科（Caryophylloideae），然而分子研究表明它们均非单系群，并且其中几乎所有的大属如蝇子草属（*Silene*）都是不自然的类群，因此有学者主张放弃其科内亚科一级的划分方法，而建立族（Tribal）水平上的分子系统发育关系（Harbaugh et al., 2010），此外有些属还需进一步的研究。

参考文献

Harbaugh D T, Nepokroeff M, Rabeler R K, et al., 2010. A new lineage-based tribal classification of the family Caryophyllaceae[J]. International Journal of Plant Sciences, 171: 185–198.

分属检索表

1 萼片合生，花瓣具明显的爪 ⋯⋯⋯⋯⋯⋯⋯⋯⋯⋯⋯⋯⋯⋯⋯⋯⋯⋯⋯⋯⋯⋯ 2
1 萼片离生，花瓣近无爪 ⋯⋯⋯⋯⋯⋯⋯⋯⋯⋯⋯⋯⋯⋯⋯⋯⋯⋯⋯⋯⋯⋯⋯⋯ 3
2 花萼裂片 5，叶状，裂片比花萼筒长；副花冠缺 ⋯⋯⋯⋯ 1. 麦仙翁属 *Agrostemma* Linnaeus
2 花萼 5 齿裂，不呈叶状，裂片远比花萼筒短；具副花冠 ⋯⋯⋯⋯ 3. 蝇子草属 *Silene* Linnaeus
3 花柱 5，稀 3～4，常与萼片对生；蒴果圆柱形或长圆形 ⋯⋯ 2. 卷耳属 *Cerastium* Linnaeus
3 花柱 3～5，若为 5 则与萼片互生；蒴果卵形或圆球形 ⋯⋯⋯⋯ 4. 繁缕属 *Stellaria* Linnaeus

1. 麦仙翁属 *Agrostemma* Linnaeus

一年生草本，全株密被白色长硬毛。茎直立。叶对生，无柄或近无柄，条形或狭披针形，托叶缺。花两性，单生枝端；花萼 5 深裂，萼筒具 10 条凸起的纵脉，裂片线形，叶状，通常比萼筒长，稀近等长；花瓣 5，紫红色，稀近白色，呈倒卵形或楔形，顶端微凹缺，常比花萼短，具明显的爪；副花冠缺；雄蕊 10，二轮排列，外轮雄蕊基部与瓣爪合生；心皮 5，合生，子房 1 室，花柱 5，与萼裂片互生；无雌雄蕊柄。蒴果卵形，5 齿裂；种子多数，肾状，黑色；胚环形。

本属共 2 种，分布于欧亚大陆的温带地区，现传播至非洲北部和北美洲。中国有 1 种，为外来入侵种。

麦仙翁 *Agrostemma githago* Linnaeus, Sp. Pl. 1: 435. 1753.

【别名】 麦毒草

【特征描述】 一年生草本，高 30～90 cm，全株密被白色长硬毛。茎直立，单生，有时上部分枝。叶片线形或线状披针形，基部微合生，抱茎，顶端渐尖，背面中脉明显，托叶缺。花单生，直径约 3 cm，花梗极长；花萼 5 深裂，具 10 条隆起的脉，萼片基部合生成筒，花后萼筒加粗，萼裂片线形，叶状，长于萼筒；花瓣 5，紫红色，比花萼短，具明显的爪，爪部白色，无毛，瓣片倒卵形，微凹缺；副花冠缺；雄蕊 10，微外露，花丝无毛；花柱 5，伸出花冠，被长硬毛。蒴果卵形，稍长于宿存花萼筒，5 裂齿，齿片向外反卷；种子肾状，长 2.5～3 mm，成熟时黑色，表面密被疣状突起。染色体：$2n=24$，48 （Lu et al., 2001）。物候期：5 月下旬至 6 月上旬左右出苗，营养生长约 30 d，花期为 6 月末至 8 月初，果实自 8 月上旬至 9 月初陆续成熟。

【原产地及分布现状】 原产于地中海沿岸地区（Thompson, 1973），除南极洲之外的各大洲均有分布，主要分布于欧洲、非洲北部，以及亚洲、美洲和大洋洲的温带地区。但由于贸易中愈发严格的种子检验检疫以及农业活动等多种因素的影响，该种的野生种群在其分布区越来越小，只在机械化程度低的农业活动区有较大的种群（Harper, 1977）。国内分布：贵州、黑龙江、吉林、辽宁、内蒙古、新疆，在中国南北各省区均有栽培，多种植于植物园内，如庐山植物园、西安植物园、广西药用植物园等，各大种子商店均有麦仙翁种子出售。

【生境】 喜开放、干扰的生境，常见于沟谷草地、田间路旁，尤其是谷类作物田内或周围。

【传入与扩散】 **文献记载**：麦仙翁最早被收录于 1953 年出版的《华北经济植物志要》（崔友文，1953），《中国高等植物图鉴》也有记载，言其生于半干旱草原地带，也常生于麦田或杂草地，对牲畜为有毒植物（中国科学院植物研究所，1972），可见发现之初便知其危害。1986 年刘满仓对该种在内蒙古自治区麦田中造成的危害及其防治措施作了报道（刘满仓，1986），李振宇和解焱于 2002 年将其列为中国外来入侵种之一（李振宇和解焱，2002）。**标本信息**：Herb. Linn. No. 601.1（Lectotype: LINN）。该标本采自欧洲，1978 年由 Ghafoor 将其指定为后选模式（Ghafoor, 1978）。1931 年在黑龙江省嫩江（S. C. Han 24）（WUK）、吉林省蛟河市（H. W. Kung 1866）（PE）等地均有标本记录。**传入方式**：有学者认为该种是早期随麦种传入的杂草，19 世纪在中国东北采到标本（李振宇和解焱，2002），但未给出标本信息，因此"19 世纪传入"一说值得商榷。至 1931 年才有确切的东北三省的采集记录。因此首次传入地点应为东北地区，具体传入时间还有待考证。**传播途径**：其种子常随农业活动、粮食贸易过程中的无意携带而传播。其花颜色鲜艳，有时供栽培观赏，因此引种栽培与种子贸易也是其传播的途径之一。**繁殖方式**：以种子繁殖。**入侵特点**：① 繁殖性 该种雄蕊先熟至雌雄同熟，自交亲和，其种子产量、重量和大小等均受环境中可获取资源的多少影响，每植株最高可产 3 000 粒种子，每颗成熟果实最高可产 60 粒种子，其种子可长时间保持活力，经过 6 年的储藏时间其发芽率仍可超过 60%（Firbank, 1988）。其种子在土壤中的发芽率受水分条件的支配，只要条件适宜，种子落入土壤后不久即可快速萌发（Thompson, 1973）。② 传播性 种子细小，易混于粮食中而无意传播，尤其是麦类作物，由于具有一定的观赏价值也常被引种栽培，因此其人为传播性强。种子成熟后自开裂的果瓣中脱落，有一定的自播性。③ 适应性 耐低温，健壮的幼苗经历霜冻之后可恢复生长，在−15℃条件下仍生长良好（Firbank, 1988）。种子的最适萌发温度为 8～28℃，在 0℃时也可萌发，高温则可能诱使种子休眠（Thompson, 1973）。麦仙翁种子几乎适应所有不同栽培类型的土壤，包括排水良好的土壤、黏土、砂质壤土、白垩质土壤、被侵蚀的土壤等，并且其最适土壤类型似乎随着地域的不同而改变（Brenchley, 1912）。**可能扩散的区域**：中国华北、东北和西北地区。

【**危害及防控**】 **危害**：该种全株尤其是种子有毒，且易混入粮食中，对人、畜和家禽的健康造成危害，逸生的麦仙翁可直接对马、猪、牛和鸟类构成威胁（李振宇和解焱，2002），因此多数地区将其视为有害植物。在中国东北地区常危害小麦、玉米、大豆等农作物的生产，20世纪80年代该种对东北地区的小麦生产造成了较大危害，每平方米的麦仙翁植株达到27～39株（刘满仓，1986），目前其危害已逐渐得到控制。**防控**：该种为有毒杂草，应列入区域性检疫对象，坚持产地检疫。粮食贸易中应标准化种子流通，加强种子管理，提升种子精选技术，提高种子质量。对于引种栽培的麦仙翁要加强管控，及时拔除逸生的植株。有研究发现相对高的谷类作物种植密度可以有效地限制麦仙翁的种群扩展（Ruhl et al., 2016）。随着有效的种子精选技术的出现与广泛应用，麦仙翁的种群数量无论是在其原产地还是入侵地均显著下降，但在农业现代化不足的地区仍然是一大威胁，还需密切监控其种群动态，关于其种群大范围衰退的历史与原因还需进一步研究。

【**凭证标本**】 贵州省毕节市纳雍至毕节的高速路边，海拔1 600 m，27.007 5°N，105.242 2°E，2016年4月29日，马海英、王嫚、杨金磊 RQXN05088（CSH）。

【**相似种**】 浅裂麦仙翁（新拟）[*Agrostemma brachyloba* (Fenzl) Hammer]。本种原产于地中海地区的希腊和土耳其，中国无分布。本种植株较麦仙翁矮小，毛被稀疏，萼筒狭窄，与萼裂片近等长或略长于萼裂片，花瓣长于花萼，易于区别。Hammer等根据种子的大小和形态以及生长环境和分布区在麦仙翁下建立了两个变种：var. *linicolum* (Terech.) Hammer 和 var. *macrospermum* (Levina) Hammer（Hammer et al., 1982），现均作为麦仙翁的异名处理。

麦仙翁（*Agrostemma githago* Linnaeus）

1. 生境；2. 植株；3.～4. 花；5. 花纵剖；6. 蒴果纵剖

参考文献

崔友文，1953. 华北经济植物志要［M］. 北京：科学出版社：73.

李振宇，解焱，2002. 中国外来入侵种［M］. 北京：中国林业出版社：112.

刘满仓，1986. 麦仙翁及其防治的研究［J］. 内蒙古农业科技，3：26-27.

中国科学院植物研究所，1972. 中国高等植物图鉴（第一册）［M］. 北京：科学出版社：636.

Brenchley W E, 1912. The weeds of arable land in relation to the soils on which they grow, II [J]. Annals of Botany, 26: 95–109.

Firbank L G, 1988. Biological flora of the British Isles. No. 165, *Agrostemma githago* L. (*Lychnis githago* (L.) Scop.)[J]. Journal of Ecology, 76(4): 1232–1246.

Ghafoor A, 1978. Caryophyllaceae[M]// Jafri S M H, El-Gadi A. Flora of Libya: Volume 59. Tripoli, Libya: Al Faateh University, Department of Botany: 56.

Hammer K, Hanelt P, Knupffer H, 1982. Vorarbeiten zur monographischen Darstellung von Wildpflanzensortimenten: *Agrostemma* L.[J]. Kulturpflanze, 30: 45–96.

Harper J L, 1977. Population biology of plants[M]. London: Academic Press: 113–117.

Lu D Q, Magnus L, Bengt O, 2001. *Agrostemma*[M]// Wu Z Y, Raven P H, Hong D Y. Flora of China: Volume 6. Beijing: Science Press & St. Louis: Missouri Botanical Garden Press: 100.

Ruhl A T, Donath T W, Otte A, et al., 2016. Impacts of short-term germination delay on fitness of the annual weed *Agrostemma githago* L.[J]. Seed Science Research, 26(2): 93–100.

Thompson P A, 1973. Effects of cultivation on the germination character of the corn cockle (*Agrostemma githago* L.)[J]. Annals of Botany, 37(1): 133–154.

2. 卷耳属 *Cerastium* Linnaeus

一年生或多年生草本，多数被柔毛或腺毛，稀无毛。叶对生，卵形或长椭圆形至披针形。二歧聚伞花序，顶生；萼片 5，稀为 4，离生；花瓣与萼片同数，白色，顶端深凹或 2 裂，稀全缘或微凹；雄蕊 10，稀 5 枚或更少，花丝无毛或被毛；子房 1 室，具多数胚珠；花柱 5，稀为 3～4 枚，与萼片对生。蒴果圆柱形，薄壳质，露出宿存萼片外，先端齿裂，裂齿数为花柱数的 2 倍；种子多数，卵圆形，稍扁，常具疣状凸起，胚环形。

传统上该属根据柱头的数量可划分为 2 个亚属约 100 种，分子研究表明该属为单系群并证实了传统上两个亚属划分的合理性（Scheen et al., 2004）。然而近来基于更大样本范围的系统发育研究表明该属并非单系群，硬骨草属（*Holosteum*）、繁缕属（*Stellaria*）和无心菜属（*Arenaria*）的部分种类可能应放入卷耳属，种间关系异常复杂（Greenberg & Donoghue, 2011）。该属主要分布于北温带，欧亚大陆为其多样性中心，极少数种见于亚热带山区，少数种为世界分布，其大多数种类的分布区较为局限。中国有 23 种，分布于北部至西南，其中 1 种为外来入侵植物。

球序卷耳 *Cerastium glomeratum* Thuillier, Fl. Env. Paris (ed. 2) 226. 1799. —— *Cerastium viscosioides* Candargy, Bull. Soc. Bot. France 44: 156. 1897.

【别名】 圆序卷耳、粘毛卷耳、婆婆指甲菜

【特征描述】 一年生草本，高 10～25 cm。茎直立，常丛生，密被长柔毛，上部混生腺毛，下部有时略带紫红色。茎下部叶片呈匙形，顶端钝，基部渐狭，略抱茎；茎上部叶片呈倒卵状椭圆形，顶端圆钝，基部渐狭成短柄状，两面密生柔毛，边缘具缘毛，中脉明显，全缘。二歧聚伞花序簇生枝端，具多数花，花梗纤细，花后伸长，与花序轴均密被长腺毛；苞片叶状，卵状椭圆形，密被柔毛；萼片 5，披针形，长约 3～4 mm，顶端尖，外面密被长腺毛，边缘膜质；花瓣 5，白色，线状长圆形，稍长于萼片，顶端 2 浅裂，基部被柔毛；雄蕊 10，明显短于萼片；子房卵圆形，花柱 5。蒴果长圆柱形，长于宿存萼片近 1 倍，顶端 10 齿裂；种子褐色，呈扁三角状，成熟时淡褐色，具疣状凸起。**染色体**：$2n=72$ (Brett, 1955)。**物候期**：花期为 3—4 月，果期为 5—6 月。长江以南各省区一年四季均可开花。

【原产地及分布现状】 原产于非洲北部以及欧洲与亚洲中部的温带地区，即自加那利群岛至巴基斯坦的广大区域（USDA-ARS, 2012），具体原产地不明，现为全球广布种。分子系统学研究表明卷耳属植物为旧大陆起源，至少经过两次迁移事件进入北美洲（Scheen et al., 2004）。**国内分布**：安徽、北京、重庆、福建、广东、广西、贵州、河南、湖北、湖南、吉林、江苏、江西、辽宁、山东、陕西、上海、四川、台湾、西藏、云南、浙江。

【生境】 喜生于疏松干燥的土壤，常见于路边荒地、田间地头、房前屋后、砂质河岸、山坡草丛以及林缘或林间空地。

【传入与扩散】 **文献记载**：明朝初年的《救荒本草》（1406 年）和清朝末期的《植物名实图考》（1848 年）有记载，所载名称为"婆婆指甲菜"，并配有绘图和形态描述。车晋滇于 2009 年将其作为中国外来杂草报道（车晋滇，2009）。**标本信息**：作者命名该种时指出其模式采自法国巴黎，存放于巴黎国家自然博物馆植物标本馆（P），但并未见到该标本。较早的有明确记录的标本于 1908 年采自江苏南京（Courtois 21092）（NAS），之后在华东地区多有标本记录。**传入方式**：无该种的引种记录，可能经中国西部地区自然传播或人类无意携带传播于中国境内，传入时间应早于明朝初年。**传播途径**：以种子传播，常随人类的农业活动或带土花卉苗木的贸易进行长距离的传播。在爱尔兰有研究者观察到其种子可黏附于鸟类（如鸥类）的足或羽毛上进行传播（Ridley, 1930）。**繁殖方式**：以种子繁殖。**入侵特点**：① 繁殖性 生长迅速，一个生长季即可完成一个生活史，并产生大量的种子，可保持高的土壤种子库（Turnbull et al., 1999）。种子萌发率极高，在模拟自然环境条件的实验中其发芽率可达 100%（Ware et al., 2012）。在长江以南各省区一年四季均可发芽。② 传播性 蒴果顶端开裂，种子易掉落，自播性强。种子细小，极易随带土苗木传播。③ 适应性 该种为一年生植物，经过一个生长季便枯死，以种子的方式度过冬天，在多种干扰生境或自然生境中均能生长，在墨西哥其生长海拔可达 3 700 m（Good, 1984）。**可能扩散的区域**：全国各地。

【危害及防控】 **危害**：世界性杂草，在大洋洲、南美洲和东南亚等多个地区造成入侵危害，主要在生长季节危害菜地、果园、园林绿化以及林地等。在中国南方多见于山坡夏收作物地，但危害不重。在长江流域多发生于沿江冲积土形成的平原中，尤其是冲积平原上麦-棉轮作的旱地，是该地区发生量最大的有害植物，危害严重，对小麦的前、中期生长影响较大（李扬汉，1998）。在华东地区多发生于菜地与园林绿化中，影响农业生产和园林景观。**防控**：2-甲基-4-氯苯氧乙酸（2 甲 4 氯）、百草敌等化学防治效果较好。

【凭证标本】 江苏省盐城市东台市富安镇高速出口处，海拔 2.7 m，32.657 0°N，120.509 7°E，2015 年 5 月 25 日，严靖、闫小玲、李惠茹、王樟华 RQHD01993（CSH）；浙江省丽水市缙云平黄线堂孔村，海拔 325 m，28.683 5°N，120.304 5°E，2015 年 3 月 19 日，严靖、闫小玲、李惠茹 RQHD01560（CSH）；重庆市南川区东城街道北固，海拔 516 m，29.192 2°N，107.128 0°E，2015 年 3 月 12 日，刘正宇、张军等 RQHZ06013（CSH）；广西壮族自治区桂林市雁山镇，海拔 156 m，25.070 0°N，110.298 5°E，2016 年 2 月 23 日，韦春强、李象钦 RQXN08053（CSH）。

【相似种】 簇生泉卷耳［*Cerastium fontanum* subsp. *vulgare* (Hartman) Greuter & Burdet］。球序卷耳与簇生泉卷耳易混淆，前者叶倒卵状匙形，顶端钝，花瓣长于花萼；后者叶狭卵形至卵状长圆形，顶端急尖，花瓣短于花萼，且花梗较球序卷耳长。本种分布于中国东北、华北和长江流域各地，与球序卷耳的分布区多有重叠。

球序卷耳（*Cerastium glomeratum* Thuillier）

1. 生境；2. 幼苗；3. 果序；4. 花特写；5.～6. 蒴果纵剖

参考文献

车晋滇，2009. 中国外来杂草原色图鉴 [M]. 北京：化学工业出版社 .

李扬汉，1998. 中国杂草志 [M]. 北京：中国农业出版社：166.

Agricultural Research Rervice, U.S. Department of Agriculture (USDA-ARS), 2012. National Genetic Resources Program, "*Cerastium glomeratum* Thuill," in Germplasm Resources Information Network [DB/OL] (2012－12－06) [2019－4－15]. Beltsville, Md, USA. http://www. tn-grin.nat.tn/gringlobal/taxonomydetail.aspx?id=407894

Brett O E, 1955. Cyto-taxonomy of the genus *Cerastium*[J]. New Phytologist, 54(2): 138－148.

Good D A, 1984. A revision of the Mexican and Central American species of *Cerastium* (Caryophyllaceae)[J]. Rhodora 86(84): 339－379.

Greenberg A K, Donoghue M J, 2011. Molecular systematics and character evolution in Caryophyllaceae[J]. Taxon, 60(6): 1637－1652.

Ridley H N, 1930. The dispersal of plants throughout the world[M]. Ashford, UK: Lovell Reeve & Company: 549.

Scheen A C, Brochmann C, Brysting A K, et al., 2004. Northern Hemisphere biogeography of *Cerastium* (Caryophyllaceae): insights from phylogenetic analysis of noncoding plastid nucleotide sequences[J]. American Journal of Botany, 91(6): 943－952.

Turnbull L A, Rees M, Crawley M J, 1999. Seed mass and the competition/colonization trade-off: a sowing experiment[J]. Journal of Ecology, 87(5): 899－912.

Ware C, Bergstrom D M, Müller E, et al., 2012. Humans introduce viable seeds to the Arctic on footwear[J]. Biological Invasions, 14(3): 567－577.

3. 蝇子草属 *Silene* Linnaeus

一、二年生或多年生草本，稀亚灌木状。茎直立、平卧、铺散或攀缘，常有黏质。叶对生、线形、披针形、椭圆形或卵形，近无柄；托叶无。花两性，稀单性，雌雄同株或异株，单生或排成聚伞花序，稀呈头状；花萼筒状或钟形，稀呈囊状或圆锥形，花后多少膨大，具 10～30 条纵脉，萼脉平行，稀网结状，顶端 5 齿裂，萼冠间具雌雄蕊柄；花瓣 5，呈白色、淡黄绿色、红色或紫色，先端 2 裂或丝裂，稀全缘，有时微凹缺，基部狭窄成瓣柄；喉部常具片状或鳞片状副花冠；雄蕊 10（稀 5），二轮列，外轮 5 枚较长，与花瓣互生，常早熟，内轮 5 枚基部多少与瓣爪合生，花丝无毛或具缘毛；子房基部 1、3 或 5 室，具多数胚珠；花柱 3，稀 5（偶 4 或 6）。蒴果顶端 3～10 齿裂，裂齿为花柱数的 2 倍，稀 5 瓣裂；种子肾形，种皮表面具短线条纹或小疣状突起，稀具棘凸，有时平滑；胚环形。

该属是一个包含 600～700 种的大属，传统上可划分为超过 20 个组，但分子研究表明该属内各组的划分存在许多缺陷，并且蝇子草属并非单系类群（Burleigh & Holtsford, 2003），要厘清该属内的系统发育关系尚需更进一步的研究。该属主要分布于北温带地区，其次为非洲和南美洲，有两个分布中心：帕米尔和兴都库什山地区及其邻近地区；外高加索、阿塞拜疆和库尔德斯坦（Melzheimer, 1988）。中国有 110 种，广布于长江流域和北方各省区，以西北和西南地区较多，其中 1 种为外来入侵植物。

蝇子草 _Silene gallica_ Linnaeus, Sp. Pl. 1: 417. 1753.

【别名】 西欧蝇子草、白花蝇子草、匙叶麦瓶草

【特征描述】 一年或二年生草本，高 15～45 cm，全株被白色长硬毛和腺毛。茎直立或上升，单一或丛生，不分枝或分枝。叶对生，茎下部叶匙形，上部叶倒披针形，顶端圆钝，有时急尖，基部渐狭，略抱茎，两面被柔毛和腺毛。雌雄同株，单歧聚伞花序顶生，排列疏散；花梗短，长 1～5 mm，花后直立；苞片披针形，草质，长达 10 mm；萼筒卵状，长 6～9 mm，果时膨大，被硬毛和腺毛，具 10 条纵脉，纵脉顶端多少连结，顶端 5 齿裂，裂片线状披针形，花萼宿存，紧贴果实；雌雄蕊柄几无；花瓣呈淡红色至白色，倒卵状楔形，瓣片露出花萼，先端全缘或微凹缺，喉部具 2 枚鳞片状副花冠；雄蕊 10，不外露或微外露，花丝下部具缘毛；子房卵形，花柱 3。蒴果卵形，比宿存萼微短或近等长，成熟时顶端 6 齿裂。种子肾形，暗褐色，表面具小疣状突起。**染色体:** $2n=24$（Bari, 1973）。**物候期:** 花期为 4—6 月，果期为 6—7 月。

【原产地及分布现状】 原产于欧洲西部（唐昌林，1996），也有学者认为原产于欧洲南部至西亚（Liang & Wang, 2012）。归化于欧洲的其他地区以及东亚、印度、美洲、非洲

和大洋洲的多个国家，并在澳大利亚、新西兰和许多太平洋岛屿形成入侵。**国内分布**：福建、台湾、浙江。曾在国内城市公园、花圃中栽培供观赏（唐昌林，1996），但现在国内栽培较多的为蝇子草属内的其他种或品种，而蝇子草本种几乎不见于栽培，因此陈征海等对《浙江植物志》中关于该种的栽培状态予以了勘误，指出其广泛分布于浙江海岛及沿海地区（陈征海，1995）。

【**生境**】 喜沙质土壤，喜开放干扰的生境，生于沙滩、干旱地、空旷地、耕地、山坡路边、房前屋后以及园林绿化中。

【**传入与扩散**】 **文献记载**：1959 年出版的《拉汉种子植物名称：补编》中收录了该种（中国科学院编译出版委员会名词室，1959）。2016 年该种被作为中国外来入侵植物报道（严靖 等，2016）。**标本信息**：Herb. Linn. No. 583.11（Lectotype: LINN）。该标本采自法国高卢，由 Greute 指定为后选模式（Greute, 1995）。1907 年在福建省福州市有标本记录（Anonymous 301）（PE），1932 年在浙江宁波（K. K. Tsoong s.n.）（PE）、1939 年在陕西武功（S. T. Wang 304）（PE）也采集到该种标本。**传入方式**：1937 年出版的《中国植物图鉴》有关于蔓樱草［*Silene gallica* var. *quinquevulnera* (L.) W. D. J. Koch］的记载，言其栽培于庭园间供观赏用（贾祖璋和贾祖珊，1937），现 TPL（The Plant List）将其作为蝇子草的异名处理。《中国植物志》记载蝇子草在国内城市公园、花圃中栽培供观赏，因此该种早期可能是作为观赏植物有意引进，于 20 世纪初或更早首次引入福建省福州市。**传播途径**：早期在中国随着人为引种栽培而逸生并建立野生种群。气流、鸟类以及哺乳动物的携带等自然因素也有助于其种子的传播，此外农业生产、土壤转运、随国内外的种子贸易等人为无意传播可促进其扩散。**繁殖方式**：以种子繁殖。**入侵特点**：① 繁殖性 该种由鳞翅目与蜂类传粉，结实率高。每一颗成熟果实平均含种子48 粒，其种子可在土壤中长时间保持活力。发芽率高，在竞争较少的开放地可迅速形成大的种群。② 传播性 植株具腺毛，易黏附于动物身体传播。种子极小而轻，每粒种子平均重量只有 0.000 4 g，一般随果实开裂而分散于亲本附近，但极易随气流及其他形式的干扰而传播至远处。③ 适应性 耐强光照，对土壤条件要求不高，耐干旱，可生长于土壤贫瘠的干旱地带，能适应从沿海至内陆的多种生境，在夏威夷可分布至海拔 3 050 m（Wagner et al., 1990）。不耐低温，幼苗在气温−10℃时即死亡。**可能扩散的区域：**中国东南及华南的沿海地区。

【危害及防控】 **危害：**多生长于开放地带、耕地以及园林绿化中，在一定程度上干扰作物生长，影响园林景观。在澳大利亚、新西兰和太平洋岛屿（如夏威夷）形成入侵，对耕地以及果园有一定的危害。在中国主要危害东南沿海的耕地以及园林绿化，在浙江省舟山市其入侵风险等级为中度风险（毕玉科 等，2015）。该种可产生大量小而轻的种子，自建立稳定的野生种群以来其分布范围已明显扩张，在台湾也是如此，且常见于农业用地及其周围（Liang & Wang, 2012）。**防控：**多数常用的除草剂如草甘膦等对其均有较好防治效果。

【凭证标本】 浙江省舟山市嵊泗小洋山东海大桥入口，海拔 8.9 m，30.641 9°N，122.054 3°E，2015 年 4 月 28 日，严靖、闫小玲、李惠茹、王樟华 RQHD01705（CSH）；浙江省舟山市嵊泗县基湖村，海拔 6.1 m，30.718 4°N，122.463 3°E，2014 年 11 月 17 日，严靖、闫小玲、李惠茹、王樟华 RQHD01532（CSH）。

【相似种】 大蔓樱草（*Silene pendula* Linnaeus）。本种也叫矮雪轮，原产于欧洲南部，国内城市庭园常有栽培。其花梗明显、花萼与果实之间松弛、花瓣 2 裂而区别于蝇子草，蝇子草花梗近无，花萼紧贴果实，花瓣常全缘或微凹。此外，蝇子草种内不同种群也存在诸多的变异，形成了形态上有一定区别的不同地理宗，如上述所提及的已作为蝇子草的异名处理的蔓樱草（*Silene gallica* var. *quinquevulnera*），其花瓣基部具一个宽的深红色斑点，而 *Silene gallica* var. *gallica* 的花瓣则为白色至淡红色。

蝇子草（*Silene gallica*
Linnaeus）

1. 生境；2. 幼苗；3. 花序；
4. 花；5. 蒴果纵剖

参考文献

毕玉科，田旗，卢钟玲，等，2015.舟山岛外来植物及其入侵性分析 [J] . 福建林业科技，42（1）：151-159.

陈征海，唐正良，王国明，等，1995.《浙江植物志》拾遗 [J] . 浙江林学院学报，12（2）：198-209.

贾祖璋，贾祖珊，1937.中国植物图鉴 [M] . 上海：开明书店：850.

唐昌林，1996.蝇子草属 [M] // 中国植物志编辑委员会 . 中国植物志（第二十六卷）. 北京：科学出版社：281-402.

严靖，闫小玲，马金双，2016.中国外来入侵植物彩色图鉴 [M] . 上海：上海科学技术出版社：14.

中国科学院编译出版委员会名词室，1959.拉汉种子植物名称（补编）[M] . 北京：科学出版社：161.

Bari E A, 1973. Cytological studies in the genus *Silene* L.[J]. New Phytologist, 72(4): 833–838.

Burleigh J G, Holtsford T P, 2003. Molecular systematics of the eastern North American *Silene* (Caryophyllaceae): evidence from nuclear ITS and chloroplast *trn*L intron sequences[J]. Rhodora, 105(9): 76–90.

Greuter W, 1995. Proposal to conserve the name *Silene gallica* L. (Caryophyllaceae) against several synonyms of equal priority[J]. Taxon, 44(1): 102–104.

Liang Y S, Wang J C, 2012. A newly naturalized plant in Taiwan: *Silene gallica* L. (Caryophyllaceae) [J]. Taiwan Journal of Forest Science, 27(4): 397–401.

Melzheimer V, 1988. *Silene*[M]// Rechinger K H. Flora Iranica Cont: Volume 163. Graz: Akadcmische Druck-und Verlagsanstalt: 341–508.

Wagner W L, Herbst D R, Sohmer S H, 1990. Manual of the flowering plants of Hawaii: Volume 1[M]. Honolulu: University of Hawaii Press & Bishop Museum Press: 522–523.

4. 繁缕属 *Stellaria* Linnaeus

一年生或多年生草本。茎簇生，铺散或上升。叶对生，叶片扁平，形状多样，但很少针形或线形。花小，多数花组成顶生圆锥状聚伞花序，稀单生叶腋；萼片5，稀4，先端急尖或渐尖；花瓣与萼片同数，白色，稀绿色，2深裂几达基部，稀微凹或多裂，有时无花瓣；雄蕊10，稀为5或更少；子房1室，稀3室，胚珠多数，稀少数或单生，其中仅 1～2 枚成熟；花柱 3，稀 2。蒴果圆球形或卵形，瓣裂，裂片为花柱数的 2 倍。种子多数，稀 1～2，扁平或肾状球形，具细刺、疣状突起或平滑，胚环形。

　　该属内各种的系统发育关系尚需进一步研究，其种数有约 120 种、约 190 种、150～200 种等多种观点，广义繁缕属内有的种类应划归于其他属，有一些种仍无合适归属，其属内传统意义上各组的划分也存在许多问题（Morton, 2005）。该属主要分布于欧亚大陆，分布中心位于中亚西部山区，有些种类分布于非洲，部分种类为世界广布。中国有 64 种，广布于全国各地，其中 1 种为外来入侵植物。

无瓣繁缕 Stellaria pallida (Dumortier) Crépin, Man. Fl. Belgique (ed. 2) 19. 1866. —— *Alsine pallida* Dumortier, Fl. Belg. 109. 1827.

【别名】 小繁缕

【特征描述】 一至二年生草本。茎通常铺散，上部斜升，自基部分枝，分枝纤细，茎中下部有 1 列长柔毛。单叶对生，叶片小，近卵形，长 5～8 mm，有时达 1.5 cm，顶端急尖，基部楔形，全缘，两面无毛，上部及中部叶柄渐短至无，下部叶具长柄。二歧聚伞状花序顶生，花梗细长；萼片 5，卵状披针形，长 3～4 mm，多少被柔毛，稀无毛，先端红褐色，宿存；花瓣无或小，近于退化；雄蕊 3～5，花药成熟时蓝紫色；雌蕊由 3 心皮构成，子房卵球形，1 室，胚珠多数；花柱极短，柱头 3。蒴果卵球形，6 瓣裂。种子多数，直径 0.7～0.8 mm，淡红褐色，扁平肾形，表面具不显著的小瘤凸，边缘多少锯齿状或近平滑。**染色体**：2n=22（Chen & Rabeler, 2001）。**物候期**：花果期为 2—7 月。

【原产地及分布现状】 原产于欧洲中部及西南部大部分地区（Chater & Heywood, 1993; Wittig et al., 2000）。欧洲、东亚以及北美洲均有分布，20 世纪后期被引入澳大利亚（Miller & West, 2012）。1969 年该种被证实传入美国加利福尼亚（Morton, 1972），1996 年报道该种归化于日本（Miura & Kusanagi, 1996）。**国内分布**：安徽、北京、广东、河南、湖北、湖南、江苏、江西、内蒙古、山东、上海、四川、新疆、云南、浙江。

【生境】 喜湿润的沙质土壤，喜干扰生境，生于路边草丛、河岸、荒地、菜园以及园林绿化中。

【传入与扩散】 **文献记载**：1989 年顾德兴和徐炳声首次记载了该种，分布于江苏南京，并指出"在中国恐为首次记录"（顾德兴和徐炳声，1989）。1991 年吴征镒也记载了该种，并对繁缕属的一些分类问题进行了澄清（吴征镒，1991）。但上述文献记载的名称均为 *Stellaria apetala*，该名称现已作繁缕（*S. media*）的异名处理，而据 FOC（*Flora of China*）考证，中文文献中的 *S. apetala* 几乎可以确定是 *S. pallida* 的误用（Chen & Rabeler, 2001），因此顾德兴和徐炳声的记载应为 *S. pallida* 无疑；吴征镒在其文中指出 *S. apetala* 与 *S. pallida* 存在差别，因此其所指应为繁缕。1995 年，郭水良和李扬汉首次将其作为外来杂草报道（郭水良和李扬汉，1995）。**标本信息**：模式标本存于比利时国家植物园标本馆（BR），原始描述为"见于耕种的湿润沙质土壤中"（in cultis humidis solo arenoso）（Miller & West, 2012），但此标本未见，采集地不详。早期的标本于 1949 年由周太炎采集自上海（WUK0111014；PE00581837），其采集号为周太炎 1524，同号两份标本分别存放于西北农林科技大学植物标本馆（WUK）和中国科学院植物研究所植物标本馆（PE），此后关于该种的相关研究多以此号标本为依据。**传入方式**：于 20 世纪 40 年代随人类活动无意带入，可能为随草皮带入，首次传入地为上海。**传播途径**：主要随农业活动、种子及花卉苗木的贸易传播扩散。风、动物的活动等自然因素对其种子传播也有一定的影响。**繁殖方式**：以种子繁殖。**入侵特点**：① 繁殖性　可自花传粉，常常闭花授粉，近亲繁殖程度高，结实率高，可产生大量种子，平均每颗果实可产生 14.5 粒种子（顾德兴和徐炳声，1989），繁殖力强。生活周期短，一个生长季节内可完成 2～3 个生活周期，种子刚成熟即可萌发，从幼苗形成到进入生殖生长只需 1 个月左右（张守栋和顾德兴，2000）。② 传播性　种子极小而轻，100 粒种子的干重只有 0.006 g（顾德兴和徐炳声，1989），因此极易随人类活动或风等因素传播至他处，自然条件下种子随蒴果开裂而散落，自播性强。③ 适应性　对生境无特殊要求，适生于湿润的环境，耐践踏和刈割。**可能扩散的区域**：中国热带及亚热带地区。

【危害及防控】 **危害**：该种在其原产地以及分布地均被视为农田杂草。由于生活期短且其种子易于萌发的特性，在其生长地该种在整个生长季节内都能生长良好，迅速蔓延，又耐践踏和刈割，因此在管理较好的小麦地或菜地内该种也能完成其生活周期（顾德兴和徐炳声，1989），从而影响农业生产，加大耕作成本，为蔬菜地危害较为严重的植物，主要发生于早春，且发生量大。**防控**：重视对这一类未列入检疫杂草名单的境外杂草的检疫与防除，精选种子。草甘膦、乙草胺等常用除草剂的防除效果较好。

【凭证标本】 江苏省徐州市新沂市人民公园，海拔 41 m，34.370 6°N，118.339 7°E，2015 年 5 月 29 日，严靖、闫小玲、李惠茹、王樟华 RQHD02104（CSH）；江西省景德镇市浮梁县古县城，海拔 32 m，29.369 9°N，117.246 5°E，2016 年 4 月 24 日，严靖、王樟华 RQHD03346（CSH）；浙江省台州市天台县坦头镇，海拔 122 m，29.133 8°N，121.077 1°E，2015 年 3 月 16 日，严靖、闫小玲、李惠茹、王樟华 RQHD01549（CSH）；贵州省黔东南州丹寨县政府后山坡，海拔 965 m，26.205 9°N，107.783 6°E，2016 年 7 月 20 日，马海英、彭丽双、刘斌辉、蔡秋宇 RQXN05352（CSH）。

【相似种】 繁缕［*Stellaria media* (Linnaeus) Villars］和鸡肠繁缕（*Stellaria neglecta* Weihe ex Bluff & Fingerhuth）。无瓣繁缕与这两个种很相近，加之它们与 *Stellaria apetala* Ucria ex Roemer 之间存在的物种划分问题，多数学者曾经将这 3 种视为繁缕复合群或繁缕分支（*Stellaria media* group）（Chater & Heywood, 1993）。繁缕与鸡肠繁缕花瓣明显，与无瓣繁缕易于区别，并且三者具有不同的生态幅，繁缕为广布种，另两种则生长于较为有限的生态位中（Whitehead & Sinha, 1967）。

无瓣繁缕 [*Stellaria pallida* (Dumortier) Crépin]

1. 生境；2. 植株；3. 花序；4. 叶；5. 花特写；6. 幼果；7. 蒴果；8. 种子

相似种：繁缕 [*Stellaria media* (Linnaeus) Villars]

相似种：鸡肠繁缕（ *Stellaria neglecta* Weihe ex Bluff & Fingerhuth ）

参考文献

郭水良, 李扬汉, 1995. 我国东南地区外来杂草研究初报 [J]. 杂草科学, 2: 4-8.

顾德兴, 徐炳声, 1989. 南京地区繁缕和小繁缕群体的研究 [J]. 广西植物, 9 (3): 265-270, 295.

吴征镒, 1991. 中国繁缕属的一些分类问题 [J]. 云南植物研究, 13 (4): 351-368.

张守栋, 顾德兴, 2000. 繁缕和无瓣繁缕作为资源植物的研究 [J]. 杂草科学, 2: 2-5.

Chen S L, Rabeler R K, 2001. *Stellaria*[M]// Wu Z Y, Raven P H, Hong D Y. Flora of China: Volume 6. Beijing: Science Press & St. Louis: Missouri Botanical Garden Press: 11-29.

Chater A O, Heywood V H, 1993. *Stellaria*[M]// Tutin T G, Heywood V H, Burges N A, et al. Flora Europaea: Volume 1. 2nd ed. Cambridge and New York: Cambrige University Press: 161-164.

Miller C H, West J G, 2012. A revision of the genus *Stellaria* (Caryophyllaceae) in Australia[J]. Journal of the Adelaide Botanic Garden, 25: 27-54.

Miura R, Kusanagi T, 1996. *Stellaria pallida* (Dumort.) Pire: a naturalized plant in Japan[J]. Acta Phytotax. Geobot, 47(2): 284-285.

Morton J K, 1972. On the occurrence of *Stellaria pallida* in North America[J]. Bulletin of the Torrey Botanical Club, 99(2): 95-97.

Morton J K, 2005. *Stellaria*[M]// Flora of North America Editorial Committee. Flora of North America: North of Mexico: Volume 5. New York and Oxford: Oxford University Press: 96-114.

Whitehead F H, Sinha R P, 1967. Taxonomy and taximetrics of *Stellaria media* (L.) Vill., S. *neglecta* Weihe and S. *pallida* (Dumort.) Pire[J]. New Phytologist, 66(4): 769-784.

Wittig R, Xie Y Z, Raus T, et al., 2000. Addenda ad floram Ningxiaensem—supplement to the flora of the Autonomous Region Ningxia, China[J]. Willdenowia, 30(1): 105-113.

藜科 | Chenopodiaceae

一年生草本、半灌木、灌木，较少为多年生草本或小乔木，茎和枝有时具关节。叶互生，稀对生，扁平或圆柱状及半圆柱状，稀退化成鳞片状，无托叶。花小，为单被花，两性，单性或杂性，如为单性时雌雄同株，极少雌雄异株，花单生或聚伞花序再聚集成穗状或圆锥状；通常有 2 枚小苞片，呈舟状至鳞片状，稀无小苞片；花被片 5，稀 1～4，分离或基部连合，膜质、草质或肉质，果时常常增大变硬，或在背面生出翅状、刺状、疣状附属物，较少无显著变化；雄蕊与花被片同数对生，稀更少，着生于花被基部或花盘上，花丝钻形或条形，离生或基部合生，花药 2 室，顶端钝或药隔突出形成附属物；子房上位，卵形至球形，由 2～5 个心皮组成，1 室；花柱顶生，通常极短，柱头 2，稀 3～5；胚珠 1，弯生。果为胞果，常包于宿存花被内，果皮膜质、革质或肉质，与种子贴生或贴伏。种子 1，扁平圆形、双凸镜形、肾形或斜卵形，胚乳为外胚乳，粉质或肉质，或无胚乳，胚环形或螺旋形。

本科 100 余属 1400 余种，主要分布于世界温带与亚热带地区，少数分布于热带地区，没有明显的分布中心，许多种是盐碱地、荒漠或戈壁植被的主要成分。中国有 42 属约 190 种，主要分布在中国西北、内蒙古及东北地区，尤以新疆最为丰富，其中外来入侵植物 2 属 3 种。

分子研究表明，藜科是一个并系群，与狭义的苋科共同构成单系群，但其内部各类群的关系至今未得到满意的解决（Kadereit et al., 2003）。尽管如此，从 APG Ⅱ 系统开始，狭义苋科和藜科即得到合并，成为广义的苋科。

此外，四翅滨藜［*Atriplex canescens* (Pursh) Nuttall］在中国西北地区归化，该种原产于美国中西部地区，中国西北地区引种的为美国科罗拉多州立大学农业试验站等多家单位经过 25 年选育成功的改良品种，自 1990 年以来，先后引入中国青海、新疆、内蒙古等干旱半干旱地区栽培，以改良土壤、防止沙漠化（王占林 等，1996）。但由于该种的种子饱满率可达 75%，二倍体的饱满种子的发芽率可达到 88.1%（王文颖和王刚，2004），因此应合理栽培并注意监控种群动态，避免入侵危害的发生。原产于北美沿海的北美海蓬子（*Salicornia bigelovii* Torrey）于 2001 年由广西农业科学院园艺研究所和广西中商海洋生物有限公司引入广西沿海，具有一定的经济价值（唐文忠 等，2003），现已在当地归化，可与红树林等当地盐生植物竞争生态位，应加强引种管理，防止扩散。此前被作为入侵植物报道的刺沙蓬（*Salsola tragus* Linnaeus）为欧亚大陆广布种，分布区连续，且关于其原产地众说纷纭，中国也极有可能为原产地之一，故在此不再收录。

参考文献

唐文忠，李华林，李莉，等，2003.北美海蓬子在广西引种试验［J］.广西热带农业，3：7-9.

王文颖，王刚，2004.四翅滨藜的生物-生态学特性及研究进展［J］.草业科学，21（7）：18-21.

王占林，郑淑霞，张有生，等，1996.四翅滨藜容器育苗及造林技术研究初报［J］.林业科技通讯，8：27-28.

Kadereit G, Borsch T, Weising K, et al., 2003. Phylogeny of Amaranthaceae and Chenopodiaceae and the evolution of C$_4$ photosynthesis[J]. International Journal of Plant Sciences, 164(6): 959-986.

分属检索表

1 植株具圆柱状或泡状柔毛，稀无毛（顶端花序分枝具花）……1. 藜属 *Chenopodium* Linnaeus

1 植株具腺毛，稀无毛（顶端花序分枝无花而代之以刚毛）……2. 腺毛藜属 *Dysphania* R. Brown

1. 藜属 *Chenopodium* Linnaeus

一年生或多年生草本，有时基部木质化，全株被粉粒、圆柱状毛或泡状毛，稀无毛，有时有气味。叶互生，有柄；叶片通常宽阔扁平，长圆形、卵形、三角形或戟形，全缘或具不整齐锯齿或浅裂片。花两性或兼有雌性，较小，不具苞片和小苞片，通常数花聚集成团伞花序（花簇），较少为单生，并再排列成腋生或顶生的穗状、圆锥状或复二歧式聚伞状的花序；花被球形，绿色，花被片 5，稀 3～4，背面中央稍肥厚或具纵隆脊，果时花被无变化，或稍有增大，无附属物；雄蕊 5 或较少，与花被片对生；花盘通常不存在；子房球形或卵形，略扁；柱头 2，稀 3～5，丝状或毛发状，花柱不明显；胚珠几无柄。胞果卵形、双凸镜状或扁球形，包与宿存花被内或外露，果皮薄膜质或稍肉质，与种子贴生，不开裂。种子横生，稀斜生或直立，外种皮壳质，平滑或具点洼，有光泽，胚环形或马蹄形，具丰富的粉质胚乳。

　　该属传统上划分为 3 个亚属约 170 种，世界广布，大部分种类分布于温带与亚热带地区。分子研究表明传统的藜属是高度的并系群，菠菜属（*Spinacia*）和滨藜属（*Atriplex*）的一些物种均嵌入其中，为此，从藜属中分出刺藜属（*Teloxys*）、球花藜属（*Blitum*）、多子藜属（*Lipandra*）、红叶藜属（*Oxybasis*）和麻叶藜属（*Chenopodiastrum*）等，腺毛藜属（*Dysphania*）的种类范围扩大，包含了香藜（*D. botrys*）和土荆芥（*D. ambrosioides*）等种类（Fuentes-Bazan et al., 2012）。中国有藜属 15 种，全国广布，其中 1 种为外来入侵植物。

　　此外，国内文献报道为入侵植物的小藜（*Chenopodium ficifolium* Smith）只有在其东亚分布的亚种 subsp. *blomianum* 分出后（Zhu et al., 2003），原亚种 subsp. *ficifolium*（欧洲至中亚）才可能成为外来种，而广义的小藜并非外来种；灰绿藜（*Chenopodium glaucum* Linnaeus）为欧亚大陆广布种，且在全世界南北温带均有分布，起源不详；杖藜（*Chenopodium giganteum* D. Don）亦为起源不详的种，形态特征与藜（*Chenopodium album* Linnaeus）极为相似，在西南和西北地区有归化种群。据 FOC 记载，杖藜在多数国家均有栽培，极有可能是起源于印度的某个藜复合群当中的一个栽培型，但关于该复合群的分类学问题还需进一步研究（Zhu et al., 2003），因此本书不收录上述 3 种。

杂配藜 *Chenopodium hybridum* Linnaeus, Sp. Pl. 1: 219. 1753.

【别名】 大叶藜、血见愁、野角尖草

【特征描述】 一年生草本，高 40～120 cm。茎直立，粗壮，具淡黄色或紫色条棱，上部有稀疏的分枝，无粉粒。叶片宽卵形至卵状三角形，两面均呈亮绿色，无粉或稍有粉，先端急尖或渐尖，基部圆形、截形或微心形，边缘掌状浅裂，裂片 2～3 对，不等大，近三角形，先端通常锐；上部叶较小，叶片多呈三角状戟形，边缘具少数裂片状锯齿，有时近全缘；叶柄长 2～7 cm。花两性兼有雌性，通常数个团集，在分枝上排列成开散的圆锥状花序；花被片 5，狭卵形，先端钝，背面具纵脊，稍有粉，边缘膜质；雄蕊 5；柱头 2。胞果的果皮薄膜质，有蜂窝状网纹，与种子贴生。种子双凸镜状，横生，与胞果同形，直径通常为 2～3 mm，黑色，无光泽，表面具明显的圆形深洼点，胚环形。**染色体**：$2n=18$（Cooper, 1935）。**物候期**：花果期为 7—10 月。

【原产地及分布现状】 原产于欧洲与西亚（Mosyakin & Clemants, 1996）。分布于欧亚大陆的温带地区，日本也有分布。该种也可能分布于北美洲，但其分布尚待核实（Clemants & Mosyakin, 2004）。**国内分布**：北京、重庆、甘肃、河北、河南、黑龙江、吉林、辽宁、内蒙古、宁夏、青海、陕西、山东、山西、四川、西藏、天津、新疆、云南。

【生境】 喜开阔生境及灌溉良好的土壤，生于林缘、山坡灌丛、沟谷草地、田间地头、路边荒地等处。

【传入与扩散】 **文献记载**：1935 年，刘慎谔主编的《中国北部植物图志》第四册记载了该种，指出其当时在中国北部常见，并配有绘图（刘慎谔，1935）。李振宇和解焱于 2002 年将其作为中国外来入侵种报道（李振宇和解焱，2002）。**标本信息**：Herb. Linn. No. 313.11（Lectotype: LINN）。该模式由 Larsen 指定，标本来自栽培于欧洲的材料（Habitat in Europae cultis）（Larsen, 1989）。法国传教士 A. David 于 1864 年在热河（今河北省）承德地区采到标本（A. David 2031）。1905 年在北京天坛采到该种标本（Y. Yabe s.n.）（PE）。**传入方式**：该种可能于 19 世纪中期或更早通过货物运输或人口流动传入中国，首次传入地为当时行政意义上的河北省，即包括北京和天津。**传播途径**：其种子常通过农业生产活动、园林花卉贸易、种子运输等过程远距离无意散播，鸟类和家畜携带以及气流等自然因素也有助于其种子传播。**繁殖方式**：以种子繁殖。**入侵特点**：① 繁殖

性 结实率高，每植株种子产量最高可达 15 000 粒。种子发芽率较高，发芽率随埋藏时间和深度的不同而变化，埋藏于土壤表面和 5 cm 深度的种子在 22 个月后仍具有活力的比例分别为 39% 和 10%，此外其种子具有生理休眠的特性，秋季形成的种子几乎全部进入休眠，当条件适宜便可打破休眠，因此其种子可形成一个短暂而持续的土壤种子库，在生长季内可持续发芽生长（Hu et al., 2017）。有研究表明其种子在埋藏 5 年之后仍有 20.7% 的种子保持活力（Roberts & Neilson, 1980）。② 传播性 种子极小而轻，每粒种子约 0.35 mg，直径为 1.776 mm ± 0.086 mm（Liu et al., 2014），易随气流以及土壤搬运而传播，传播性强。③ 适应性 耐干旱，耐阴，耐贫瘠，光照充足、水分良好的环境最适宜其生长。种子的发芽率以及休眠的打破与土壤含水量和气温有密切的关系，种子的发芽要求较高的温度，25～35℃时发芽率最高（Hu et al., 2017）。**可能扩散的区域**：华东地区。

【**危害及防控**】 **危害**：在欧亚大陆温带地区杂配藜是造成作物产量严重减产的有害植物之一，对光照、水分和土壤养分的竞争激烈。该种在中国温带地区出现的频率最高，在中国北方常见于灌溉良好的农田中，为常见的农业、园林及蔬菜地有害植物，降低作物产量，在水分状况良好的沟谷或湿地中常形成单优种群，排挤本地物种，破坏生态平衡。
防控：物理防治如拔除、锄草等应在其开花结果前的早期生长阶段进行。大多数除草剂对该种的防治效果均较好，但不同除草剂在不同的作物地中的防治效果不一，芽前除草剂与芽后除草剂可配合使用。

【**凭证标本**】 四川省阿坝藏族羌族自治州九寨沟金寨沟镇，海拔 2 126 m，33.310 3°N，103.836 3°E，2015 年 10 月 15 日，刘正宇、张军等 RQHZ05749（CSH）；黑龙江省七台河市新兴区新立街道，海拔 10 m，39.841 2°N，124.120 6°E，2014 年 7 月 12 日，齐淑艳 RQSB03207（CSH）；青海省海南藏族自治州共和县青年公园，海拔 2 800 m，36.252 1°N，100.615 8°E，2015 年 7 月 15 日，张勇 RQSB02668（CSH）；陕西省延安市富县张家湾镇和尚塬村，海拔 1 100 m，36.111 6°N，108.701 6°E，2015 年 7 月 31 日，张勇 RQSB02564（CSH）；新疆维吾尔自治区图木舒克市新农三师，海拔 1 097 m，

39.964 0°N，79.031 2°E，2015 年 8 月 17 日，张勇 RQSB02048（CSH）。

【相似种】 阿富汗藜（新拟）（*Chenopodium badachschanicum* Tzvelev）和单枝藜（新拟）［*Chenopodium simplex* (Torrey) Rafinesque］。杂配藜以其掌状浅裂的叶片而明显区别于中国藜属的其他种，但杂配藜种与上述 2 种形态极为相似，这 3 个种曾经被认为是广义上的杂配藜。1964 年，Baranov 研究了来自欧洲、亚洲和美洲的标本，认为广义上的杂配藜应该划分为 3 个种：美洲种的种皮光滑，无深洼点，应为 *Chenopodiastrum gigantospermum*（= *Chenopodiastrum simplex*），原产于北美洲；亚洲的种则有两种类型，一种接近于典型的欧洲种 *Chenopodiastrum hybridum*，分布于黑龙江流域和蒙古地区，另一种则更接近于美洲的种，分布于中国南部，但并无一个明确的结果（Baranov, 1964）。现在已经知道亚洲的种应为 *Chenopodiastrum badachschanicum*，其种子表面具有很不规则的纹饰，且边缘更为尖锐，该种原产于中亚（Uotila, 2001）。这 3 个种曾被视为杂配藜复合群，分子研究表明，这 3 个种和另外 2 种应从藜属中分出而成立麻叶藜属（*Chenopodiastrum*）（Fuentes-Bazan et al., 2012）。据 *Flora of China*（FOC）记载，在中国至少存在两个分类群，即 *Chenopodiastrum badachschanicum* 和 *Chenopodiastrum simplex*，但这个群体在中国的具体信息还需进一步的研究（Zhu et al., 2003）。

杂配藜（*Chenopodium hybridum* Linnaeus）

1. 生境；2. 植株；3.～4. 叶；
5. 胞果；6. 花序；7. 花特写

参考文献

李振宇，解焱，2002. 中国外来入侵种［M］. 北京：中国林业出版社：102.

刘慎谔，1935. 中国北部植物图志（第四册）［M］. 北京：国立北平研究院：55-56.

Baranov A I, 1964. On the perianth and seed characters of *Chenopodium hybridum* and *C. gigantospermum*[J]. Rhodora, 66: 168–171.

Clemants S E, Mosyakin S L, 2004. *Chenopodium*[M]// Flora of North America Editorial Committee. Flora of North America: North of Mexico: Volume 4. New York and Oxford: Oxford University Press: 284.

Cooper G O, 1935. Cytological studies in the Chenopodiaceae. I. Microsporogenesis and pollen development[J]. Botanical Gazette, 97(1): 169–178.

Fuentes-Bazan S, Uotila P, Borsch T, 2012. A novel phylogeny-based generic classification for *Chenopodium* sensu lato, and a tribal rearrangement of Chenopodioideae (Chenopodiaceae)[J]. Willdenowia, 42(H. 1): 5–24.

Hu X W, Pan J, Min D D, et al., 2017. Seed dormancy and soil seedbank of the invasive weed *Chenopodium hybridum* in north-western China[J]. Weed Research, 57(1): 54–64.

Larsen K, 1989. Caryophyllales[M]// Morat P. Flore du Cambodge du Laos et du Viêtnam: Volume 24. Paris: Association de Botanique Tropicale: 95.

Liu H L, Zhang D Y, Yang X J, et al., 2014. Seed dispersal and germination traits of 70 plant species inhabiting the gurbantunggut desert in northwest China[J]. The Scientific World Journal, Article ID 346405: 12.

Mosyakin S L, Clemants S E, 1996. New infrageneric taxa and combinations in *Chenopodium* L. (Chenopodiaceae)[J]. Novon, 6(4): 398–403.

Roberts H A, Neilson J E, 1980. Seed survival and periodicity of seedling emergence in some species of *Atriplex*, *Chenopodium*, *Polygonum* and *Rumex*[J]. Annals of Applied Biology, 94: 111–120.

Uotila P, 2001. *Chenopodium*[M]// Ali S I, Qaiser M. Flora of Pakistan: Volume 204. Karachi: Karachi University & St Louis: Missouri Botanic Garden: 13–52.

Zhu G L, Mosyakin S L, Clemants S E, 2003. Chenopodiaceae[M]// Wu Z Y, Raven P H, Hong D Y. Flora of China: Volume 5. Beijing: Science Press & St. Louis: Missouri Botanical Garden Press: 382–383.

2. 腺毛藜属 *Dysphania* R. Brown

一年生或短期多年生草本，植株常具芳香气味。茎多分枝，稀单生，直立、斜升或匍匐生长，被无柄或近无柄的腺毛和（或）单列的多细胞长柔毛，有时近无毛。单叶互生，全缘或具不整齐锯齿或浅裂片。花序顶生或腋生，小花排列疏松，通常数花聚集成团伞花序、穗状花序、圆锥状或复二歧式聚伞状的花序，较少为单生；苞片缺，但团伞花序常被叶状苞片所包。花两性，很少兼有单性，较小；花被片 1～5，通常仅在基部稍联合，或近离生，少数种的花被片联合而成囊状包围胞果。雄蕊 1～5，子房上位，1 室，具 1 基生胚珠；花柱 1～3，柱头 1～3，丝状。胞果为宿存花被所包，果皮膜质，与种子贴生或不贴生。种子 1，近球形或双凸镜状，横生、直立或斜生，胚环形，胚乳丰富。

腺毛藜属约 30 种，世界广布，主要分布于热带、亚热带以及暖温带地区，大部分种类原产于美洲和澳大利亚。中国有 5 种，全国广布，其中 2 种为外来入侵植物。

分种检索表

1 植株具弱刺激性气味；雄蕊 1 或无；种子直立······························
·············· 1. 铺地藜 *Dysphania pumilio* (R. Brown) Mosyakin & Clemants

1 植株具强烈刺激性气味；雄蕊常 5；种子横生或斜生··························
·············· 2. 土荆芥 *Dysphania ambrosioides* (Linnaeus) Mosyakin & Clemants

1. **铺地藜 *Dysphania pumilio*** (R. Brown) Mosyakin & Clemants, Ukrayins'k. Bot. Zhurn., n.s. 59(4): 382. 2002. ——*Chenopodium pumilio* R. Brown, Prodr. 407. 1810.

【特征描述】 一年生铺散或平卧草本，茎长 30～70 cm。分枝多而纤细，植株密被具节的柔毛和腺毛。叶椭圆形、长圆状椭圆形或卵状椭圆形，长 1～2.5 cm，宽 4～12 mm，先端钝圆，基部楔形，边缘具 3～5 对粗牙齿或浅裂片，两面均被节柔毛，下面密生黄色腺粒，具刺激性气味，后渐变稀疏；叶柄长 4～15 mm。聚伞花序或团伞花序腋生，近球形，苞片叶状，长 3～4.5 mm，椭圆形，边缘圆齿状，先端钝。花具短柄或近无柄，两性或雌性；花被片 5，直立，椭圆状长圆形，长约 1 mm，先端锐尖，基部合生，边缘和先端被具节柔毛和黄色腺粒，果期宿存，变硬，呈舟形，灰白色；雄蕊 1 枚或无；柱头 2。瘦果卵球形，果皮薄膜质，稍具皱纹，与种子贴生。种子直立，双凸透镜状，红褐色，直径约 0.5 mm，表面光滑，边缘龙骨状或全缘。染色体：$2n=18$（Grozeva，

2007）。**物候期**：花果期为 6—10 月。

【**原产地及分布现状**】 原产于澳大利亚（Aellen & Just, 1943）。广泛分布于欧洲、亚洲、美洲（阿根廷和美国）、非洲东部和南部以及大洋洲。该种广布于澳大利亚，首先传入新西兰和新喀里多尼亚，随后传入美洲和欧洲（Lhotká & Hejný, 1979），1969 年首次见于印度，现已非常常见（Kambhar et al., 2017），近年来依次在欧洲东南部的罗马尼亚（Chytry, 1993）、伊朗（Rahiminejad et al., 2004）等地区有归化的报道。**国内分布**：北京、河南、山东，一些羊毛贸易口岸或洗毛厂周围偶有分布。

【**生境**】 喜沙质土壤，喜光照充足的干扰生境，多生于草丛、庭院、路旁、荒地、河岸及沟渠旁，也常侵入农田。

【**传入与扩散**】 **文献记载**：2006 年，朱长山和朱世新首次报道该种在中国河南省归化，指出其繁衍速度很快，蔓延范围迅速扩大，现常见于河南黄河两岸平原、丘陵地区（朱长山和朱世新，2006）。2007 年其被作为外来入侵植物报道（朱长山 等，2007）。**标本信息**：Robert Brown 3033（Type: BM）。该模式采自澳大利亚南部的袋鼠岛（Kangaroo Island）。中国最早的标本于 1993 年采自河南郑州（朱长山 93010, 93011, 93012）（HNAC）（朱长山和朱世新，2006），之后 2010 年在北京（刘全儒 2010062001）（BNU）、2014 年在山东日照（辛晓伟 等，2015）均采到该种标本。**传入方式**：朱长山和朱世新认为其种子由于人类的无意识活动被带入我国并传播（朱长山和朱世新，2006），首次传入地为河南郑州，传入时间为 1993 年或更早。随后可能随引种草坪裹携而入北京（刘全儒和张劲林，2014）。**传播途径**：该种的种子常出现于羊毛制品以及羊毛废料中，因此常随着羊毛制品的贸易而传播，该种以此方式传入欧洲并在欧洲多个国家扩散（Lhotská & Hejný, 1979; Chytry, 1993）。因此人类的各种贸易活动是其大范围传播的主因，此外其种子可由动物（牛、羊等）体外传播，携带有种子的植物片段或植株也可随水流以及贴地风力传播（Lhotská & Hejný, 1979）。**繁殖方式**：以种子繁殖。**入侵特点**：① 繁殖性 其繁殖体（果实）的重量为 0.45～0.70 g，直径为 0.50～0.75 mm；种子发芽率高，成熟的种子能够长时间保持活力，干燥储藏 7 年后的种子萌发率仍可达到 64%，经过 30 d 10℃ 的低温处理后在室温条件下其发芽率最高，达到 90%，因此自然环境中秋天成熟的种子在经过一个冬天的自然低温层级之后有助于其种子的萌发（Lhotská & Hejný, 1979）。② 传播性 因其果实具有较高的质量而不适于水流传播，但可黏附于动物的皮毛中传播，尤其是可随着羊毛制品贸易的扩大而在世界范围内传播扩散，传播性强。③ 适应性 耐盐碱、耐干旱，适应从沿海自内陆的多数生境。种子具有休眠的特性，其萌发以及幼苗的生长需要温暖的土壤环境（Lhotská & Hejný, 1979），因此在中国北方地区发芽较晚。**可能扩散的区域：**中国华北、华中及华东各省区。

【危害及防控】 **危害：**主要危害园林绿化，也常入侵农田，至于该种是否具有化感作用尚需进一步研究。该种在澳大利亚和欧洲的部分地区常被视为花园杂草。在中国河南省其入侵风险较低，但铺地藜在中国自 1993 年发现以来十多年间，其繁殖速度快，蔓延范围迅速扩大，大有成为恶性杂草之势，因此应对其采取适当的风险控制措施（朱长山和朱世新，2006；于广丽 等，2009）。**防控：**可在结果前拔除，其种子成熟后常在植株上不脱落，因此秋季后对成熟植株应彻底清除。未见关于其化学防治和生物防治的报道。

【凭证标本】 河南省三门峡市虢国公园，海拔 385 m，34.763 0°N，111.215 6°E，2016 年 10 月 25 日，刘全儒、何毅等 RQSB09519（BNU）；河南省郑州市郑州植物园，海拔 188 m，34.731 8°N，113.536 2°E，2016 年 10 月 25 日，刘全儒、何毅等 RQSB09496（BNU）；北京市西城区北太平庄新街口外大街东侧，海拔 57 m，39.966 3°N，116.364 8°E，2019 年 7 月 24 日，严靖、王樟华 RQHD03789（CSH）。

【相似种】 土荆芥 ［*Dysphania ambrosioides* (Linnaeus) Mosyakin & Clemants］。铺地藜与该种相近，铺地藜种子直立、雄蕊 1 或无，植株具弱刺激性气味，而土荆芥种子横生或斜生，雄蕊常 5，植株具强烈刺激性气味，可以区别。此外中国原产的菊叶香藜 ［*Dysphania botrys* (Linnaeus) Mosyakin & Clemants］ 与上述两种相似，唯其花被片果时开展，不与种子贴生而相区别。上述 3 种原属于广义上的藜属，现已从藜属分出而置于腺毛藜属中。

铺地藜 [*Dysphania pumilio* (R. Brown)
Mosyakin & Clemants]
1.～2. 生境；3. 幼苗；4. 植株侧面观；5. 花序；6. 叶

相似种：菊叶香藜 [*Dysphania botrys* (Linnaeus) Mosyakin & Clemants]

参考文献

刘全儒，张劲林，2014. 北京植物区系新资料 [J]. 北京师范大学学报（自然科学版），50
（2）：166-168.

辛晓伟，步瑞兰，高德民，2015. 山东省野生及归化植物新记录 [J]. 山东科学，28（4）：
79-82.

于广丽，李文增，陈光磊，2009. 基于 PRA 入侵植物对河南省生态风险性研究 [J]. 河南
师范大学学报（自然科学版），37（4）：133-135.

朱长山，朱世新，2006. 铺地藜 —— 中国藜属一新归化种 [J]. 植物研究，26（2）：
2131-2132.

朱长山，田朝阳，吕书凡，等，2007. 河南外来入侵植物调查研究及统计分析 [J]. 河南农
业大学学报，41（2）：183-187.

Aellen P, Just T, 1943. Key and synopsis of the American species of the genus *Chenopodium* L.[J].
The American Midland Naturalist, 30(1): 47-76.

Chytry M, 1993. *Chenopodium pumilio* R. Br., a new adventive species for Rumania[J]. Linzer
biologische Beiträge, 25(1): 151-152.

Grozeva N, 2007. *Chenopodium pumilio* (Chenopodiaceae): a new species to the Bulgarian flora[J].
Phytologia Balcanica, 13(3): 331-334.

Kambhar S V, Kolar F R, Kotresha K, 2017. Record of *Dysphania pumilio* (R. Br.) Mosyakin and Clemants
(Amaranthaceae) from Vijayapur District of Karnataka, India[J]. Bioscience Discovery, 8(3): 320-323.

Lhotská M, Hejný S, 1979. *Chenopodium pumilio* in Czechoslovakia: its strategy of dispersal and
domestication[J]. Folia Geobotanica, 14(4): 367-375.

Rahiminejad M R, Ghaemmaghami L, Sahebi J, 2004. *Chenopodium pumilio* (Chenopodiaceae) new
to the flora of Iran[J]. Willdenowia, 34(1): 183-186.

2. **土荆芥** *Dysphania ambrosioides* (Linnaeus) Mosyakin & Clemants, Ukrayins'k. Bot. Zhurn., n.s. 59(4): 382. 2002. ——*Chenopodium ambrosioides* Linnaeus, Sp. Pl. 1: 219–220. 1753.

【别名】 鹅脚草、臭草、臭杏、杀虫芥、香藜草、洋蚂蚁草

【特征描述】 一年生或多年生草本，高 50～100 cm，有强烈的刺激性气味。茎直立，多分枝，具条纹及钝条棱，分枝常较细，被腺毛、短柔毛并兼有具节的长柔毛，有时近无毛。叶片长圆状披针形至披针形，先端急尖或渐尖，边缘具稀疏不整齐的大锯齿，基部渐狭具短柄，上面平滑无毛，下面有散生黄褐色腺点并沿叶脉疏生柔毛，下部的叶长可达 15 cm，上部叶片则渐狭小而近全缘。花两性及雌性，通常 3～5 朵簇生于上部叶腋，再组成穗状花序；花被片 5，稀为 3，卵形，绿色，果时常闭合，与种子贴生；雄蕊 5，花药长约 0.5 mm；花柱不明显，柱头通常 3，较少为 4，丝状，伸出花被外，子房表面具黄色腺点。胞果扁球形，完全包于宿存花被内。种子横生或斜生，黑色或红褐色，平滑有光泽，边缘钝，直径约为 0.7 mm。**染色体**：有 2n=16、32、48 和 64 的报道，但与之相对应的应为二倍体、四倍体、六倍体和八倍体，其染色体基数为 x=8，大多数个体的染色体为 2n=32（Palomino et al., 1990）。**物候期**：花果期时间长，常夏季初开花，果实于夏秋季成熟，温暖地区几乎全年均可见开花结果的植株。

【原产地及分布现状】 原产于南美洲热带地区和北美洲南部地区，广泛归化于世界热带至暖温带地区（Clemants & Mosyakin, 2004）。在前哥伦布时期，该种在其原产地一直被当作芳香植物栽培，可供药用、食用或饮用，正因如此该种在早期被广泛引入其他国家。**国内分布**：安徽、澳门、北京、重庆、福建、甘肃、广东、广西、贵州、海南、河南、黑龙江、湖北、湖南、吉林、江苏、江西、辽宁、宁夏、陕西、山东、山西、上海、四川、台湾、西藏、香港、云南、浙江。20 世纪 50 年代中国北方各省有栽培的记录，现已不见栽培，在长江流域及以南地区种群较多。

【生境】 喜温暖干燥的气候，稀肥沃疏松、排水良好的砂质土壤，生于房前屋后、路旁荒地、旷野草地、河岸、林缘、园林绿化以及农田中。

【传入与扩散】 **文献记载**：清代何谏所著《生草药性备要》有土荆芥的记载，此书约撰于清康熙末年，记载的均为岭南植物。1891 年，该种在台湾有分布记录（Forbes & Hemsley, 1891），1912 年 *Flora of Kwangtung and Hongkong* 记载了该种，当时在香港已是路边常见杂草（Dunn & Tutcher, 1912）。1995 年，郭水良和李扬汉首次将其作为外来杂草报道（郭水良和李扬汉, 1995）。**标本信息**：Herb. Linn. No. 313.13（Lectotype: LINN）。该标本采自西班牙，Brenan 将其指定为后选模式（Brenan, 1954）。1891 年 Forbes 和 Hemsley 在其文章中收录该种时所引证的标本（Oldham 444）（K）采自台湾淡水，采集年代不详，但采集者 Oldham 生卒年为 1837～1864 年，可知此份标本采于 1864 年之前，为较早期的标本。1907 年于广东韶州采到该种标本（Anonymous 1169）（PE）。**传入方式**：最晚于清康熙年间传入中国，首次传入地应为岭南地区（广东省），可能经由当时的通商口岸广州口岸随货物贸易无意传入。**传播途径**：其种子常随人类活动（农业活动、货物运输、有意引种等）有意或无意传播，也可随气流、水流进行短距离扩散。有学者在美国伊利诺伊州观察到有大量的土荆芥种子存在于马粪中，且均能正常萌发，表明有些哺乳动物也可能有助于其种子的传播（Campbell & Gibson, 2001）。**繁殖方式**：以种子繁殖。**入侵特点**：① **繁殖性** 自交亲和，可产生大量种子，形成土壤种子库。其种子具有较好的初始萌发能力，无须经过休眠，且不需任何特殊处理就能萌发，在 15～20℃恒温条件下萌发率均达到 80% 以上，在 14 d 内完成整个萌发过程，发芽快而整齐（王云 等，2007）。② **传播性** 种子量大，且细小而轻，千粒重为 0.381 3 g ± 0.01 g，饱满率为 42.5% ± 10.33%（王云 等，2007），易于传播。③ **适应性** 该种表型可塑性强，可改变自身形态和生理特征以响应环境变化。对土壤条件要求不严格，可耐低浓度的盐，抗逆性强，不耐零下低温，但能以种子越冬。适生范围非常广，可生于多种多样的生境中（海拔 0～2 500 m），从热带到温带、自沿海至内陆均可生长，且极易入侵开阔而湿润的生境。其种子的萌发需要光照和适宜的温度，在 15～20℃时萌发率最高，温度过高或过低均会降低其萌发率（王云 等，2007）。**可能扩散的区域**：有研究者以全国各地该种的历史标本为依据对其扩散过程进行了分析，发现土荆芥自从 20 世纪初期在广东省有标本记录以来，土荆芥在中国的扩散经历了停滞阶段、逐步扩散阶段（1930 年以后）和迅速扩散阶段（1950 年以后），在不同时期逐步由中国南部沿海向中部和西部扩散蔓延（王瑞，2006）。目前土荆芥在中国仍然处在扩散阶段，华北及东北各省区多有分布，可能扩散至全国各省区。

【危害及防控】 危害：该种在世界多地被视为入侵植物，排挤本地物种，破坏生态平衡，对农业生产与生态环境均造成不良影响，其含有毒的挥发油，可对其他植物产生化感作用，土荆芥入侵可能会通过改变土壤微生态系统而改变植物之间的竞争格局（阿的鲁骥 等，2013）。已有研究证明其化感作用会抑制众多农作物的种子萌发和幼苗生长，如油菜、莴苣、绿豆、黄瓜、小白菜、豇豆、辣椒、小麦、水稻等（王晶蓉 等，2009；刘长坤 等，2010），降低作物产量，造成经济损失。此外，其挥发油对蚕豆根尖细胞会造成氧化损伤，并且其通过挥发途径的化感作用要大于通过淋溶途径（胡琬君 等，2012）。同时，土荆芥也是花粉过敏原，对人体健康有害。该种在中国长江流域和珠江流域种群数量大，极易扩散，2010 年环境保护部将其列入《中国第二批外来入侵物种名单》。防控：对于农田中的土荆芥应彻底铲除，防止其植株片段等再次对农作物产生化感作用。加强种子检疫及其利用的研究。

【凭证标本】 浙江省杭州市建德市姚村，海拔 309 m，29.554 9°N，119.700 3°E，2014 年 9 月 21 日，严靖、闫小玲、李惠茹、王樟华 RQHD00933（CSH）；江西省鹰潭市鹰潭学院，海拔 60 m，28.218 4°N，117.047 1°E，2016 年 5 月 24 日，严靖、王樟华 RQHD03445（CSH）；江苏省淮安市涟水县安东北路朱码中学，海拔 13 m，33.816 0°N，119.271 2°E，2016 年 6 月 2 日，严靖、闫小玲、李惠茹、王樟华 RQHD02218（CSH）；云南省红河州河口县坝洒南屏九队，海拔 1 702 m，22.949 3°N，103.691 1°E，2014 年 8 月 4 日，杨珍珍 RQXN00064（CSH）；香港大滩，海拔 20 m，22.435 4°N，114.330 3°E，2015 年 7 月 30 日，王瑞江、薛彬娥、朱双双 RQHN01107（CSH）；陕西省汉中市略阳县高家营村，海拔 658 m，33.363 1°N，106.142 9°E，2015 年 10 月 3 日，张勇 RQSB01466（CSH）。

【相似种】 菊叶香藜［*Dysphania botrys* (Linnaeus) Mosyakin & Clemants］和铺地藜［*Dysphania pumilio* (R. Brown) Mosyakin & Clemants］。土荆芥与上述两种形态上相近，区别特征见前述。土荆芥的表型可塑性非常大，染色体数目也存在变化，以至于其种下等级的分类群非常之多，其中穗花土荆芥（*Chenopodium anthelminticum* Linnaeus）便是其一（Aellen & Just, 1943），在形态上以多数穗状花序在枝顶排列成密集的圆锥状而区别于土荆芥，在中国也存在这种形态的群体，多分布于沿海地带，但现在多数学者以及TPL（The Plant List）将其作为土荆芥的异名处理，关于穗花土荆芥与土荆芥之间的关系尚需进一步的研究。

土荆芥［*Dysphania ambrosioides* (Linnaeus) Mosyakin & Clemants］
1. 生境；2. 幼苗；3. 花序；
4. 花特写；5. 幼果

参考文献

阿的鲁骥，李仁德，王长庭，等，2013. 入侵植物土荆芥对川西北高寒草甸 3 种培育牧草的化感作用 [J]. 西南农业学报，26（5）: 1878-1881.

郭水良，李扬汉，1995. 我国东南地区外来杂草研究初报 [J]. 杂草科学，2: 4-8.

胡琬君，马丹炜，工亚男，等，2012. 土荆芥挥发油对蚕豆根尖细胞的氧化损伤 [J]. 应用生态学报，23（4）: 1077-1082.

刘长坤，邓洪平，尹灿，等，2010. 土荆芥植株化感作用对 5 种农作物种子萌发和幼苗生长的影响 [J]. 西南师范大学学报（自然科学版），35（3）: 152-155.

王晶蓉，马丹炜，唐林，2009. 土荆芥挥发油化感作用的初步研究 [J]. 西南农业学报，22（3）: 777-780.

王瑞，2006. 中国严重威胁性外来入侵植物入侵与扩散历史过程重建及其潜在分布区的预测 [D]. 上海：中国科学院研究生院（植物研究所）.

王云，唐书国，陈巧敏，等，2007. 外来有害植物土荆芥种子贮藏与萌发特性的研究 [J]. 杂草科学，3: 10-13.

Aellen P, Just T, 1943. Key and synopsis of the American species of the genus *Chenopodium* L.[J]. The American Midland Naturalist, 30(1): 47−76.

Brenan J P M, 1954. Chenopodiaceae[M]// Turrill W B, Milne-Redhead E. Flora of tropical East Africa. Royal Botanic Gardens. Kew, London, UK: Kew Publishing: 10.

Campbell J E, Gibson D J, 2001. The effect of seeds of exotic species transported via horse dung on vegetation along trail corridors[J]. Plant Ecology, 157: 23−35.

Clemants S E, Mosyakin S L, 2004. *Dysphania*[M]// Flora of North America Editorial Committee. Flora of North America: North of Mexico: Volume 4. New York and Oxford: Oxford University Press: 270.

Dunn S T, Tutcher W J, 1912. Flora of Kwangtung and Hongkong[M]. London: Majesty's Stationery Office: 215.

Forbes F B, Hemsley W B, 1891. An enumeration of all the plants known from China Proper, "Formosa", Hainan, Corea, the Luchu Archipelago, and the Island of Hongkong, together with their distribution and synonymy—Part X [J]. The Journal of the Linnean Society of London, Botany, 26(176): 324.

Palomino G H, Segura M D, Bye R, et al., 1990. Cytogenetic distinction between *Teloxys* and *Chenopodium* (Chenopodiaceae)[J]. The Southwestern Naturalist, 35(3): 351−353.

苋科 | Amaranthaceae

　　一年生或多年生草本，稀攀援藤本或灌木。单叶，叶互生或对生，无托叶。花小，两性、单性或杂性，有时退化成不育花，花簇生于叶腋内，成疏散或密集的穗状花序、头状花序或圆锥花序；苞片及 2 小苞片干膜质，常宿存；花被片 3～5，干膜质，覆瓦状排列，常和果实一同脱落，少有宿存；雄蕊常和花被片等数且对生，偶较少，花丝分离或基部合生成杯状，花药 2 室或 1 室；有或无退化雄蕊；心皮 2～3，合生，子房上位，1 室，基生胎座，胚珠 1 至多数，花柱 1～3，柱头头状或 2～3 裂。果实多为胞果，果皮薄膜质，通常顶端盖裂或不裂，稀为浆果状或小坚果。种子 1 至多数，凸镜状或近肾形，光滑或有小疣点，胚环状，胚乳粉质。其中雄蕊、花被和花序的形态学特征常被用作各属划分的依据。

　　分子证据显示，苋科应合并藜科（Chenopodiaceae）和腺毛藜科（Dysphaniaceae）组成一个囊括种类更多的科（Kadereit et al., 2003）。

　　苋科约 70 属 900 余种，全球广布，主要分布于热带至温带区域。中国有苋科 16 属 53 种，其中 3 属 19 种为外来入侵植物。一直以来被国内文献当作入侵植物报道的青葙（*Celosia argentea* Linnaeus）经考证为国产种，且在《神农本草经》中有记载；而鸡冠花（*Celosia cristata* Linnaeus）则为全球广布种，世界各地广泛栽培，起源亦不详，在中国具有多种多样的栽培型，偶尔有逸生，但种群并不稳定，多见于房前屋后，未造成入侵危害，故不再收录。

参考文献

Kadereit G, Borsch T, Weising K, et al., 2003. Phylogeny of Amaranthaceae and Chenopodiaceae and the evolution of C_4 photosynthesis[J]. International Journal of Plant Sciences, 164(6): 959–986.

分属检索表

1. 莲子草属 *Alternanthera* Forsskål

一年生或多年生草本。茎匍匐或上升，多分枝。叶对生，全缘或偶有缺刻。花小，常为白色，两性，密集成近球形至短圆柱形的头状花序，顶生或腋生，有或无总花梗；苞片与小苞片干膜质，常宿存；花被片 5，干膜质，常不等；花丝基部联合成管状或杯状，常有具齿或条裂的退化雄蕊，与正常雄蕊交替而生；花柱短，柱头头状，子房球形或卵形，胚珠 1，倒生。胞果扁，不裂，边缘翅状。种子凸镜状。

由于莲子草属内的多数种类均具有高度的表型可塑性，加上不同的学者对种的概念及界限有不一致的观点，导致莲子草属的物种数有多种说法：约 80 种（Mears, 1977）、超过 100 种（Townsend, 1993）、甚至接近 200 种（Robertson, 1981; Eliasson, 1990）。20 世纪末，Pedersen 在南美洲又描述了 20 多个新分类群（Pedersen, 1997, 2000）。最近的分子系统发育研究证明了莲子草属的单系性，同时也证明在该属的物种形成过程中杂交扮演着重要的角色，确定了该属内的几个主要的谱系（Iamonico & Sánchez-del Pino, 2012），其中一个包含 4 个种的 *Jamesbondia* 亚属已确立（Iamonico & Sánchez-del Pino, 2016）。但要厘清该属内所有类群间的关系则还需更多的工作。

莲子草属主要分布于热带和亚热带地区，其分布中心与多样化中心均在南美洲（Mears, 1977），少数种类分布于非洲、亚洲和大洋洲，分布于其他地区如欧洲的种类则均为"外来种"（aliens）（Robertson, 1981; Iamonico & Sánchez-del Pino, 2016）。中国有莲子草属 9 种，仅莲子草 [*Alternanthera sessilis* (Linnaeus) R. Brown ex A.P. de Candolle] 为国产种，其余 8 种均为外来种，其中 3 种为入侵植物。另有原产于非洲的线叶莲子草

（*Alternanthera nodiflora* R. Brown）在长江流域及以南各地区偶见，分布范围较小，有学者将其归并而作莲子草的异名处理，但由于该种叶片线形，宽仅 3～6 mm，花被片背面疏被长柔毛，与莲子草明显不同，亦无中间过渡的形态，故作两个种处理。

参考文献

Eliasson U H, 1990. Species of Amaranthaceae in the Galápagos Islands and their affinities to species on the South American mainland[J]. Monographs in Systematic Botany from the Missouri Botanical Garden, 32: 29–33.

Iamonico D, Sánchez-del Pino I, 2012. *Alternanthera paronychioides* A. St.-Hil[J]// Gretuer W, Raus T. Med-Checklist notulae 31[J]. Willenowia, 42(H. 2): 288.

Iamonico D, Sánchez-Del Pino I, 2016. Taxonomic revision of the genus *Alternanthera* (Amaranthaceae) in Italy[J]. Plant Biosystems, 150(2): 333–342.

Mears J A, 1977. The nomenclature and type collections of the widespread taxa of *Alternanthera* (Amaranthaceae)[J]. Proceedings of the Academy of Natural Sciences of Philadelphia, 129: 1–21.

Pedersen T M, 1997. Studies in South American Amaranthaceae IV[J]. Adansonia, 19: 217–246.

Pedersen T M, 2000. Studies in South American Amaranthaceae V[J]. Bonplandia, 10: 83–112.

Robertson K R, 1981. The genera of Amaranthaceae in the southeastern United States[J]. Journal of the Arnold Arboretum, 62: 267–314.

Townsend C C, 1993. Amaranthaceae[M]// Kubitzki K. Families and genera of vascular plants. Berlin: Springer-Verlag: 70–91.

分种检索表

1 苞片及 2 枚外花被片顶端具刺 ·················· 3. 刺花莲子草 *Alternanthera pungens* Kunth

1 苞片及花被片顶端无刺 ··· 2

2 头状花序 1～3 个生于叶腋，无总花梗 ······················
·························· 1. 华莲子草 *Alternanthera paronychioides* A. Saint-Hilaire

2 头状花序单一，具长总花梗······························
·························· 2. 空心莲子草 *Alternanthera philoxeroides* (Martius) Grisebach

1. **华莲子草 *Alternanthera paronychioides*** A. Saint-Hilaire, Voy. Distr. Diam. 2: 439. 1833.

【别名】 匙叶莲子草、美洲虾钳菜、星星虾钳菜、红苋草、花莲子草

【特征描述】 多年生草本。茎匍匐，绿色至褐色，圆形，密被长柔毛至无毛。叶对生，叶片椭圆形至倒披针形或匙形，顶端急尖或钝，叶两面疏生柔毛，后脱落，无柄或具短柄。头状花序球形至卵球形，1～3 个生于叶腋，无总花梗，基部常被柔毛；苞片膜质，长约为花被片的 1/2；花被片 5，近等长，白色，长圆状披针形，顶端具小尖头，下半部具 3 脉，背面沿脉疏生柔毛；雄蕊 5，黄色，椭圆形，退化雄蕊舌状，边缘全缘或具 3～4 齿，长约为正常雄蕊的 1/2；花柱短，子房扁平。胞果扁球形，先端截形，种子凸镜状。**染色体**：$2n=34$，96（Robertson, 1981）。**物候期**：花果期为 5—9 月。

【原产地及分布现状】 原产于美洲热带及亚热带地区（Pedersen, 1967）。现广布于美洲、亚洲、非洲和大洋洲的热带与亚热带地区（Robertson, 1981），在欧洲意大利的北部地区也有分布（Iamonico & Sánchez-del Pino, 2012）。**国内分布**：澳门、广东、海南、台湾、香港。

【生境】 喜沙质土壤，常见于河岸、湖滨或海滨等湿润地带以及路边荒地、公园绿地、农田等干扰生境。

【传入与扩散】 **文献记载**：中国早期关于该种的记载见于 1979 年出版的《台湾植物志（第一版）》第 6 卷的维管植物名录中（黄增泉，1979）。此外，Seemann 于 1857 年记载了采自香港的一种植物，其名称为 "*Telanthera polygonoides* Moq.—var. *compacta* Moq."（Seemann, 1857），而这个名称所依据的材料是华莲子草（*Alternanthera paronychioides*）的一份残缺不全的标本（Pedersen, 1967），因此已作华莲子草的异名处理（Mears, 1977）。2004 年王发国等首次将其作为澳门的外来入侵植物报道（王发国 等，2004）。**标本信**

息：Saint-Hilaire A. 223（Lectotype: PH）。Saint-Hilaire 于 1816—1821 年间在巴西里约热内卢采集到 3 份标本，这 3 份标本均可认为是华莲子草的原始材料。Mears 在 1977 年曾报道过关于该种的一份主模式（Mears, 1977），但 Saint-Hilaire 于 1833 年命名该种时却未指定任何模式标本。因此，Iamonico 和 Sánchez-del Pino 认为此主模式的报道无效，直到 2016 年，他们在 Saint-Hilaire 当年所采集的 3 份标本中指定一份为其后选模式（Iamonico & Sánchez-del Pino, 2016）。该种在中国最早的标本记录为高锡朋于 1931 年采自广东信宜的标本（高锡朋 51762）（IBSC），但需注意的是，罗献瑞在鉴定另一份标本（IBSC0189969）时指出之前的鉴定存在疑问："定名是否正确，很可怀疑"，观其形态特征应为莲子草而非华莲子草。该种最早的鉴定无误的标本记录为 1968 年采自台湾屏东的一份标本（TAI151330）。**传入方式**：该种传入中国的年代应不晚于 1857 年，尚未发现有关于该种的引种记录，但其最早在香港有记录时的状态为"生于路边荒地"（Seemann, 1857），在台湾则为栽培状态，由此可推测该种可能最早由人类活动无意带入香港，而分布于台湾的种群则可能属于二次引入，为有意引进后逸生。**传播途径**：随货物贸易尤其是苗木贸易进行长距离传播，有意引种栽培的记载极少见，多为无意传播，如该种传入印度—喜马拉雅地区的方式就是无意带入（Unintentional）（Sekar, 2012）。**繁殖方式**：以种子及茎段繁殖。**入侵特点**：① 繁殖性　该种种子量较大，且可于茎段的节处生根并发芽，繁殖能力强。② 传播性　未见其种子可随风、水流以及动物活动而传播的记载，因此其种子的扩散能力有限，但其茎节及地下部分易随水流或人类活动传播，有助于其无性繁殖。③ 适应性　该种具有高度的形态变异，其茎的颜色、叶的形状、毛被情况以及花被形态均随环境不同而发生变异。该种对土壤养分及水分条件耐受幅度较广，可在土壤养分贫瘠的环境中生长，不仅适应陆生条件，还可耐短期的水淹条件，并且在低盐度的土壤水分条件下也可正常生长。对低温环境不适应，气候条件是限制其分布范围的主要因素。**可能扩散的区域**：该种主要分布于亚热带与热带地区，接近温带的意大利北部地区也有其分布（Iamonico & Sánchez-del Pino, 2016），因此该种在中国有可能往北扩散至长江以南的区域。

【危害及防控】　**危害**：华莲子草具有较强的入侵性，在多个国家被作为杂草报道，其危害程度各有不同，如在美国佛罗里达州为"小侵略者"（minor invader），入侵性不强（Gordon et al., 2008），而在印度西高止山脉则几乎遍布全境，为恶性入侵植物，其危害程度在当地仅次于紫茎泽兰［*Ageratina adenophora* (Sprengel) R. M. King & H. Robinson］（Rao et al., 2012）。该种在中国华南地区表现为一般杂草，危害公园绿地与农田，在近水地域大量生长，排挤本地物种，威胁湿地植物群落的多样性。**防控**：目前该种在中国为局部入侵，有向北扩散的风险，因此应加强管理，尤其要规范苗木交易市场，防止其因有意引种或无意携带等因素而扩散至其他区域。对于其野外植株则应及时铲除。

【凭证标本】 广东省佛山市三水区芦苞镇北江大坝，海拔 4 m，22.647 8°N，112.890 3°E，2014 年 10 月 14 日，王瑞江 RQHN00511（CSH）。

【相似种】 莲子草［*Alternanthera sessilis* (Linnaeus) R. Brown ex A.P. de Candolle］。华莲子草与莲子草形态相近，易相互混淆。主要区别特征为华莲子草花被片背面被柔毛，而莲子草花被片背面光滑无毛。莲子草分布于中国华东、华中、华南和西南各省区。

　　另外，该种与另一外来种锦绣苋［*Alternanthera bettzickiana* (Regel) G. Nicholson］较相似，后者茎上升或直立（而非匍匐）、退化雄蕊与正常雄蕊等长（而非正常雄蕊的1/2），这与华莲子草有明显区别，锦绣苋原产于南美洲，其叶片常具不同的色彩而被用作观叶植物在中国的各大城市栽培，在海南、云南和台湾已归化。另一种绿苋草（五色苋）［*Alternanthera ficoidea* (Linnaeus) P. Beauvois］因其叶片常具红色等多种色块也常见栽培，且品种繁多，该种现常见于中国华南与西南地区的花市，多有栽培，该种的野生型植株全体被毛，花被片尖端锐尖，有时变硬而为刺状，目前在云南、海南已归化，需引起警惕。

华莲子草（*Alternanthera paronychioides* A. Saint-Hilaire）
1. 生境；2.～3. 叶；4.～5. 花序

相似种：莲子草 [*Alternanthera sessilis* (Linnaeus) R. Brown ex A. P. de Candolle]

相似种：锦绣苋 [*Alternanthera bettzickiana* (Regel) G. Nicholson]

相似种: 绿苋草 [*Alternanthera ficoidea* (Linnaeus) P. Beauvois]

参考文献

黄增泉，1979. 种子植物门 [M] // 台湾植物志编辑委员会 . 台湾植物志（第六卷 总目录）. 台北：现代关系出版社：40.

王发国，邢福武，叶华谷，等，2004. 澳门的外来入侵植物 [J]. 中山大学学报（自然科学版），43（S1）：105-110.

Gordon D R, Onderdonk D A, Fox A M, et al., 2008. Predicting invasive plants in Florida using the Australian weed risk assessment[J]. Invasive Plant Science Management, 1(2): 178–195.

Iamonico D, Sánchez-del Pino I, 2012. *Alternanthera paronychioides* A. St.-Hil[J]// Gretuer W, Raus T. Med-Checklist notulae 31. Willenowia, 42(2): 288.

Iamonico D, Sánchez-del Pino I, 2016. Taxonomic revision of the genus *Alternanthera* (Amaranthaceae) in Italy[J]. Plant Biosystems, 150(2): 333–342.

Mears J A, 1977. The nomenclature and type collections of the widespread taxa of *Alternanthera* (Amaranthaceae)[J]. Proceedings of the Academy of Natural Sciences of Philadelphia, 129: 1–21.

Pedersen T M, 1967. Studies in South American *Amaranthaceae*[J]. Darwiniana, 14(2/3): 430–462.

Rao R R, Sagar K, 2012. Invasive alien weeds of the Western Ghats: taxonomy and distribution[M]// Bhatt J R, Singh J S, Singh S P, et al. Invasive alien plants: an ecological appraisal for the Indian Subcontinent. Oxfordshire, UK: CABI Publishing: 139–161.

Robertson K R, 1981. The genera of Amaranthaceae in the southeastern United States[J]. Journal of the Arnold Arboretum, 62: 267–314.

Seemann B, 1857. Narrative of the voyage of HMS Herald: under the command of Captain Henry Kellett, R.N., C.B., during the Years 1845–51[M]. London: Lovell Reeve Publishing Company.

Sekar K C, 2012. Invasive alien plants of Indian Himalayan region—diversity and implication[J]. American Journal of Plant Sciences, 3(2): 177.

2. **空心莲子草 *Alternanthera philoxeroides*** (Martius) Grisebach, Abh. Königl. Ges. Wiss. Göttingen 24: 36. 1879. ——*Bucholzia philoxeroides* C. Martius, Nov. Actorum Acad. Caes. Leop.-Carol. Nat. Cur. 13(1): 107. 1825.

【别名】 喜旱莲子草、水花生、革命草、水蕹菜、空心苋

【特征描述】 多年生水生或陆生草本。茎基部匍匐，上部斜升，中空，节上生细根。叶

对生，叶片长椭圆形至倒卵状披针形，先端急尖或圆钝，全缘或有缺刻，有短柄。头状花序单生于叶腋，球形，具长 1～6 cm 的总花梗；苞片和小苞片膜质，白色，花被片 5，白色，基部略带粉红色。其雄蕊的发育有其特殊性，在形态上，空心莲子草两性花的雄蕊由聚药雄蕊和无药雄蕊构成，二者相间而生成一轮，而其雌化雄蕊花的雄蕊由雌化雄蕊和无药雄蕊构成，雌化雄蕊的外形如雌蕊状，其外轮为无药雄蕊，二者前后对应而生，成二轮；在结构上，其两性花雄蕊的每个花药具两个花粉囊，成熟花粉粒为 3 核，但后期会大量解体，新鲜花粉粒无活性，雌化的雄蕊有柱头、花柱和子房，但子房室内无胚珠状结构，仅为一个空腔（胡法玉 等，2011），因此常无发育成熟的种子。空心莲子草通常被划分为水生型和陆生型两类（Kay & Haller, 1982），它们在根毛的有无、茎的结构、叶片的大小与形状、叶边缘缺刻的有无等形态特征上均有一定的差异，但在同质园条件下其表型差异则趋于消失，因而属于表型可塑性变异（Geng et al., 2007）。**染色体**：由于空心莲子草在原产地及入侵地的种群是杂交种的复合群，因此对其染色体数的报道变化较大，分布于阿根廷东部 Tandil 的种群 $2n=66$（Sosa et al., 2008）。另外，据报道阿根廷还存在两种不同的生物型，即四倍体（$2n=68$）和六倍体（$2n=102$）（Parsons & Cuthbertson, 1992）；入侵中国的空心莲子草种群的染色体数目也有两种类型：$2n=100$（徐炳声 等，1992）和 $2n=96=60$ m$+36$ sm（蔡华 等，2009），其中前者采自上海，后者采自安徽滁州。**物候期**：该种于 4 月中旬抽新芽（热带地区则更早），此后在其生长季中可不断地进行营养繁殖，至冬季其地上部分枯死。花期为 5—9 月，花期长，不结实或结实率低，仅张秀艳等对该种在郑州的种群结实率做了研究报道，其结实率为 6.5%（张秀艳 等，2004）。

【原产地及分布现状】 原产于南美洲的巴拉那河（Parana river）流域，即自巴西至巴拉圭以及阿根廷的北部区域（Maddox, 1968; Julien et al., 1995），其最初的扩散发生于美洲地区。1897 年，美国官方首次记载了该种在亚拉巴马州的莫比尔（Mobile, Alabama）有分布，这是空心莲子草在美国最初的切实可信的记录（Coulson, 1977）。随后在新西兰（1906）（Roberts & Sutherland, 1986）、澳大利亚（1940）（Hockley, 1974）、法国（1971）（Dupont, 1984）、意大利（2001）（Garbari & Pedulla, 2001）等国家都有记录，在印度更是几乎遍布全境（Pramod et al., 2008）。该种现已分布于南美洲、北美洲、大洋洲、东南亚以及欧洲的法国与意大利等国家和地区，并在多个国家被视为严重的恶性入侵植物。**国内分布**：安徽、澳门、北京、重庆、福建、甘肃（陇南）、广东、广西、贵州、海南（海口）、河北、河南、湖北、湖南、江苏、江西、辽宁、陕西、山东、山西、上海、四川、台湾、天津、香港、云南、浙江。

【生境】 空心莲子草适宜在暖温带—热带湿润气候条件下生长，是偏湿生的两栖类植物（Vogt et al., 1979），从干旱陆地到水生生境均可生长，但更偏向于水生或近水生环境，因此主要分布于各种淡水生态系统的水陆交界区域，海岸带也有分布，可在移动缓慢的浅层水体中形成密集的垫子。在陆地环境中则主要生长于扰动生境，如农田、城市绿地、荒地等。

【传入与扩散】 **文献记载**：中国最早关于该种的文献记载见于沈基安于1955年发表的《浙江鄞县大嵩区折中秧田育秧经验》一文，当时空心莲子草被作为稻田的覆盖物使用，俗称革命草，而作者在文中指出"革命草是不适宜作为覆盖的"（沈基安，1955）。早期的文献还有1959年发表的《介绍革命草的养殖经验》，这是在中国首次对该种进行详细的报道，并附有拉丁名（浙江省农业科学研究所畜牧兽医系，1959）。早在1985年，廖衍伦和叶能干便撰文指出空心莲子草在中国不少地区已泛滥成灾（廖衍伦和叶能干，1985），郭水良和李扬汉于将其作为外来杂草报道，并称之为"令人头痛的恶性杂草"（郭水良和李扬汉，1995）。**标本信息**：BR0000013459994（Lectotype: BR）。Martius 于1825年首次描述空心莲子草，将其命名为 *Bucholzia philoxeroides* Martius，当时并未指定模式标本，Pedersen 根据其描述与标本比对，将存放于比利时国家植物园植物标本馆的一份标记为 *Bucholzia philoxeroides* var. *obtusifolia* Martius 的标本指定为空心莲子草的后选模式，这份标本采自荷属安的列斯群岛（Pedersen, 1967; Mears, 1977）。中国较早的采集记录是1930年采自浙江省宁波市的标本（ZMNH0004676），采集人不详，之后的3年间在上海、江苏等地区多有标本记录。**传入方式**：据记载，该种于1940年抗日战争期间由日本人引种至上海郊县作为饲料，后逸生（林冠伦，1987），后来多数学者均认可此说（刁正俗，1990；万方浩 等，2005），只是在传入年代方面存在不同意见，大体在 20 世纪 30～40 年代之间。此外，也有该种于 1892 年出现于上海附近岛屿的报道（李振宇和解焱，2002）。因此它的传入应该包括有意引进和随船舶无意带入两种途径，首次传入地为华东沿海地区，传入时间应不晚于 1930 年。鉴于其最早有记录的标本采自宁波市某河道，因此其传入地至少应包括浙江省宁波市。至 20 世纪 50 年代初，随着养猪事业的发展，该种被逐步推广人工放养至中国南方各省区市。20 世纪六七十年代，大养革命草以解决猪、羊饲草已成为广大群众的自觉要求，仅嘉兴地区该种就占全区可用水面的 80%（周邦基，1964），此后该种大量逸生并迅速蔓延。**传播途径**：空心莲子草的大范围传播主要与人类的经济活动有关，如将其作为饲料引种并养殖（如中国），或在船舶运输过程中混于轮船压舱水或货物当中而跨水域甚至跨洋传播，其进入澳大利亚的途径就很可能是随货船传入（Julien & Bourne, 1988）。此外河道开挖、水流、动物的活动等有助于其在较小范围内的传播。**繁殖方式**：空心莲子草在其原产地可进行有性繁殖和营养繁殖，而在原产地之外的区域则以营养繁殖为主（Julien & Stanley, 1999）。在中国，该种的雄蕊雌化和雄蕊败育现象普遍而稳定（陈悼，1964），一般无发育成熟的种子形成，这种有性生殖功能退化的现象通常发生在克隆植物当中，因此该种在中国的繁殖方式主要为营养繁殖（Zhu et al., 2015），其无性繁殖体主要包括茎段、根状茎和条状贮藏根。**入侵特点**：① 繁殖性 该种的无性繁殖能力极强，其主茎可无限延长，茎节上产生不定根以及腋芽的能力极强，由腋芽萌发所形成的分枝最多可达 10 个。将其带节茎段放入水中 2～3 d，腋芽即可萌动，同时产生大量不定根（万方浩 等，2005），其根和茎在地表纵横交错，呈网状密布于入侵地。有研究表明只要空心莲子草的个体生物量超过 0.1 g，或其繁殖体大小超过 0.06 g，就可以形成新的无性分株，且频繁发生的水流和人类活动对空心莲子草的片段化干扰不影响它的繁殖、更新和生长（潘晓云 等，2007）。② 传播性 空心莲子草的茎中空，脆且易断裂，往往一段植株碎片或茎节就可能是一个新的侵染源，且其储藏根受到干扰或刺激时可产生大量不定根和芽，因此极易随人类活动而扩散，如开挖河道、园艺活动等，传播性极强。遗传学研究表明，广泛分布于中国的空心莲子草就是因入侵之后短时期内大量传播造成的，并且其种群遗传多样性很低，可能是同一无性系的克隆后代（Xu et al., 2003; Ye et al., 2003）。

③ 适应性 可塑性强，对光、温度、水分、养分、盐度等的耐受幅度均较广，对重金属、除草剂等的抗逆性强，并且在入侵过程中存在快速进化的现象。特别是其对水分梯度的高度适应性使其能在高异质的生境中形成单优群落（Geng et al., 2007）。一方面该种具有发达的通气组织，且不同生境下其茎叶的解剖结构存在显著差异（潘晓云 等，2006），这使其可以像水生植物甚至沉水植物一样在水生环境中生长；另一方面，尽管其不是典型的旱生植物，却能够忍受较长时间的干燥，水分条件会显著影响它的生物量分配（Geng et al., 2006）。该种可在 10 ～ 40℃范围内正常萌发与生长，但其最适温度为 30℃左右，低于 5℃则不能出芽（Shen et al., 2005），因此从亚热带至温带之间的广阔区域均适宜其生长并造成入侵，在炎热的热带地区（如印度尼西亚、泰国）空心莲子草虽然也能生长，但其繁殖速率比温带区域的明显更低，难以形成大面积的单优种群（Julien et al., 1995）。空心莲子草这种广泛的生态、生理适应性使得适宜其生长的生境范围非常广泛。**可能扩散的区域**：Julien 等于 1995 年用生态气候指标对其适宜分布区进行了预测，发现其潜在入侵区域远大于其在当时的实际分布区域，如澳大利亚的东部和南部、非洲大陆的东部和南部及欧洲南部都是其潜在的入侵区域（Julien et al., 1995）。空心莲子草在中国的大部分区域已有分布，在东南地区已造成严重入侵，并且其分布范围还有扩大的趋势。陈立立等使用生态位模型对空心莲子草在中国的潜在扩散区域进行了预测，发现宁夏、甘肃东南部、内蒙古南部均为空心莲子草的严重威胁区，而新疆南部、甘肃西部、青海、西藏、四川西部、吉林、黑龙江、内蒙古北部的大部分地区以及海南则为非适生区（陈立立 等，2008），但如今该种在海南省海口市已有分布，可见其分布区还在扩大。同时该种还具有非常高的向中国北方扩散的潜力（Liu et al., 2017），因此应予以特别关注。

【危害及防控】 危害：空心莲子草对环境、社会等所造成的危害在国内外多有报道，其危害性主要表现：① 覆盖水面，堵塞航道，影响人类水上经济活动，如水上交通、渔业、灌溉等；② 发达的根系与繁茂的茎叶危害农田，降低作物产量；③ 入侵公园、草坪等城市绿地，破坏园林景观，加大养护成本；④ 滋生蚊蝇，且常附着有害寄生虫，危害人畜健康；⑤ 繁殖力强，排挤其他植物，降低植物群落的稳定性，严重危及生物多样性，破坏生态环境。由此可知空心莲子草在全球大部分地区可谓恶名昭彰，该种在澳大利亚昆士兰的"200 个最具侵害性的植物物种"当中名列前茅（Batianoff & Butler, 2002）。2003 年，中国环保总局公布的《中国第一批外来入侵物种名单》的 16 种重要入侵物种中，空心莲子草名列第三。**防控**：其防控措施主要包括植物检疫、物理控制、化学防除和生物防治四个方面。对空心莲子草的防治应侧重于预防，应建立健全该种的检疫体系，物理控制的手段也主要体现在预防中，意义在于防止它的传播。美国是最早开展该种防治的国家，20 世纪 50 年代，美国曾对被该种入侵的封闭水面大量喷洒除草剂，澳大利亚于 1972 年采取同样的措施，但效果均不理想（Coulson, 1977），因此转而采用生物防治的手段。该种是美国选定的第一个采用生物方法来防控的水生植物。经过多年的研究和试验发现，各个国家和地区使用的防治效果较好的天敌昆虫主要有莲草直胸跳甲（*Agasicles hygrophila*）、斑螟（*Arcola malloi*）、蓟马（*Amynothrips andersoni*）和阿根廷跳甲（*Disonycha argentinensis*），另外一些病原微生物也有一定的防治效果。目前，在中国释放最多、研究与应用最广的当属莲草直胸跳甲，曾在多个省份取得了良好的控制效果。然而在中国控制空心莲子草的主要措施是化学方法，应用较多的是草甘膦、农达等。有研究表明在田间推荐剂量下，有 17 种药剂对空心莲子草的防效较好，鲜重防效大于 80.0%，其中氯氟吡氧乙酸对空心莲子草的室内效力最高（高宗军 等，2010）。然而除草剂只是短期内对地上部分有效，且有造成水体污染和二次扩散的风险，生物防治的难点也在于对该种陆生型的控制，因此目前对该种仍然没有真正有效的防治手段。空心莲子草生长和扩散依赖流动水体，因此在进行控制和管理时须具有流域视野，即从局域控制到流域管理（潘晓云 等，2007）。需注意的是陆生型空心莲子草在许多地区的危害要胜过水生型，在陆生生境下，该种的地下根茎是其主要的繁殖分配，并且是决定其地上部分生长的重要因素，这意味着针对该种地下部分的防治是成功控制其陆生种群的关键（贾昕 等，2007）。

【凭证标本】 海南省海口市美兰区海南大学校园，海拔 14 m，20.058 8°N，110.323 5°E，2015 年 8 月 6 日，王发国、李仕裕、李西贝阳、王永淇 RQHN03147（CSH）；甘肃省陇南市成县城关镇庙湾村，海拔 974 m，33.741 0°N，105.766 7°E，2015 年 10 月 3 日，张勇、赵甘新 RQSB01495（CSH）；江西省上饶市余干县，海拔 20 m，28.714 6°N，116.676 1°E，2016 年 5 月 27 日，严靖、王樟华 RQHD03471（CSH）。

【相似种】 巴西莲子草［*Alternanthera brasiliana* (Linnaeus) Kuntze］。本种与空心莲子草的花序均有总花梗，区别在于巴西莲子草花的苞片呈龙骨状，花被片有柔毛，而空心莲子草花的苞片非龙骨状，花被片光滑。巴西莲子草原产于南美洲，因其叶常呈紫红色而作为观赏植物栽培于中国各大城市，已培育出多个品种，常被称作"红龙草"，在福建、广东、海南、云南等处已归化。此外莲子草属另一种被广泛栽培的植物为瑞氏莲子草（*Alternanthera reineckii* Briquet），该种原产于南美洲，也是两栖类植物，可完全浸没于水中生长，已在台湾归化（Wu et al., 2010）。

空心莲子草 [*Alternanthera philoxeroides* (Martius) Grisebach]
1.～2. 生境；3. 幼苗；4. 花序；5. 花序特写；6. 茎节；7. 腋芽特写

相似种：巴西莲子草 [*Alternanthera brasiliana* (Linnaeus) Kuntze]

参考文献

蔡华，韦朝领，陈妮，2009. 生物入侵种喜旱莲子草的染色体核型特征 [J] . 热带作物学报，
    30 (4) : 530-534.

陈立立，余岩，何兴金，2008. 喜旱莲子草在中国的入侵和扩散动态及其潜在分布区预测
    [J] . 生物多样性，16 (6) : 578-585.

陈倬，1964. 空心苋雄蕊雌化的现象 [J]. 植物学报，12（2）：133-138.

刁正俗，1990. 中国水生杂草 [M]. 重庆：重庆出版社：129.

高宗军，李美，高兴祥，等，2010. 24 种除草剂对空心莲子草的生物活性 [J]. 中国农学通报，26（21）：256-261.

郭水良，李扬汉，1995. 我国东南地区外来杂草研究初报 [J]. 杂草学报，2：4-8.

胡法玉，常青山，张利霞，等，2011. 空心莲子草雄蕊和雌化雄蕊发育的比较研究 [J]. 广西植物，31（4）：444-450.

贾昕，傅东静，潘晓云，等，2007. 陆生生境中喜旱莲子草的生长模式 [J]. 生物多样性，15（3）：241-246.

李振宇，解焱，2002. 中国外来入侵种 [M]. 北京：中国林业出版社：103.

廖衍伦，叶能干，1985. 一种值得注意的植物——空心莲子草 [J]. 贵州农业科学，2：33-35.

林冠伦，1987. 空心莲子草在江苏的分布和经济评价 [J]. 江苏农业科学，7：17-18.

潘晓云，耿宇鹏，Sosa A，等，2007. 入侵植物喜旱莲子草——生物学、生态学及管理 [J]. 植物分类学报，45（6）：884-900.

潘晓云，梁汉钊，Sosa A，等，2006. 喜旱莲子草茎叶解剖结构从原产地到入侵地的变异式样 [J]. 生物多样性，3：232-240.

沈基安，1955. 浙江鄞县大嵩区折中秧田育秧经验 [J]. 农业科学通讯，3：152-153.

万方浩，郑小波，郭建英，2005. 重要农林外来入侵物种的生物学与控制 [M]. 北京：科学出版社：715-739.

徐炳声，翁若芬，张美珍，1992. 上海植物的染色体数目（一）[J]. 考察与研究，12：48-65.

张秀艳，叶永忠，张小平，等，2004. 空心莲子草的生殖及入侵特性 [J]. 河南科学，1：60-62.

浙江省农业科学研究所畜牧兽医系，1959. 介绍革命草的养殖经验 [J]. 中国畜牧学杂志，6：175-176.

周邦基，1964. "革命草"的高产经验 [J]. 中国畜牧杂志，10：27-28.

Batianoff G N, Butler D W, 2002. Assessment of invasive naturalized plants in south-east Queensland[J]. Plant Protection Quarterly, 17(1): 27-34.

Coulson J R, 1977. Biological control of alligatorweed, 1959-1972: a review and evaluation[M]. United States: Department of Agriculture Technical Bulletin 1547: 1-98.

Dupont P, 1984. *Alternanthera philoxeroides*, Amaranthacées sud-américaine non encore signalée en Europe, naturalisée dans le Lotet-Garonne[J]. Bulletins Société Botanique du Centre Ouest, Nouvelle Série, 15: 3-5.

Garbari F, Pedulla M L, 2001. *Alternanthera philoxeroides* (Mart.) Griseb. (Amaranthaceae), a new species for the exotic flora of Italy[J]. Webbia, 56(1): 139–143.

Geng Y P, Pan X Y, Xu C Y, et al., 2007. Phenotypic plasticity rather than locally adapted ecotypes allows the invasive alligator weed to colonize a wide range of habitats[J]. Biological Invasions, 9(3): 245–256.

Geng Y P, Pan X Y, Xu C Y, et al., 2006. Phenotypic plasticity of invasive *Alternanthera philoxeroides* in relation to different water availability, comparing to its native congener[J]. Acta Oecologica, 30(3): 380–385.

Hockley J, 1974. Alligator weed spreads in Australia[J]. Nature, 250: 704.

Julien M H, Bourne A S, 1988. Alligator weed is spreading in Australia[J]. Plant Protection Quarterly, 3(3): 91–96.

Julien M H, Skarratt B, Maywald G F, 1995. Potential geographical distribution of alligator weed and its biological control by *Agasicles hygrophila*[J]. Journal of Aquatic Plant Management, 33: 55–60.

Julien M H, Stanley J N, 1999. The management of alligator weed, a challenge for the new millennium[R]// Ensbey R, Blackmore P, Simpson A. Proceedings of the 10th Biennial Noxious Weeds Conference. Ballina, Australia: NSW Agriculture: 2–13.

Kay S H, Haller W T, 1982. Evidence for the existence of distinct alligator weed biotypes[J]. Journal of Aquatic Plant Management, 20: 37–41.

Liu D, Wang R, Gordon D R, et al., 2017. Predicting plant invasions following China's Water Diversion Project[J]. Environmental Science & Technology, 51(3): 1450–1457.

Maddox D M, 1968. Bionomics of an alligator weed flea beetle, *Agasicles* sp. in Argentina[J]. Annals of the Entomological Society of America, 61: 1300–1305.

Mears J A, 1977. The nomenclature and type collections of the widespread taxa of *Alternanthera* (Amaranthaceae)[J]. Proceedings of the Academy of Natural Sciences of Philadelphia, 129: 1–21.

Parsons W T, Cuthbertson E G, 1992. Noxious weeds of Australia[M]. Melbourne, Australia: Inkata Press: 154–157.

Pedersen T M, 1967. Studies in South American *Amaranthaceae*[J]. Darwiniana, 14(2/3): 430–463.

Pramod K, Sanjay M, Satya N, 2008. *Alternanthera philoxeroides* (Mart.) Griseb. An addition to Uttar Pradesh[J]. Journal of Indian Botanical Society, 87: 285–286.

Roberts L I N, Sutherland O R W, 1986. *Alternanthera philoxeroides* (C. Martius) Grisebach, Alligator weed (Amaranthaceae)[M]// Cameron P J, Hill R L, Bain J, Thomas W P. A review of biological control of invertebrates pests and weeds in new Zealand 1874 to 1987. Wallingford (GB): CABI Publishing, CAB International Institute of Biological Control: 325–330.

Shen J Y, Shen M Q, Wang X H, et al., 2005. Effect of environmental factors on shoot emergence and vegetative growth of alligator weed (*Alternanthera philoxeroides*)[J]. Weed

Science, 53(4): 471–478.

Sosa A J, Greizerstein E, Cardo M V, et al., 2008. The evolutionary history of an invasive species: alligator weed, *Alternanthera philoxeroides*[C]// Julien M H, Sforza R, Bon M C, et al. Proceedings of the XII International Symposium on Biological Control of Weeds. Wallingford, UK: CAB International: 435–442.

Vogt G B, McGuire J U, Cushman A D, 1979. Probable evolution and morphological variation in South American Disonychine flea beetles (Coleoptera: Chrysomelidae) and their Amaranthaceous hosts[R]. United States: Department of Agriculture, Science and Education Administration, USDA Technical Bulletin 1593: 148.

Wu S H, Aleck Yang T Y, Teng Y C, et al., 2010. Insights of the latest naturalized flora of Taiwan: change in the past eight years[J]. Taiwania, 55(2): 139–159.

Xu C Y, Zhang W J, Fu C Z, et al., 2003. Genetic diversity of alligator weed in China by RAPD analysis[J]. Biodiversity & Conservation, 12: 637–645.

Ye W H, Li J, Cao H L, et al., 2003. Genetic uniformity of *Alternanthera philoxeroides* in South China[J]. Weed Research, 43(4): 297–302.

Zhu Z, Zhou C C, Yang J, 2015. Molecular phenotypes associated with anomalous stamen development in *Alternanthera philoxeroides*[J]. Frontiers in plant science, 6: 242.

3. 刺花莲子草 *Alternanthera pungens* Kunth, Nov. Gen. Sp. (ed. 4) 2(7): 206. 1818. ——*Achyranthes repens* Linnaeus, Sp. Pl. 1: 205. 1753. ——*Alternanthera repens* (Linnaeus) J. F. Gmelin, Syst. Nat. 2(1): 106. 1791.

【别名】 地雷草

【特征描述】 多年生草本。茎披散匍匐，密生伏贴白色硬毛，多分枝，常呈棕红色，主根明显。叶对生，对生之两叶大小不等，叶片卵形、倒卵形或椭圆倒卵形，最长处与最宽处近等长，顶端圆钝，具短尖头，具短柄。头状花序无总花梗，1～3个腋生，球形或矩圆形，白色；小苞片与苞片披针形，小苞片顶端渐尖，无刺，苞片顶端有锐刺；花被片5，大小不等，近基部疏生柔毛，2外花被片披针形，花期后变硬，中脉伸出成锐刺，中部花被片长椭圆形，近顶端牙齿状，2内花被片较小；雄蕊5，退化雄蕊边缘齿状，短于正常雄蕊；花柱极短。胞果宽椭圆形，极扁平，常包裹于宿存的多刺花被片中；种子细小，外表光滑，透镜状。**染色体**：2*n*=64（Robertson, 1981）。**物候期**：花果期为5—10月。

【原产地及分布现状】 原产于南美洲（Robertson, 1981）。主要分布于世界热带与亚热带地区，半干旱与温暖的温带地区也有分布，在欧洲仅比利时（Verloove, 2006）、西班牙（Carretero, 1990）和意大利（Iamonico & Sánchez-del Pino, 2016）等国家有报道分布。**国内分布**：福建、广东、海南、四川、云南、香港。

【生境】 喜沙质土壤，常生长于扰动较为频繁的生境中，如路边荒地、公园绿地、草坪、农田、河岸和海滨等地，也见于干热河谷和具沙质土壤的天然草场或牧场之中。

【传入与扩散】 **文献记载**：该种在中国最早的记录见于1979年出版的《中国植物志》第25卷第2册，记载该种发现于福建厦门海边（关克俭，1979）。李振宇和解焱于2002年首次将刺花莲子草作为外来入侵种报道，并指出其蔓延很快（李振宇和解焱，2002）。**标本信息**：P00136008（Neotype: P）。Mears 在1977年曾报道过关于该种的一份主模式标本（P00136008）（Mears, 1977），这份标本采自委内瑞拉境内的奥里诺科河流域。但由于 Kunth 命名该种时未指定任何模式，因此 Iamonico 和 Sánchez-del Pino 认为此主模式无效，又因为 Mears 所报道的主模式标本缺乏采集日期，该种的原始材料已无迹可寻，因此他们将 Mears 所报道的那份标本指定为刺花莲子草的新模式（Iamonico & Sánchez-del Pino, 2016）。该种在中国较早的标本记录为1957年采自四川省西昌市泸山的标本（李德久 3686）（CDBI），之后数十年的标本记录多集中于西南地区。**传入方式**：具体传入方式不详，应为无意传入。如上所述，其可见的最早的标本于1957年采自四川省泸山，因此认为该种于1957年在四川泸山首次发现（李振宇和解焱，2002；万方浩 等，2012）。此外，也有报道称该种自20世纪50年代初以来先后出现在福建（厦门）和海南（昌江）的海边或旷地（曹坳程 等，2004），由此可知其传入时间可能在1950年前后。**传播途径**：主要传播介质为种子，偶尔为植物片段，常经由货物运输（如粮食贸易）、人畜携带等无意识的行为而传播，同时自然因素如风、水流等也有助于其传播扩散。**繁**

殖方式：主要以种子繁殖，也可以茎节等植物片段进行营养繁殖。**入侵特点**：① 繁殖性　刺花莲子草具粗壮的直根，且其茎节处生大量不定根，可在地表迅速形成密集的垫子。该种的种子产量大，几乎每一茎节的叶腋处均有成熟果实，且种子活力强，可在两年内保持萌发活性（Parsons & Cuthbertson, 2001）。② 传播性　刺花莲子草的果实成熟时具刺，易附着于衣物、动物皮毛以及汽车轮胎和其他设备中，因此在交通繁忙的区域常沿着道路迅速传播，此外也容易混入粮食中随粮食运输远距离传播，茎节等植物片段常随农业耕作传播，因此该种被无意传播扩散的风险较大。③ 适应性　刺花莲子草为地下芽植物，其休眠芽可度过不良环境，在环境允许时萌发，形成新的植株。其主根深入地下，这使得该种非常耐旱，可在干旱地带建立种群，且对盐度的耐受范围广。有研究表明该种在低水条件下的生物量要高于强入侵种空心莲子草和土著种莲子草的生物量，在低水低肥和低水高肥环境中都显示出显著优势（王坤 等，2010），说明其对土壤条件的适应性强。另外，刺花莲子草还是 C_4 植物，在干旱炎热、光照强度高的地区有明显选择上的优势（Rajendrudu et al., 1986）。**可能扩散的区域**：王坤等（2010）的研究发现刺花莲子草更有可能在干燥的生境中扩散，在相对干旱的地区，该种有可能表现出比喜旱莲子草更强的入侵性，并造成大规模入侵的现象（王坤 等，2010），因此中国西部相对干旱的地区具有较高的入侵风险。

【危害及防控】　**危害**：该种扩散快，生长速率高，易在地表形成草垫，排挤本地物种，危害农业生产及公园绿化，尤其是对草坪的危害甚大（Hephner et al., 2013）。其苞片及花被片顶端具刺，易穿透皮肤，导致皮炎，危害人类健康，且对牲畜（尤其是猪、羊和牛）有毒，易导致动物患皮肤病，误食易引起消化紊乱。此外刺花莲子草是一种仙人掌粉蚧（*Hypogeococcus pungens*）的寄主（Granara de Willink, 1981）。针对该种的入侵能力，对其在海南省与福建省厦门市的风险评估表明，其在海南与厦门均存在一定的入侵风险（欧健和卢昌义，2006；彭宗波 等，2013）。**防控**：可在结果前彻底铲除，注意需将其深入地下的主根一并铲除，并避免遗留植株片段。在草坪的养护中普通的刈割处理对控制其危害并无明显效果（Hephner et al., 2013）。对于危害草坪的刺花莲子草种群而言，有效的化学防治手段十分有限，目前的研究表明三氟啶磺隆（Trifloxysulfuron）是控制草坪中刺花莲子草种群的唯一有效除草剂，出苗后使用效果较好，随着植株成熟，其对芽后除草剂变得耐受（Hephner et al., 2012）。

【凭证标本】 福建省莆田市湄洲岛鹅尾神石园附近，海拔 9 m，25.031 3°N，119.116 7°E，2017 年 6 月 24 日，严靖、张文文 RQHD03664（CSH）。

【相似种】 加拉加斯莲子草（新拟）（*Alternanthera caracasana* Kunth）。刺花莲子草与该种相近，花被片均具刺，它们之间的区别为：刺花莲子草叶的长与宽近等长（而非最长处长于最宽处），花被片疏被长柔毛（而非密被绒毛），退化雄蕊的边缘齿状（而非全缘）。加拉加斯莲子草原产于美洲，在中国无关于该种的报道，但作者在海南省和广东省发现该种有少量分布，鉴于莲子草属植物繁殖能力强、传播扩散快的特点，应对该种的种群动态进行监控，防止入侵危害发生。

刺花莲子草（*Alternanthera pungens* Kunth）
1. 生境；2. 植株；3. 花枝；4. 叶；5.～6. 花序；7. 果序

相似种：加拉加斯莲子草（*Alternanthera caracasana* Kunth）

参考文献

曹坳程, 郭美霞, 张向才, 等, 2004. 中国主要的外来恶性杂草及防治技术 [J]. 中国植保导刊, 24 (3): 4-7.

李振宇, 解焱, 2002. 中国外来入侵种 [M]. 北京: 中国林业出版社: 104.

关克俭, 1979. 苋科 [M] // 中国植物志编辑委员会. 中国植物志（第二十五卷, 第二册）. 北京: 科学出版社: 236.

欧健, 卢昌义, 2006. 厦门市外来植物入侵风险评价指标体系的研究 [J]. 厦门大学学报（自然科学版）, 45 (6): 883-888.

彭宗波, 蒋英, 蒋菊生, 2013. 海南岛外来植物入侵风险评价指标体系 [J]. 生态学杂志, 32 (8): 2029-2034.

万方浩, 刘全儒, 谢明, 2012. 生物入侵: 中国外来入侵植物图鉴 [M]. 北京: 科学出版社: 128-129.

王坤, 杨继, 陈家宽, 2010. 不同土壤水分和养分条件下喜旱莲子草与同属种生长状况的比较研究 [J]. 生物多样性, 18 (6): 615-621.

Carretero J L, 1990. *Alternanthera* Forrsk[M]// Castroviejo S, Lainz M, López González G, et al. Flora Iberica: Volume 2. Madrid: Real Jardin Botánico, CSIC: 557–559.

Granara de Willink M C, 1981. New species of *Hypogeococcus* Rau of Tucumán, Argentina Republic[J]. Neotropica, 27: 61–65.

Hephner A J, Cooper T, Beck L L, et al., 2012. Sequential postemergence applications for the control of khakiweed in bermudagrass turf. HortScience, 47(3): 434–436.

Hephner A J, Cooper T, Beck L L, et al., 2013. Khakiweed (*Alternanthera pungens* Kunth) growth response to mowing height and frequency[J]. HortScience, 48(10): 1317–1319.

Iamonico D, Sánchez-del Pino I, 2016. Taxonomic revision of the genus *Alternanthera* (Amaranthaceae) in Italy[J]. Plant Biosystems, 150(2): 333–342.

Mears J A, 1977. The nomenclature and type collections of the widespread taxa of *Alternanthera* (Amaranthaceae)[J]. Proceedings of the Academy of Natural Sciences of Philadelphia, 129: 1–21.

Parsons W T, Cuthbertson E G, 2001. Khaki weed[M]// Parsons W T. Noxious weeds of Australia. Collingwood, VIC, Australia: CSIRO Publishing: 158–159.

Rajendrudu G, Prasad J S R, Das V S R, 1986. C_3–C_4 intermediate species in *Alternanthera* (Amaranthaceae)[J]. Plant Physiology, 80(2): 409–414.

Robertson K R, 1981. The genera of *Amaranthaceae* in the southeastern United States[J]. Journal of the Arnold Arboretum, 62: 267–314.

Verloove F, 2006. Catalogue of neophytes in Belgium (1800–2005)[M]// Robbrecht E. Scripta botanica belgica: Volume 39: Meise, Belgium: National Botanic Garden: 1–89.

2. 苋属 *Amaranthus* Linnaeus

一年生草本，雌雄同株或异株，无毛或被毛。茎直立、斜升或平卧生长，常分枝，偶不分枝；通常不具刺（刺苋 *Amaranthus spinosus* Linnaeus 除外）。叶互生，具柄；叶片菱状卵形、卵圆形、倒卵形、匙形、披针形或圆形至线形，基部圆形至狭楔形，边缘常全缘，微波状或皱缩，稀具波状啮齿，先端急尖、钝或微凹，常具小尖头。花序顶生或腋生，复合二歧聚伞花序排列成穗状、总状、圆锥状或团簇状；顶生花序常具托叶。苞片卵形、披针形、钻形或三角形；雌花苞片不具龙骨突；小苞片缺失或 1～2 个。花单性。雌花花被片缺失或（1～）3～5，离生或显著合生（合被苋 *Amaranthus polygonoides* Linnaeus），等长或外侧花被片长于内侧花被片，常膜质；雌蕊 1；子房 1；柱头 2～3（～5）；雄花花被片 3～5，等长或近等长；雄蕊 3～5，花丝明显，花药 4 室。胞果由内侧花被片松散包被，偶尔具明显的 3（～5）纵棱，卵形，或长卵形，果皮薄，膜质，平滑、皱缩或具瘤突，规则周裂、不规则开裂或不裂。种子 1，近球形或双凸透镜状，常具光泽，有时具不明显点状突起或网状结构；胚环状。染色体基数 $x=14$、16、17。

苋属全世界约 74 种，其中 55 种原产于美洲，其余 19 种原产于欧亚大陆、非洲南部和大洋洲（Waselkov, 2018），其物种多样性中心位于暖温带、亚热带和热带地区（Mosyakin & Robertson, 2003）。苋属的英文名称为 "pigweed"，许多种类为伴人植物（Sauer, 1957）。由于既可食用又有营养，几千年来部分苋属植物在人类的饮食文化中占有重要地位（Kent, 1991; Gremillion, 2004; Jin et al., 2014）。自 1753 年 Linnaeus 建立苋属以来，由于物种的差异较大，尤其是雌雄同株和雌雄异株、果实开裂或不开裂，而被认为是不同的属（Linnaeus, 1753; Kunth, 1838）。综合花序位置、花被片数量和果实开裂方式等形态学特征，多数学者支持将苋属划分为三个亚属：subgenus *Acnida*、subgenus *Amaranthus*、subgenus *Albersia*（Mosyakin & Robertson 1996）。

美国农业部（USDA）将苋属 9 种植物列为恶性入侵种（Southern Weed Science Society, 1998），有 21 种作为农业杂草被列入 Global Compendium of Weeds（Randall, 2007），该属是美国杂草科学研究的重点，对其开展的研究比任何其他属的植物都要多。中国共发现苋属植物 18 种，除腋花苋（*Amaranthus roxburghianus* Kung）外，其余 17 种均为外来植物。在这些植物中，既有对生态环境和农业产生危害的杂草苋（野生的），也有应用于农业领域的蔬菜苋和籽粒苋。目前在我国用作蔬菜的主要是苋（*Amaranthus tricolor* Linnaeus），籽粒苋是苋属植物中粒用型苋的总称，主要包括老鸦谷（*Amaranthus cruentus* Linnaeus）、老枪谷（*Amaranthus caudatus* Linnaeus）和千穗谷（*Amaranthus hypochondriacus* Linnaeus），20 世纪80 年代，我国引入籽粒苋，并大力推广种植（岳绍先和孙鸿良，1992）。

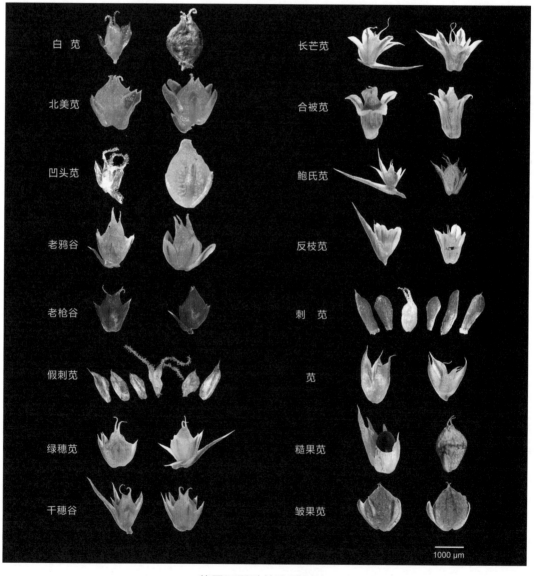

白苋　　　　　　　　　　　　长芒苋

北美苋　　　　　　　　　　　合被苋

凹头苋　　　　　　　　　　　鲍氏苋

老鸦谷　　　　　　　　　　　反枝苋

老枪谷　　　　　　　　　　　刺苋

假刺苋　　　　　　　　　　　苋

绿穗苋　　　　　　　　　　　糙果苋

千穗谷　　　　　　　　　　　皱果苋

1000 μm

苋属不同种的胞果对比

苋（*Amaranthus tricolor* Linnaeus）又名三色苋、雁来红。原产于热带亚洲，是南亚和东南亚最主要的蔬菜之一（Grubben，2004）。于史前时期驯化，并由印度移民引入非洲，偶尔种植于大城市附近，是非洲东部和南部稀有的外来蔬菜，分布于非洲、加勒比海和太平洋岛屿，在非洲和西印度群岛被当作入侵种。在北美洲，在苋栽培地附近偶见逃逸植株，但尚未建立种群（Mosyakin & Robertson，2003）。苋在我国较早的记载见于《救荒本草》（1406），现主要作为蔬菜栽培，偶见逸生。该种与绿穗苋（*Amaranthus hybridus* Linnaeus）形态相似，但前者花密集成花簇，生于叶腋，茎顶端的花集成下垂的穗状花序，易与绿穗苋区别。

老鸦谷（*Amaranthus cruentus* Linnaeus）又名繁穗苋、西天谷、天雪米。可能原产于中美洲，现遍布于世界热带和亚热带地区。其最早记录可追溯到 6 000 年前的墨西哥（Puebla，Tehuacan），当地出土的文物显示那时已经出现了老鸦谷白色种子的种类（Sauer，1950）。因此大部分学者认为，老鸦谷可能起源于墨西哥南部及中美洲，在欧洲、中国、印度、东南亚和非洲等地作为染料植物、观赏植物和野菜广泛种植。关于籽粒苋起源的两种观点都认为老鸦谷来自野生的绿穗苋（*A. hybridus*）（Sauer，1950）。Sauer 在原产地及非洲都发现了这两个种的中间过渡类型，并将老鸦谷分为两个地理宗，一个为 Mexican Race，主要在墨西哥作为谷物种植；另一个为 Common Race，作为谷物只在危地马拉的三个地方种植，作为观赏植物，在世界大部分地区种植，偶尔逸生，其标本已经在多个地区采集到，在中国的安徽、江苏和浙江都有发现。有关老鸦谷的传播，Sauer（1955）认为它是殖民地时期由西班牙人带入欧洲，并由欧洲逐渐向亚洲和非洲扩散。具有黑色种子和深红色植株类型的老鸦谷虽然已在热带亚洲和非洲广泛作为饲料、染料、蔬菜或观赏植物栽培，但在旧大陆还未作为大宗谷物来种植。老鸦谷的栽培型可能是在殖民地时期被引入到旧大陆的热带和亚热带地区，现在已成为遍布非洲热带所有国家的传统蔬菜和谷物（Grubben & Denton，2004），还在日本和南美洲的许多地方栽培（Ohwi, 1965; Towle, 1961），生产力极高（Facciola, 1990），红色类型的老鸦谷（可能是栽培衍生的）在温带地区也作为观赏植物进行栽培，偶尔逃逸（Townsend, 1985）。林奈基于来自中国的植物描述了老鸦谷，说明老鸦谷在此之前已经在中国有分布。Moquin-Tandon（1849）记录了老鸦谷在中国有分布。老鸦谷结实量高，每株植物多达 100 000 粒种子，种子小，2 500～3 500 粒 /g（Grubben & Denton, 2004），可随风力、水流、动物等进行传播。老鸦谷是适应能力很强的籽粒苋，喜欢有阳光且排水良好的肥沃土壤，开花时长比同属其他种更长（Facciola, 1990）。Thellung（1914）对老鸦谷重新进行了描述，*A. cruentus* 在亚洲的许多标本被鉴定为 *Amaranthus paniculatus* Linnaeus，该名称被 Thellung 和 Standley 处理为 *A. cruentus* 的异名。目前老鸦谷在我国大多数处于栽培状态，在野外偶有发现因栽培而逃逸的植株，后期需加强管理。

老枪谷（*Amaranthus caudatus* Linnaeus）又名尾穗苋，起源于南美洲安第斯山区，在美洲和欧洲等地作为谷物或观赏植物栽培（Sauer, 1967）。清朝康熙年间方式济著的《龙沙纪略》记载黑龙江有栽培。国内分布于黑龙江、吉林、内蒙古、山西、河北、北京、陕西、甘肃、新疆、湖北、江西、安徽、福建、重庆、四川和云南等地，主要作为观赏植物栽培，偶见生长于村落边、田边、荒地等处。因圆锥花序下垂，中央花穗尾状，花穗顶端钝，苞片及花被片顶端芒刺不明显，花被片比胞果短等特征而有别于老鸦谷。老枪谷作为比较古老的籽粒苋，在世界各地栽培历史悠久。目前该种在我国主要为栽培状态，偶见逸生，尚未形成入侵。考虑到该种具备入侵种的生物学特性，需加强监管。

千穗谷（*Amaranthus hypochondriacus* Linnaeus）又名天仙米、天须米、天星苋。Linnaeus（1753）将一份类似于绿穗苋，但花序更为直立多彩的标本定名为千穗谷。千穗谷原产于墨西哥西北部和中部。Sauer 认为千穗谷可能是北美洲野生的鲍氏苋（*Amaranthus powellii* S. Watson）和栽培的老鸦谷（*A. cruentus*）的杂交种，一些分子生物学实验的结论也支持这一观点（Transue et al., 1994; Chan & Sun, 1997），它的近缘野生种鲍氏苋和老鸦谷在北美洲也很普遍。Sauer（1950）将 *Amaranthus leucocarpus* S. Watson（千穗谷的异名）划分为三个地理宗，分别为 Common Race、Arizona Race 和 Aberrant Race，其中 Common Race 分布最为普遍，除在美洲做谷物栽培外，在欧洲、美国、非洲等地的花园中常作为观赏植物，在亚洲伊朗、阿富汗、喜马拉雅山区系及中国多地有引种栽培。中国早期对千穗谷的记载见于清代的地方志。清雍正十二年（1734）的《山西通志》在有关宁武府的物产中就提到"千穗谷，高四五尺，叶阔而尖，苗带赤色，其茎可作杖，叶旁皆穗，故名。子碎小、光滑、粘而可食"。光绪五年（1879）的河北《保定府志稿》中记载"千穗谷小穗丛生，粒精而细，名曰玉米，家园间有之"。根据上述地方志的记载，说明至迟在公元 1734 年之前，在山西就有千穗谷的种植，之后在河北也有栽培，实际上可能千穗谷的种植时间还要早，分布的范围还要广。千穗谷现在中国的四川、云南、贵州、广西、西藏、河北、江苏、山东、山西及东北等地作为蔬菜和谷物栽培，偶有逸生。因其种子小，每克有 2 500～3 500 粒种子（Grubben, 1993），结实量大，因此需加强管理。

苋（*Amaranthus tricolor* Linnaeus）

1. 生境；2. 幼苗；3. 叶；
4.～6. 花序；7. 花和胞果

老鸦谷（*Amaranthus cruentus* Linnaeus）

1. 生境；2.～3. 花序；4. 叶；5. 花特写；6. 花和胞果

老枪谷（*Amaranthus caudatus* Linnaeus）

1. 生境；2. 叶；3. 花序；4. 胞果

千穗谷（*Amaranthus hypochondriacus* Linnaeus）

1. 生境；2. 花序；3. 花特写；4. 胞果；5. 种子

参考文献

岳绍先, 孙鸿良, 1992. 籽粒苋在中国的研究和发展 [J] . 中国农垦, 1: 22–23.

Chan K E, Sun M, 1997. Genetic diversity and relationships detected by isozyme and RAPD analysis of crop and wild species of *Amaranthus*[J]. Theoretical and Applied Genetics, 95: 865–873.

Facciola S, 1990. Cornucopia–a source book of edible plants[M]. Vista, CA: Kampong Publications.

Gremillion K J, 2004. Seed processing and the origins of food production in eastern North America[J]. American Antiquity 69: 215–233.

Grubben G J H, 1993. *Amaranthus*[M]// Siemonsma J S, Piluek K. Plant resources of South-East Asia No 8. vegetables. Wageningen, Netherlands: Pudoc Scientific Publishers: 82–86.

Grubben G J H, Denton O, 2004. Plant Resources of Tropical Africa 2. Vegetables[M]. Leiden: PROTA Foundation.

Jin G, Wu W, Zhang K, et al., 2014. 8000-year old rice remains from the north edge of the Shandong Highlands, East China[J]. Journal of Archaeological Science 51: 34–42.

Kent S, 1991. Excavations at a small Mesa Verde Pueblo II Anasazi site in southwestern Colorado[J]. The Kiva, 57: 55–75.

Kunth K S, 1838. *Albersia*[M]// Flora Berolinensis: Volume 2. Berlin: Duncker and Humblot: 144–145.

Linnaeus C, 1753. *Amaranthus*[M]// Species plantarum: Volume 2. Stockholm: Laurentius Salvius: 989–991.

Moquin-Tandon C H B, 1849. Amaranthaceae[M]// De Candolle. Prodromus systematis naturalis regni vegetabilis. Parisiis: Victoris Masson, 13(2): 231–424.

Mosyakin S L, Robertson K R, 1996. New infrageneric taxa and combinations in *Amaranthus* L. (Amaranthaceae)[J]. Annales Botanici Fennici, 33: 275–281.

Mosyakin S L, Robertson K R, 2003. *Amaranthus*[M]// Flora of North America Editorial Committee. Flora of North America: North of Mexico: Volume 4. New York and Oxford: Oxford University Press: 410–435.

Ohwi G, 1965. Flora of Japan[M]. Washington, D C: Smithsonian Institution.

Randall R P, 2007. Global Compendium of weeds[R/OL]. (2017–06–30) [2018–07–15]. http://www. hear.org/gcw/ (last accessed June 2017).

Sauer J D, 1950. The grain Amaranths: a survey of their history and classification[J]. Annals of the Missouri Botanical Garden, 37(4): 561–632.

Sauer J D, 1955. Revision of the dioecious Amaranths[J]. Madroño, 13(1): 5–46.

Sauer J D, 1957. Recent migration and evolution of the dioecious Amaranths[J]. Evolution, 11: 11–31.

Sauer J D, 1967. The grain Amaranths and their relatives: A revised taxonomic and geographic survey[J]. Annals of the Missouri Botanic Garden, 54(2): 103–137.

Southern Weed Science Society, 1998. Weeds of the United States and Canada[CD]. Version 2.0 champaign, Westminster, CO: Southern Weed Science Society.

Thellung A, 1914. *Amaranthus*[M]// Ascherson P, Graebner, P. Synopsis der Mitteleuropaischen flora: Volume 5. Leipzig: Verlag von Gebrdüer Borntraeger: 225–356.

Towle M A, 1961. The Ethnobotany of Pre-Columbian Peru[M]. Chicago: Distributed through Current anthropology for the Wenner-Gren Foundation for Anthropological Research.

Townsend C C,1985. Amaranthaceae[M]// Polhill R M. Flora of tropical East Africa. Boston, Rotterdam: Balkema A A: 1–136.

Transue D K, Fairbanks D J, Robison L R, et al., 1994. Species identification of RAPD analysis of grain *Amaranthus* genetic resources[J]. Crop Science, 34(5): 1385–1389.

Waselkov K E, Boleda A S, Olsen K M, 2018. A phylogeny of the genus *Amaranthus* (Amaranthaceae) based on several low-copy nuclear loci and chloroplast regions[J]. Systematic Botany, 43(2): 439–458.

分种检索表

1　植物体雌雄异株 ······ 2
1　植物体雌雄同株 ······ 3
2　雌花常无花被片；胞果不开裂；苞片长 1～1.5 mm；雄花花被片近等长，具薄的不贯穿的中脉 ······ 11. 糙果苋 *A. tuberculatus* (Moq.) J. D. Sauer
2　雌花花被片 5，发育完全；胞果周裂；苞片长 4～6 mm；雄花花被片不等长，外侧最长的花被片具显著伸出的中脉 ······ 6. 长芒苋 *A. palmeri* S. Watson
3　植株具着生于叶腋的刺；苞片在腋生花簇和顶生穗状花序的基部特化成坚硬的刺 ······ 10. 刺苋 *A. spinosus* Linnaeus
3　植株不具刺 ······ 4
4　花被通常（2～）3 或缺失，一些物种 4～5，植株上升，匍匐或直立；通常情况下腋生花序密集成簇或短穗状，一些物种具顶生花序，胞果开裂或不开裂 ······ 5
4　花被通常（4～）5；植株通常直立，穗状至圆锥花序顶生和腋生；胞果开裂 ······ 13

5 雌花被片 2～3 或缺失 ······ 6

5 雌花被片 4 或 5 ······ 11

6 胞果具 4～5 棱，雌花花被片缺失 ······ 薄叶苋 *A. tenuifolius* Willdenow

6 胞果平滑或皱缩，不具棱；雌花花被片 2～3 ······ 7

7 植株具顶生穗状或圆锥花序 ······ 8

7 植株具腋生花簇或短穗状花序 ······ 10

8 雌花宿存花被片明显超过胞果，绿色中脉延伸至先端，具芒 ······ 苋 *A. tricolor* Linnaeus

8 雌花宿存花被片明显短于胞果，先端宽急尖，不具芒 ······ 9

9 植株腋生花簇；顶生圆锥花序较短且粗壮；叶先端微凹明显至几乎两裂 ······

······ 3. 凹头苋 *A. blitum* Linnaeus

9 植株花序顶生或腋生，穗状花序或集成圆锥花序，较长，细弱，无腋生花簇，叶先端钝，

圆形或微凹 ······ 12. 皱果苋 *A. viridis* Linnaeus

10 雌花花被片 2～3；叶片倒卵形至狭匙形；茎白色；腋生花簇或短穗状花序 ······

······ 1. 白苋 *A. albus* Linnaeus

10 雌花花被片 3；叶片菱状卵形或矩圆形；茎绿色偶呈淡粉色；腋生花簇 ······

腋花苋 *A. roxburghianus* H. W. Kung

11 叶片边缘具白色细边，较光亮；雌花花被片 4 或 5，不等长 ······

······ 2. 北美苋 *A. blitoides* S. Watson

11 叶片绿色，不具光泽；雌花花被片 5，等长或近等长 ······ 12

12 雌花花被片 5，在下部 1/3 处合生成筒状 ······ 7. 合被苋 *A. polygonoides* Linnaeus

12 雌花花被片 5，下部不合生，具爪 ······ 菱叶苋 *A. standleyanus* Parodi ex Covas

13 全株密被短柔毛 ······ 14

13 植株无毛或花序部分微有毛 ······ 15

14 雌花花被片匙状倒卵形，先端微钝，具短尖头，雌花宿存花被片长度明显超过胞果 ······

······ 9. 反枝苋 *A. retroflexus* Linnaeus

1. 白苋 *Amaranthus albus* Linnaeus, Syst. Nat. (ed. 10) 2: 1268. 1759.

【特征描述】 一年生草本，高 0.3～0.8 m。茎直立或上升，从基部分枝，分枝铺散，绿白色，无毛或具细柔毛。叶片倒卵形或匙形，长 0.5～2 cm，宽 0.2～1 cm，基部渐狭，狭楔形，边缘全缘，有时具明显的波状，先端钝，具短尖头；叶柄长度为叶片的 1/2。花序腋生，团簇状，或成短穗状花序，呈绿色、绿白色或淡黄色，较小。苞片钻状至线状披针形，狭长，长 0.2～0.3 cm，稍坚硬，有明显绿色中脉，延伸至顶端，具芒尖，雌花苞片钻形，长约为花被片的 2 倍。雌花花被片 3，有时 2，狭卵形至线形，长 0.8～1.1 mm，等长或近等长，明显短于苞片，稍呈薄膜状，先端急尖，柱头 3，直立或开展，流苏状；雄花与雌花簇生，较小，花被片 3，披针形，长约 1 mm，具绿色中脉，雄蕊 3，花药黄色。胞果扁平，倒卵形，较薄，长 1.2～1.8 mm，长于宿存花被片（宿存花被片长 1～1.4 mm），上部粗糙稍有皱纹，环状横裂。种子倒卵

形至圆形，直径约 0.1 cm，呈黑色至黑棕色，双凸透镜状，有光泽。**染色体**：2*n*=32
（美国，Heiser & Whitaker，1948）或 2*n*=34（印度，Sharma & Banik，1965）。**物候期**：
花果期为 7—10 月。

【原产地及分布现状】 原产于北美洲中部的平原地区（Gleason & Cronquist，1991），随
后向北美洲南部和东南部的干旱沙漠和峡谷扩散，向北到达北美洲北部更冷更潮湿的
地区。1821 年 Holmes 在加拿大蒙特利尔市的铁路沿线采到标本（Rousseau，1968），
Macoun（1886）记录白苋在加拿大不列颠哥伦比亚省各城镇附近的垃圾堆上广泛归
化，并沿着铁路扩散蔓延。目前该种遍布南美洲、非洲、澳大利亚和欧亚大陆（Palmer，
2009）。**国内分布**：在北京、河北、河南、黑龙江、吉林、辽宁、内蒙古、陕西、山东、
山西、天津、新疆等地入侵，在贵州、湖北、湖南、上海等地有文献报道其入侵，2000
年有人在广西北海采到标本，但野外调查均未发现稳定的种群，可能为粮食进口或偶然
无意带入。有一份采自海南的标本，经核实为错误鉴定。

【生境】 常生长在瘠薄干旱的沙质土壤上，铁路和公路边、荒地、房前屋后、垃圾场和
农作物地（春季谷物和其他谷物、冬小麦、油菜、芥菜、向日葵、亚麻、棉花、果园、
苗圃、葡萄园等）。

【传入与扩散】 **文献记载**：白苋在中国最早的记载见于 1935 年出版的《中国北部
植物图志》（孔宪武，1935）；徐海根和强胜（2004）报道该种为外来入侵种。**标本
信息**：Herb. Linn. No. 1117.1（Lectotype: LINN）。这份标本采自美国宾夕法尼亚州
的费城，该后选模式由 Raus 指定（Raus，1997）。中国较早的标本是 1915 年采自天
津塘沽（TIE00046378）和 1929 年采自北平（现北京）的标本（F. T. Wang 20338，
N079046082，IBSC0155786）。**传入方式**：未查到明确的传入记录，1932 年采自北平
（现北京）的白苋标本记录显示其生境为杂草地，可能当时已经逸生，且在以往的文献
资料中，白苋没有实际的用途，因此推测是夹杂在进口粮食中无意带入我国的，结合
标本采集记录，其传入时间应早于 1915 年。**传播途径**：种子通过水流、风力或被鸟

类和其他动物取食或排泄后传播，可随农机具污染进行传播，其种子也可以在高温下存活并随着堆肥的使用而被传播（Costea & Tardif, 2003）。**繁殖方式**：种子繁殖。**入侵特点**：① 繁殖性　种子数量多，单株白苋可产生 92 000～400 000 粒种子（Hügin, 1986; Stevens, 1932）。② 传播性　白苋的茎不断分枝，植物体最终成为有助于种子传播的半球形（Costea & Tardif, 2003），秋末植株枯萎后，可被连根拔起或在地面上断开，然后整个植物体被风带到很远的地方，随着茎干脱落，种子逐渐释放，随风传播（Muzik, 1970）；羊取食白苋种子后，通过咀嚼和消化后种子损失 11%～50%（Seoane et al., 1998），其余种子可萌发。③ 适应性　气候适应性广泛，可以在典型温带条件下（海拔约 1 000 m）的杂草群落、美国西南部的沙漠（海拔 2 000～2 200 m）中生长。适合于多种土壤，在瘠薄高温干旱的沙漠亦生长良好。白苋种子的萌发和幼苗生长需要的最低温度为 12～15℃，基础温度约为 15.7℃（Steinmaus et al., 2000）；白苋凭借自身的光合特性，在高光强度和温度的情况下具有很强的竞争力，在温度和湿度条件适宜的情况下，整个生长季都会萌发和生长（Manabe & Itoh, 1990）。**可能扩散的区域**：逐渐向中国长江以南地区扩散。

【危害及防控】　**危害**：白苋在加拿大的马尼托巴省被列为恶性杂草，可使棉（*Gossypium birsutum* Linnaeus）、大豆［*Glycine max* (L.) Merrill］、玉米（*Zea mays* Linnaeus）等农作物减产（Rushing et al., 1985; Vizantinopoulos & Katranis, 1994, 1998）；在西班牙、南斯拉夫和土耳其等地，白苋是非灌溉农田中的优势杂草（Carretero, 1995; Pohl et al., 1998），也是部分昆虫、线虫和病毒的寄主（Gaskin, 1958; Kaiser & Hannan, 1983; Amin & Budai, 1994），能对作物造成相当大的破坏。**防控**：加强检验检疫，减少种子输入；加强对作物田的管理，对于已经发芽的植株，在种子成熟之前拔除；必要时使用除草剂进行防除。

【凭证标本】　辽宁省铁岭市银州区南环路人民公园，海拔 3 m，39.021 8°N，121.787 3°E，2014 年 8 月 24 日，齐淑艳 RQSB03458（CSH）；新疆维吾尔自治区阿勒泰地区布尔津县吉木乃口岸，海拔 769 m，42.942 5°N，89.179 1°E，2015 年 8 月 24 日，张勇 RQSB01863

（CSH）；河南省新乡市牧野区风机总产附近，海拔 75 m，35.341 6°N，113.964 0°E，2016 年 11 月 8 日，刘全儒、何毅等 RQSB09625（CSH）。

【相似种】 南非苋（*Amaranthus capensis* Thellung）。该种原产于南非，在德国、比利时和英国有入侵报道，常发现于皮毛厂附近。中国的标本记录显示，老铁山采集队于 2008 年 9 月 29 日在辽宁省大连市的旅顺的港口附近采到标本（老铁山采集队 583），但此后再无标本记录。该种与白苋的主要区别在于雌花花被片略长于胞果，最外侧花被片宽匙形呈叶状，苞片狭三角形或披针形，胞果近圆形或椭圆形，近平滑，粗糙横裂。鉴于该种已在其他国家有入侵报道，因此还需加强野外调查。

白苋（*Amaranthus albus* Linnaeus）

1. 生境；2. 幼苗；3. 花序；4. 植株；5. 叶；6. 雌花和胞果

参考文献

孔宪武，1935. 苋科 [M] // 刘慎谔 . 中国北部植物图志（河北及其邻省）（第四册）. 北京：国立北平研究院：14.

徐海根，强胜，2004. 中国外来入侵物种编目 [M] . 北京：中国环境科学出版社 .

Amin N, Budai C S, 1994. Some weed host plants of the root-knot nematode *Meloidogyne* species in South-eastern Hungary[J]. Pakistan Journal of Nematology, 12: 59−65.

Carretero J L, 1995. Summer agrestal vegetation of dryland crops in Spain[J]. Candollea, 50(1): 195−216.

Costea M, Tardif F J, 2003. The Biology of Canadian Weeds. 126. *Amaranthus albus* L., *A. blitoides* S. Watson and *A. blitum* L[J]. Canadian Journal of Plant Science, 83(4): 1039−1066.

Gaskin T A, 1958. Weed hosts of *Meloidogyne* incognita in Indiana[J]. Plant Disease Report, 42: 802−803.

Gleason H A, Cronquist A, 1991. Manual of vascular plants of northeastern United States and adjacent Canada: Volume 2[M]. New York: New York Botanical Garden: 910.

Heiser Jr C B, Whitaker T W, 1948. Chromosome number, polyploidy and growth habit in California weeds[J]. American Journal of Botany, 35(3): 179−186.

Hügin G, 1986. Die Verbreitung von *Amaranthus*-Arten in der südlichen und mittleren oberrheinebene sowie eingen angrenzenden gebieten[J]. Phytocoenologia, 14: 289−379.

Kaiser W J, Hannan R M, 1983. Additional hosts of alfalfa mosaic virus and its seed transmission in *Amaranthus albus* and bean (*Phaseolus vulgaris*)[J]. Plant Diseases, 67: 1354−1357.

Macoun J, 1886. Catalogue of Canadian plants. Part III-Apetalae. Geological and natural history survey of canada[M]. Montreal: Dowson Brothers: 623.

Manabe K, Itoh M, 1990. Germination pattern of annual weeds in orchards[J]. Kagawa Daigaku Nogakubu Gakujutsu Hokoku, 42: 213−220.

Muzik T J, 1970. Weed biology and control[M]. New York: McGraw-Hill Book Company: 273.

Palmer J, 2009. A conspectus of the genus *Amaranthus* L. (Amaranthaceae) in Australia[J]. Nuytsia, 19(1): 107−128.

Pohl D, Uygur F N, Sauerborn J, 1998. Effects of some environmental factors on weed species in cotton fields in Cukurova, Turkey[J]. Tükiye Herboloi Dergisi, 1(1): 24−32.

Raus T, 1997. *Amaranthus*[M]// Strjd A, Tan K. Flora Hellenica: Volume 1. Königstein: Koeltz Scientific Books: 143.

Rousseau C, 1968. Histoire, habitat et distribution de 220 plantes introduites au Québec[J]. Naturaliste Canadien, 95(1): 49−169.

Rushing D W, Murray D S, Verhalen L M, 1985. Weed interference with cotton (*Gossypium hirsutum*). II. Tumble pigweed (*Amaranthus albus*)[J]. Weed Science, 33(6): 815–818.

Seoane J, Hervas I, Suarez F, 1998. Endozoochorous dispersal of *Amaranthus albus* by sheep: digestion effects on seed losses and germination patterns[R]. Montpellier, France: Proceedings of the 6th EWRS Mediterranean Symposium: 53–54.

Sharma A K, Banik M, 1965. Cytological investigation of different genera of Amaranthaceae with a view to trace their interrelationships[J]. Bulletin of the Botanical Society of Bengal, 19: 40–50.

Steinmaus S J, Prather T S, Holt J S, 2000. Estimation of base temperatures for nine weed species[J]. Journal of Experimental Botany, 51(343): 275–286.

Stevens O A, 1932. The number and weight of seeds produced by the weeds[J]. American Journal of Botany, 19(9): 784–794.

Vizantinopoulos S, Katranis N, 1994. Integrated weed control management in soybeans (*Glycine max*) in Greece[J]. Weed Technology, 8(3): 541–546.

Vizantinopoulos S, Katranis N, 1998. Weed management of *Amaranthus* spp. in corn (*Zea mays*)[J]. Weed Technology, 12(1): 145–150.

2. 北美苋 *Amaranthus blitoides* S. Watson, Proc. Amer. Acad. Arts 12: 273. 1877.

【特征描述】 一年生草本，高 15～50 cm。茎大部分伏卧，从基部分枝，绿白色，部分植株呈粉红色，茎较肉质，全体无毛或近无毛。叶密生，叶倒卵形、匙形至椭圆状披针形，长 1～4 cm，宽 1～3 cm，基部楔形，全缘，偶见稍波状，顶端圆钝或急尖，具细凸尖，尖长达 1 mm，叶片表面光亮，叶柄长度约为叶的 1/2。花序为腋生花簇，绿色或微呈红色；苞片及小苞片披针形，长 3 mm，顶端急尖，具尖芒；雌花苞片坚硬，短于花被片，具细密网状脉，花被片 4～5，卵状披针形至椭圆披针形，不等长，长 1.4～2.2 mm，绿色，较长的花被片稍厚，绿色中脉较宽，先端急尖，稍短的花被片较薄，先端稍渐尖或微钝，具短尖头，柱头 3，流苏状；雄花与雌花混生于腋生花簇中，雄花苞片披针形，薄膜质，短于花被片，具短尖头，花被片 4，卵状披针形，渐尖，长约 2 mm，具绿色中脉和短芒尖，雄蕊 4。胞果宽卵形，长 1.7～3 mm，与宿存的较长花被片基部稍联合，近等长，胞果多数光滑，环状横裂，上面带淡红色开裂的果盖。种子卵形，较大，直径 1.3～1.8 mm，双凸透镜状，扁平，边缘较厚，略粗糙，呈带状，黑色，表面平滑，稍有光泽。**染色体**：2*n*=32（Carretero, 1984）。**物候期**：花果期为 6—10 月。

【原产地及分布现状】 可能原产于美国中部和东部的部分地区，现在在北美洲的温带地区和亚热带至温带的许多地区广泛归化（Mosyakin & Robertson, 2003）；也有许多学者认为北美苋的原产地是美国的西部地区（Britton & Brown, 1896; Gleason & Cronquist, 1991）。北美苋的种子是美国新墨西哥州祖尼族人饮食中的一部分（Saunders, 1934），北美苋也被当作是饲料的替代品（Costea & Halmajan, 1996），还可以作为蔬菜食用（Wesche-Ebeling et al., 1995）。北美苋于 1860 年在加拿大安大略省被发现并于 1879 年采到标本，Macoun（1886）认为北美苋是通过铁路被引入加拿大的。现在欧洲、中央亚细亚、中国东北、日本等地都有其分布。**国内分布**：安徽、北京、甘肃、河北、河南、黑龙江、吉林、辽宁、内蒙古、山东、山西、陕西、新疆。

【生境】 与白苋类似，气候适应性广泛。在高温干旱的沙漠亦生长良好。常在瘠薄干旱的沙质土壤上生长，常见于铁路和公路边、荒地、垃圾场和农作物地。

【传入与扩散】 **文献记载**：北美苋在我国较早的记载见于 1959 年出版的《东北草本植物志》（朱有昌, 1959）；刘全儒等（2002）报道该种在北京入侵。**标本信息**：GH00036983（Lectotype: GH），该标本由 C. E. Bessey 于 1881 年采自美国艾奥瓦州，由 Fernald（1945）将其指定为后选模式。中国较早的标本记录是 1857 年 C. Wilford 在辽宁采到的标本。**传入方式**：目前未见到明确的传入记录，作为杂草，北美苋具备成功入侵的生态学属性，即生长速度快并持续地产生种子（Cousens & Mortimer, 1995）。北美苋在开花前可以作为蔬菜食用，并被作为饲料（Costea & Halmajan, 1996），因此推测其可能是夹杂在进口粮食中无意带入或者作为蔬菜有意引进。**传播途径**：种子的传播方式是通过风力或被鸟类和其他动物取食或排泄后传播，水流也能传播苋属植物的种子，北美苋和反枝苋的种子在地表灌溉渠中最常被发现，约占收集种子总和的 37%（Wilson, 1980），也可随农机具污染或混入羊毛制品、棉花和胡萝卜等种子或农产品中通过调运扩散或国际贸易跨境传播（Costea & Tardif, 2003）。**繁殖方式**：种子繁殖。**入侵特点**：① 繁殖性 单株可产生 14 600 粒种子（Stevens, 1932）。在传统的耕作模式下，北美苋在种子库中的数量为 32 粒 /m²；在免耕模式下，种子库数量有明显的增加，为 106 粒 / m²（Dorado et al., 1999)。② 传播性 种子小且轻，千粒重仅为 0.950g（Stevens, 1932），适合借助风力或其他方式进行传播。③ 适应性 气候适应性广泛，在高温干旱的沙漠亦生长良好，种子的萌发和幼苗生长需要的最低温度为 12～15℃，适生于多种土壤。种子在 25℃、30℃、35℃时发芽良好，在较高温度下发芽率较高，部分或全部去除种皮可促进种子的萌发（Martin, 1943）。在温度和湿度条件适宜的情况下，北美苋整个生长季都会萌发和生长（Manabe & Itoh, 1990）。北美苋具有 C_4 光合途径，在高温和高光照水平下能快速生长，有很强的耐旱能力，并与蔬菜和作物进行光照、水分和营养的竞争。**可能扩散的区域**：我国华东、华中和西南地区。

【危害及防控】 **危害**：北美苋的伏地茎多次分枝，并形成直径可达 1 m 甚至 1.5 m 的紧密的毯子（Costea & Tardif, 2003）；北美苋在美国的明尼苏达州被列为次生的恶性杂草，可使菜豆（*Phaseolus vulgaris* Linnaeus）、马铃薯（*Solanum tuberosum* Linnaeus）、番茄（*Lycopersicon esculentum* Miller）等农作物减产（Qasem, 1992; Arnold et al., 1993; Murray et al., 1994），土壤中残留的北美苋会降低大麦（*Hordeum vulgare* Linnaeus）和硬粒小麦（*Triticum durum* Desfontaines）的高度、结实量以及秸秆的产量（Qasem, 1995）；加拿大的研究表明北美苋可引起猪和牛中毒（Mulligan & Munro, 1990）；也是部分昆虫和病毒的寄主（Barnes, 1948; Sumstine, 1949），对作物造成相当大的破坏。**防控**：苋属植物的幼苗很娇嫩，很容易被拔出、切断、掩埋或热死，也容易受到地膜、秸秆（干草）等覆盖物的影响（Teasdale & Mohler, 2000），而一旦幼苗长到一英寸高且出现四片叶或更多真叶时就很难杀死，因此及时进行除草或者加以物理障碍，以清理其幼苗；在开花前拔除，可防止其种子的形成和扩散。

【凭证标本】 辽宁省沈阳市苏家屯区沈本大道李沟，海拔 157 m，42.048 5°N，121.606 7°E，2015 年 8 月 5 日，齐淑艳 RQSB03340（CSH）；山西省太原市小店区山西弘大电缆有限公司附近，763 m，37.648 1°N，112.472 8°E，2014 年 9 月 25 日，王秋实、汪远、姚驰远 WY06353（CSH）；内蒙古自治区呼和浩特市灰腾河，海拔 1 296 m，43.297 3°N，116.120 6°E，2016 年 11 月 18 日，刘全儒等 RQSB09392（CSH）。

【相似种】 腋花苋（*Amaranthus roxburghianus* H. W. Kung）。腋花苋的主要特征是叶片线状披针形至菱状匙形，花序成腋生花簇；花被片披针形，顶端渐尖，具长芒尖，长 0.3～0.75 mm，并通常分叉；雄蕊比花被片短；柱头 3，反曲。分布于河北、山西、河南、陕西、甘肃、宁夏、新疆。生于旷地或田地旁。印度、斯里兰卡也有分布。

北美苋（*Amaranthus blitoides* S. Watson）

1. 生境；2. 植株；3. 花；4. 叶；5. 花和胞果

相似种：腋花苋（*Amaranthus roxburghianus* H. W. Kung）

参考文献

刘全儒，于明，周云龙，2002. 北京地区外来入侵植物的初步研究［J］. 北京师范大学学报
　　（自然科学版），38（3）：399-404.

朱有昌，1959. 苋科［M］// 刘慎谔. 东北草本植物志（第二卷）. 北京：科学出版社：102.

Arnold R N, Murray M W, Gregory E J, et al., 1993. Weed control in pinto beans (*Phaseolus vulgaris*) with imazethapyr combinations[J]. Weed Technology, 7(2): 361–364.

Barnes H F, 1948. Gall midges of economic importance: Volume 4[M]. London, UK: Crosby Lockwood: 165.

Britton N L, Brown A, 1896. An illustrated flora of the Northern United States, Canada and the British possessions: Volume 2[M]. New York: Charles Scribner's Sons: 454.

Carretero J L, 1984. Chromosome number reports LXXXIV[J]. Taxon, 33: 536–539.

Costea M, Halmajan H, 1996. Some classical and less known potential forage species of the genus *Amaranthus* L. from Central Europe – a key for their identification and their most common synonymy[J]. Zbornik Radova, 26: 121 – 127.

Costea M, Tardif F J, 2003. The biology of Canadian weeds. 126. *Amaranthus albus* L., *A. blitoides* S. Watson and *A. blitum* L[J]. Canadian Journal of Plant Science, 83(4): 1039 – 1066.

Cousens R, Mortimer M, 1995. Dynamics of weed populations[M]. Cambridge, UK: Cambridge University Press: 332.

Dorado J, Del Monte J P, López-Fando C, 1999. Weed seedbank response to crop rotation and tillage in semiarid agroecosystems[J]. Weed Science, 47(1): 67 – 73.

Fernald M L, 1945. Botanical Specialties of Virginia[J]. Rhodora, 47(553): 139.

Gleason H A, Cronquist A, 1991. Manual of vascular plants of northeastern United States and adjacent Canada[M]. 2nd ed. Bronx, New York: Botanical Garden.

Macoun J, 1886. Catalogue of Canadian plants. Part III-Apetalae[M]. Montreal: Dowson Brothers: 623.

Manabe K, Itoh M, 1990. Germination pattern of annual weeds in orchards[J]. Kagawa Daigaku Nogakubu Gakujutsu Hokoku, 42: 213 – 220.

Martin J N, 1943. Germination studies of the seeds of some common weeds[J]. The Proceedings of the Iowa Academy of Science, 50(1): 221 – 228.

Mosyakin S L, Robertson K R, 2003. *Amaranthus*[M]// Flora of North America Editorial Committee. Flora of North America: North of Mexico: Volume 4. New York and Oxford: Oxford University Press: 434.

Mulligan G A, Munro D B, 1990. Poisonous plants of Canada[M]. Ottawa: Agriculture Canada: 96.

Murray M W, Arnold R N, Gregory E J, et al., 1994. Early broadleaf weed control in potato (*Solanum tuberosum*) with herbicides[J]. Weed Technology, 8(1): 165 – 167.

Qasem J R, 1992. Pigweed (*Amaranthus* spp.) interference in transplanted tomato (*Lycopersicon esculentum*)[J]. Journal of Horticultural Science, 67(3): 421 – 427.

Qasem J R, 1995. The allelopathic effect of three *Amaranthus* spp. (pigweeds) on wheat (*Triticum durum*)[J]. Weed Research, 35(1): 41 – 49.

Saunders C L, 1934. Edible and useful wild plants of the United States and Canada[M]. New York: Dover Publications: 320.

Stevens O A, 1932. The number and weight of seeds produced by the weeds[J]. American Journal of Botany, 19(9): 784 – 794.

Sumstine D R, 1949. The Albert Commons collection of fungi in the herbarium of the Academy of Natural Sciences in Philadelphia[J]. Mycologia, 41(1): 11 – 23.

Teasdale J R, Mohler C L, 2000. The quantitative relationship between weed emergence and the physical properties of mulches[J]. Weed Science, 48(3): 385 – 392.

Wesche-Ebeling P, Maiti R, Garcia-Diaz G, et al., 1995. Contributions to the botany and nutritional value of some wild *Amaranthus* species (Amaranthaceae) of Nuevo Leon, Mexico[J]. Economic Botany, 49: 423–430.

Wilson Jr R S, 1980. Dissemination of weed seeds by surface irrigation water in western Nebraska[J]. Weed Science, 28(1): 87–92.

3. **凹头苋** *Amaranthus blitum* Linnaeus, Sp. Pl. 2: 990. 1753. ——*Amaranthus ascendens* Loiseleur-Deslongchamps, Not. Fl. France 141–142. 1810. ——*Amaranthus lividus* Linnaeus, Sp. Pl. 2: 990. 1753.

【别名】 野苋、野苋菜、野蓳

【特征描述】 一年生草本，高 10～60 cm，全株无毛。茎伏卧或斜升，有时直立，不分枝或自基部分枝，淡绿色或紫红色。叶片卵形或菱状卵形，长 1～6 cm，宽 1～4 cm，基部宽楔形，全缘或稍呈波状，先端微凹明显至几乎两裂，具小凸尖，或微小不明显。花序为直立的顶生穗状花序或圆锥花序，具腋生花簇，直至下部叶的腋部。苞片长圆形或披针形，不明显，长不及 1 mm。雌花花被片 3，膜质，矩圆形或披针形，等长或近等长，长 0.8～1.7 mm，淡绿色，顶端急尖，边缘内曲，背部有 1 隆起中脉，柱头 3，开展，流苏状；雄蕊簇生于穗状花序的顶端，或于雌花混生于腋生花簇，数量较雌花少，花被片 3，雄蕊 3。胞果压扁，近球形至倒卵形，长约 3 mm，明显超过宿存花被片，光滑或稍有皱缩，不裂。种子环形，双凸透镜状，直径约 1.2 mm，深红棕色至黑褐色，边缘具环状边。**染色体**：2*n*=34（Probatova, 2000）。**物候期**：花果期为 7—11 月。

【原产地及分布现状】 原产于地中海地区、欧亚大陆和北非，最初被作为野菜种植，直到 18 世纪逐渐被菠菜（*Spinacia olerace* Linnaeus）代替（Costea et al., 2001）。古希腊的自然科学家 Theophrastus（ca. 371—ca. 287 B.C.）首次描述了凹头苋，并指出该植物当时作为蔬菜栽培（Theophrastus, 1916）。大约 15 世纪以后，Fuchs 于 1542 年指出凹头苋一旦在土壤中种植和生长，可通过种子扩散的形式进行自我更替，如果想要彻底清理几乎是不可能的（Fuchs, 1999）。自 18 世纪引进菠菜后，地中海地区的凹头苋开始减少（Costea et al., 2001）。凹头苋引入北美洲的时间没有确切的记录，根据 Britton 和 Brown（1896）和 Fernald（1950）的记载，美国的凹头苋起源于热带地区，分布于马萨诸塞州的东部到纽约州的南部地区。但是，1861 年采自纽约市中央公园的凹头苋说明美国的凹头苋引自欧洲或北非（Costea & Tardif, 2003）。凹头苋在加拿大最早的标本记录是 1895 年采自新斯科舍省塔塔马古什的标本。现分布于亚洲、欧洲、非洲北部及南美。**国内分布**：安徽、澳门、北京、重庆、福建、甘肃、广东、广西、贵州、海南、河北、河南、黑龙江、湖北、湖南、吉林、江苏、江西、辽宁、内蒙古、陕西、山东、山西、上海、四川、台湾、天津、香港、新疆、云南、浙江。

【生境】 凹头苋是热带和温带地区的杂草，发生在各种田间、苗圃、草地、果园、种植园、葡萄园、耕地、河岸、废弃地、路边、铁路沿线、花园、沟渠地边、村落边、建筑工地和垃圾场附近。喜生于沙质土壤，特别是肥沃的土地。

【传入与扩散】 **文献记载**：凹头苋在我国的早期记载见于北宋时期苏轼所著的《物类相感志》和兰茂所著的《滇南本草》，均被记载为野苋菜；1827 年英国 Beechey 一行人在澳门地区发现该种（Hooker & Arnott, 1841）；清代吴其濬于 1841—1846 年编撰的《植物名实图考》中将其记载为"苋"，供食用和药用；Moquin-Tandon（1849）记录凹头苋在中国有分布（*Amaranthus ascendens* Loiseleur-Deslongchamps）；1955 年凹头苋在江苏泰兴被作为猪饲料的杂草被报道（习学，1955），1956 年在浙江被作为杂草报道（蒋芸生和尹兆培，1956）。**标本信息**：Herb. Linn. No. 1117.14（Lectotype: LINN），该标本采自欧洲，其后选模式由 Fillias 等指定（Fillias et al., 1980）。中国较早的标本记录是 Richard Oldham 于 1864 年采自台湾淡水的标本（Richard Oldham 316），Webster 于 1886 年在奉天（即今天的沈阳）去往鸭绿江的途中采到标本（Webster s.n.），Henry 于 1886 年在湖北宜昌采到标本（Henry 147），这些标本均存放于邱园（Kew）；此后在多地采到标本：福建（1924）、河南（1926）、陕西（1927）、辽宁（1929）、河北（1930）、吉林（1931）、广西（1933）、广东（1933）、山东（1933）、海南（1935）、山西（1935）。**传入方式**：凹头苋作为蔬菜在非洲、中国、加勒比海、希腊、印度、意大利、尼泊尔和南太平洋群岛等地栽培（Stallknecht & Schulz-Schaeffer, 1993; McIntyre et al., 2001），且具有药用价值（Grieve, 1978）。该种传入我国的时间和方式不详。但该种在《物类相感志》中记载作药用，在《滇南本草》中记载作为蔬菜食用，说明其在北宋时已有分布，传入时间可能更早。推测其早期为有意引入，做药用和蔬菜。后因种子量大，混入粮食等农产品中随货物运输而传播到各地。**传播途径**：种子的传播方式是通过水流、风力或被鸟类和其他动物取食或排泄后传播，也可随农机具污染进行传播，还常见于地表的灌溉渠中（Wilson, 1980）。**繁殖方式**：种子繁殖。**入侵特点**：① 繁殖性 结实量大，单株可产生大量的种子，凹头苋的种子比苋属的其他植物的种子大，约 1 000 粒 / 克。凹头苋种子的休眠期可达 12 个月，在黑暗条件下，可休眠数年；然而，在土壤中存在 2.5 年后，大部分种子的生存力丧失（Takabayashi & Nakayama, 1981）。在印度尼西亚，经过一年的干燥储藏后，凹头苋种子活力约降低 50%（Purwanto & Poerba, 1990）；日本的一项研究表明，将凹头苋的种子埋在稻田中，2 年后种子萌发率增加，而 3 年后种子萌发率下降（Suzuki, 1999），该种子在地表或离地表 3 cm 以内的土层时就会萌发。在地表土壤结块和泥泞的情况下，种子发芽及幼苗长出时间被推迟并大量减少（Gaspar et al., 2001）。② 传播性 果实和种子能够漂浮，并且可以通过雨水、地面灌溉或水道造成的雨滴或小溪散布。种子可以在牛的消化道存活，并可能随着污染的粪便传播（Takabayashi et al., 1979）。③ 适应性 适合在各类土壤上生长，尤其是营养丰富的土壤。喜湿润环境，也能耐干旱。凹头苋发芽的最适温度为 35℃（Teitz et al., 1990），该温度下植株生长迅速。在温度和湿度条件适宜的情况下，凹头苋整个生长季都会萌发和生长（Manabe & Itoh, 1990）。其具有 C_4 光合途径，在高温和高光照水平下能快速生长，有很强的耐旱能力，并与蔬菜和作物进行光照、水分和营养的竞争。**可能扩散的区域**：全国。

【危害及防控】 **危害**：Holm 等将凹头苋列为欧洲和亚洲十多个国家的恶性杂草或主要杂草，广泛生长于田间、草原、果园、种植园以及苗圃中（Holm et al., 1977）。它是日本山地农田的三大主要杂草之一（Takabayashi & Nakayama, 1981），在美国也是如此，还是巴西咖啡地里的常见杂草（Laca-Buendia & Brandao, 1994）。随着其对百草枯有抗性的生物型的发展, 凹头苋在马来西亚的人工林中的扩散越来越严重。在巴西, 牛食用凹头苋的幼苗后会引起中毒甚至致命 (Ferreira et al., 1991)。凹头苋在印度是 *Hieroglyphus banian* 和 *Haplothrips longisetosus* 的寄主 (Vyas et al., 1984; El Aydam & Bürki, 1997), 且对部分除草剂有拮抗作用 (Manley et al., 1996)。**防控**: 作为一年生杂草, 凹头苋在苗期采用传统的耕作方式很容易控制; 凹头苋对异丙甲草胺和草甘膦等大多数除草剂较为敏感, 可对其进行化学防除。马来西亚的研究发现, 2,4-D、草铵膦和苯溴嘧啶等对凹头苋的防除效果不佳, 且凹头苋对百草枯的耐药性进一步增强 (Itoh et al., 1992); Manley 等 (1996) 在美国东北部的研究表明, 凹头苋自然耐受烟嘧磺隆, 并且可能已经对咪唑乙烟酸产生了抗性。在苜蓿 (*Medicago sativa* Linnaeus) 残渣中混入蛭石, 当浓度超过 10% 时, 可抑制 80% 的凹头苋和其他杂草的萌发和生长 (Jeon et al., 1995)。从荞麦 (*Fagopyrum esculentum* Moench) 中分离出来的邻苯二甲酸二乙酯, 当浓度达到 250 mg/L 时可抑制凹头苋种子的萌发 (Eom et al., 1999); 在温室条件下将 1.6~3.2 g 白茅 [*Imperata cylindrica* (L.) Raeuschel] 的切叶与 100g 土壤混合, 可显著降低凹头苋和繁缕 [*Stellaria media* (L.) Villars] 的生长 (Tominaga & Watanabe, 1997)。

【凭证标本】 江苏省淮安市涟水县 S235 安东北路朱码中学附近, 海拔 28 m, 33.800 9°N, 119.269 1°E, 2015 年 6 月 2 日, 严靖、闫小玲、李惠茹、王樟华 RQHD02225 (CSH); 广东省阳江市阳东区大沟镇, 海拔 15 m, 21.823 7°N, 122.045 2°E, 2015 年 4 月 18 日, 王发国、李西贝阳 RQHN02732 (CSH); 新疆维吾尔自治区克孜勒苏柯尔克孜自治州阿图什市阿孜汗树, 1 286 m, 39.693 5°N, 76.188 9°E, 2015 年 8 月 18 日, 张勇 RQSB02006 (CSH)。

【相似种】 薄叶苋 (*Amaranthus tenuifolius* Willdenow)。该种原产于印度、孟加拉国及巴基斯坦, 在欧洲有分布。李法曾于 1996 年 9 月 15 日在山东省曲阜采到标本 (SDFS96002), 李法曾、宋葆华和鲁艳芹于 1997 年 8 月 16 日在山东微山县湖边湿地采到标本 (97020), 并于 2002 年报道该种为我国新记录植物。该种雌花无花被片、叶为椭圆状倒披针形、先端具凹缺等性状, 极易与凹头苋区分。

凹头苋（*Amaranthus blitum* Linnaeus）

1. 生境；2. 幼苗；3. 花序；4. 花特写；5. 叶；6. 胞果与花

相似种：薄叶苋（*Amaranthus tenuifolius* Willdenow）

参考文献

蒋芸生，尹兆培，1956. 华家池杂草植物名录 [J]. 浙江农学院学报，1（2）：191-200.

习学，1955. 泰兴黄桥饲猪杂草的初步调查 [J]. 畜牧与兽医，5：182-186.

Britton N L, Brown A, 1896. An illustrated flora of the Northern United States, Canada and the British possessions[M]. New York: Charles Scribner's Sons, 2: 454.

Costea M, Tardif F J, 2003. The biology of Canadian weeds. 126. *Amaranthus albus* L., *Amaranthus blitoides* S. Watson et *Amaranthus blitum* L[J]. Canadian Journal of Plant Science, 83(4): 1039-1066.

Costea M, Sanders A, Waines G, 2001. Notes on some little known *Amaranthus* taxa (Amaranthaceae) in the United States[J]. Sida, 19(4): 975-992.

El Aydam M, Bürki H M, 1997. Biological control of noxious pigweeds in Europe: a literature review of the insect species associated with *Amaranthus* species worldwide[J]. Biocontrol news and Information, 18: 11-20.

Eom S H, Kim M J, Choi Y H, et al., 1999. Allelochemicals from buckwheat (*Fagopyrum esculentum* Moench)[J]. Korean Journal of Weed Science, 19: 83-89.

Fernald M L, 1950. Gray's manual of botany: Volume 8[M]. New York: American Book Company: 1632.

Ferreira J L M, Riet Correa F, Schild A L, et al., 1991. Poizoning of cattle by *Amaranthus* spp. (Amaranthaceae) in Rio Grande de Sul, southern Brasil[J]. Pesquisa Veterinária Brasileira, 11: 49-54.

Fillias F, Gaulliez A, Guédès M, 1980. *Amaranthus blitum* vs. *A. lividus* (Amaranthaceae)[J]. Taxon, 29(1): 149-150.

Fuchs L, 1999. The great herbal of Leonhart Fuchs[M]// Meyer G, Trueblood E E, Heller J L. Dehistoria stirpium commentarii insignes. Stanford, CA: Stanford University Press.

Gaspar G M, Szocs Z, Mathe P, 2001. Phenological studies on cultivated *Amaranthus* species[J]. Novenytermeles, 50: 261-268.

Grieve M, 1978. A modern herbal: The medicinal, culinary, cosmetic and economic properties, cultivation and folk-lore of herbs: Volume 1[M]. New York: Dover Publications: 427.

Holm L G, Plucknett D L, Pancho J V, et al., 1977. The World's worst weeds. Distribution and biology[M]. Honolulu, Hawaii, USA: University Press of Hawaii: 176.

Hooker W J, Arnott W, 1841. The botany of captain Beechey's Voyage: Volume 4[M]. York Street, London: Covent Garden: 207.

Itoh K, Azmi M, Ahmad A, 1992. Paraquat resistance in *Solanum nigrum*, *Crassocephalum crepidioides*, *Amaranthus lividus* and *Conyza sumatrensis* in Malaysia[R]. Melbourne, Australia: Proc. 1st International Weed Control Congress, 2: 224-228.

Jeon I S, Yu C Y, Chung I M, et al., 1995. The allelopathic effect of alfalfa on crops and weeds[J]. Korean Journal of Weed Science, 15(2): 131-140.

Laca-Buendia J P, Brandao M, 1994. Survey and quantitative analysis of weeds occurring in coffee plantations in areas formerly occupied by cerrado in Triangulo Mineiro and Alto Paranaiba. Daphne[J]. Revista do Herbário PAMG da EPAMIG, 4(4): 71–76.

Manabe K, Itoh M, 1990. Germination pattern of annual weeds in orchards[J]. Kagawa Daigaku Nogakubu Gakujutsu Hokoku, 42: 213–220.

Manley B S, Wilson H P, Hines T E, 1996. Smooth pigweed (*Amaranthus hybridus*) and livid amaranth (*Amaranthus lividus*) response to several imidazolinone and sulfonylurea herbicides[J]. Weed Technology, 10(4): 835–841.

McIntyre B D, Bouldin D R, Urey G H, et al., 2001. Modeling cropping strategies to improve human nutrition in Uganda[J]. Agricultural Systems, 67(2): 105–120.

Moquin-Tandon C H B, 1849. Amarantaceae[M]// De Candolle A P. Prodromus systematis naturalis regni vegetabilis. Parisiis: Victoris Masson, 13(2): 231–424.

Probatova N S, 2000. Chromosome numbers in some plant species from the Razdolnaya (Suifun) river basin (Primorsky Territory)[J]. Botanicheskii Zhurnal (Moscow & Leningrad), 85(12): 102–107.

Purwanto Y, Poerba Y S, 1990. Effects of drying, temperature and storage time of *Amaranthus spinosus* L., *Amaranthus blitum* and *Amaranthus gracilis* seeds[J]. BIOTROP Special Publication, 38: 85–93.

Stallknecht G F, Schulz-Schaeffer J R, 1993. Amaranth rediscovered[M]// Janick J, Simon J E. New crops. New York: Wiley.

Suzuki M, 1999. Germination of main upland weed seeds buried in paddy fields[J]. Journal of Weed Science and Technology, 44: 80–83.

Takabayashi M, Nakayama K, 1981. The seasonal change in seed dormancy of main upland weeds[J]. Weed Research, 26(3): 249–253.

Takabayashi M, Kubota T, Abe H, 1979. Dissemination of weed seeds through cow feces[J]. Japan Agricultural Research Quarterly, 13(3): 204–207.

Teitz A Y, Gorski S F, McDonald M B, 1990. The dormancy of livid amaranth (*Amaranthus lividus* L.) seeds[J]. Seed Science and Technology, 18(3): 781–989.

Theophrastus, 1916. Enquiry into plants and minor works on odors and weather signs: Volume I[M]. Heinemann, London, UK: The Loeb Classical Library.

Tominaga T, Watanabe O, 1997. Weed growth suppression by cogongrass (*Imperata cylindrica*) leaves[J]. Weed Science, 42(3): 289–293.

Vyas N R, Singh O P, Dhamdhere S V, et al., 1984. An unusual outbreak of the rice grasshopper, *Hieroglyphus banian* Fabricius and its host preference[J]. Journal of the Entomological Research Society, 7(2): 194–195.

Wilson Jr R S, 1980. Dissemination of weed seeds by surface irrigation water in western Nebraska[J]. Weed Science, 28(1): 87–92.

4. 假刺苋 *Amaranthus dubius* Martius ex Thellung, Fl. Adv. Montpellier 203. 1912.

【特征描述】 一年生草本，雌雄同株，高 30～150 cm。茎粗壮，直立或上升，分枝较少，下部无毛，上部被微柔毛，绿色或绿色带紫红色。叶无毛或近无毛，略肉质，叶菱状卵形，长 8～12 cm，宽 7～9 cm，基部楔形，边缘全缘，先端钝，具凹口，小凸尖；叶柄长达 16 cm，绿色或绿色带紫红色。花序顶生和腋生，花集成顶生穗状花序或圆锥花序，排列紧密，植株顶端圆锥花序几乎无叶，花序长 15～30 cm，圆锥花序侧生分枝开展至下垂。苞片膜质，三角状卵形，具直立的芒，长度短于花被片，长约 1.2 mm，宽 0.4～0.6 mm。雌花花被片 5，膜质，长椭圆形，先端急尖，通常具短尖头，内轮花被片长 1.2 mm，外轮花被片长 1.4～1.6 mm，柱头 3，流苏状；雄花着生于花序的顶端，偶见簇生呈团伞花序，花被片 5，相等或近等长，雄蕊 5，花药黄色，花丝白色，开花时花药伸出花被外。胞果卵球形或近球形，长 1.5～2 mm，稍短于花被片，光滑至稍不规则皱缩，果皮规则横裂，横盖长约 1 mm。种子透镜状或近球形，直径 0.8～1 mm，呈红棕色至黑色，光滑，有光泽。**染色体**：假刺苋是苋属中唯一已知的四倍体，2*n*=64（Pal，1972）。**物候期**：花果期为 9—11 月，在热带地区全年花果期。

【原产地及分布现状】 原产于新大陆（Eliasson，1987），很可能是古代时由刺苋（*A. spinosus*）和绿穗苋（*A. hybridus*）或 *Amaranthus quitensis* Kunth 杂交而来的（Pal & Khoshoo, 1965; Sauer, 1967）。因可作为蔬菜食用且可供药用而被广泛引种栽培，之后逃逸并在非洲、亚洲、澳大利亚和太平洋等热带和亚热带地区归化（Sauer，1950; Eliasson，1987）。假刺苋在塞舌尔的科西涅岛（Cousine Island）侵占了高原和高地林区，被报道为入侵种（Dunlop et al., 2005），在古巴和太平洋部分岛屿（风险评估得 14 分，为具有高风险）也被列为入侵种（Oviedo Prieto et al., 2012）。**国内分布**：安徽、福建、广东、海南、河南、江西、台湾、云南、浙江。

【生境】 生长于作物田、种植园、村庄、菜地、花园、路边、空地、废弃地、垃圾堆、次生植被及受干扰区域（USDA-ARS, 2015）。常与刺苋（*A. spinosus*）、鬼针草（*Bidens pilosa* Linnaeus）、飞扬草（*Euphorbia hirta* Linnaeus）、孟仁草（*Chloris barbata* Swartz）和三裂叶薯（*Ipomoea triloba* Linnaeus）混生（Chen & Wu，2007）。

【传入与扩散】　**文献记载**：假刺苋最早在台湾被报道归化，主要分布在台湾东部的低地，沿路边或废弃地，偶尔与一些恶性杂草混生，常年开花，花莲当地人常将其叶和茎作为野菜食用（Chen & Wu，2007）。王秋实等（2015）将其作为大陆新归化植物进行报道。**标本信息**：M0107382（Neotype: M），材料来自德国的埃尔朗根植物园（Erlangen Botanic Garden），由 Townsend 将其指定为新模式（Townsend，1974）。其在中国最早的标本是 2002 年 6 月 6 日采自台湾地区花莲市碧云庄的路边的标本（Chen s.n.），同年 9 月 28 日，在花莲市广东街的废弃地和菜地边上采到标本（Chen s.n.），标本均保存在花莲教育大学标本馆（NHU）。假刺苋在中国大陆最早的标本是 2009 年 7 月 15 日采自东莞市石碣镇的标本（BNU004892），同年 7 月 24 日在广东省河源市东源县柳城镇江边采到标本（BNU0023408），此后在福建（2010）、河南（2011）、海南（2012）、浙江（2014）、北京（2014）、江西（2016）等多地采到标本。**传入方式**：在热带和亚热带地区，假刺苋作为可供人食用的绿色蔬菜而被有意引种和种植，然而其种子很小，极有可能随其他物品无意引入（PROTA，2014; USDA-ARS，2015）。就古巴而言，假刺苋最早出现在 1900 年哈瓦那、比那尔德里奥和西恩富戈斯的植物标本馆藏品中（现由美国国家植物标本馆收藏）。有研究指出，苋属植物是沿着美洲、欧洲和亚洲的贸易路线进行扩散的。因此推测我国的假刺苋很可能是随着种子贸易或者进口矿砂无意带入的。台湾的标本采于 2002 年，说明假刺苋进入台湾的时间应该更早；2009 年采自广东的标本说明假刺苋进入大陆的时间早于 2009 年。**传播途径**：通过人类活动和鸟类的迁徙进行繁殖和传播，也可通过风、水流、夹杂在牧草和农作物中以及农机具的污染进行传播。**繁殖方式**：种子繁殖。**入侵特点**：① 繁殖性　花序上的花排列紧密，数量较多，经野外初步估算，每株种子数量甚至可达 4 000～6 000 粒（王秋实 等，2015），实际观察发现其种子数量更多。在温度适宜的地区，假刺苋植株生长时期有先有后，推测其全年都可进行种子萌发，长出新植株，并终年开花结果（王秋实 等，2015）。② 传播性　种子产量高，且比苋属其他植物的种子小，每克有 4 000～6 000 粒种子（Grubben & Denton，2004），适合随风、水流等方式进行传播。③ 适应性 具有 C_4 光合作用途径，在高温和强光下表现出高的光合速率，并且比 C_3 植物的 CO_2 补偿点低。在日间温度高于 25℃、夜间温度不低于 15℃ 的情况下，长势最好，优选肥沃、排水良好、结构松散的土壤（Grubben & Denton, 2004）。**可能扩散的区域**：目前在我国的分布比较零散，可能和多次引入有关，根据其生物学特性，可能会向全国扩散。

【**危害及防控**】 **危害**：假刺苋在澳大利亚危害一年生作物，为种植园的杂草和环境杂草（Waterhouse & Mitchell, 1998）；假刺苋在热带地区，比如古巴（Oviedo Prieto et al., 2012）、台湾（Chen & Wu, 2007）、澳大利亚（Palmer, 2009）和太平洋岛屿（PIER, 2014）广泛栽培、归化和入侵，与其他栽培植物发生竞争，造成农作物减产和农业收入减少（Costea et al., 2001），导致生物多样性降低，特别是减少植物的丰富度。野外观察测量发现假刺苋在我国的生长高度可达 150 cm，茎粗壮，对其周围生长的其他植物造成了隐蔽，对所在的群落产生不利影响（王秋实 等，2015）；花粉量大，容易使人发生过敏反应（Costea et al., 2001）。**防控**：加强检验检疫，及时清除幼苗或在开花结果前拔除。

【**凭证标本**】 浙江省温州市瑞安锦湖街道砚下村，海拔 57 m，21.956 0°N，120.575 0°E，2014 年 10 月 14 日，闫小玲、王樟华、李惠茹、严靖 RQHD01459（CSH）；海南省三亚市三亚机场附近，海拔 9 m，18.175 7°N，109.235 8°E，2015 年 12 月 22 日，曾宪锋 RQHN03677（CSH）；北京市海淀区北京师范大学校园，海拔 60 m，39.967 2°N，116.373 75°E，2014 年 9 月 30 日，刘全儒 RQSB09940（BNU）。

假刺苋（*Amaranthus dubius* Martius ex Thellung）

1. 生境；2. 植株；3. 花序；4. 花特写；5. 叶；6. 雌花

参考文献

王秋实，汪远，闫小玲，等，2015. 假刺苋——中国大陆一新归化种 [J] . 热带亚热带植物学报，23（3）：284-288.

Chen S H, Wu M J, 2007. Notes on four newly naturalized plants in Taiwan[J]. Taiwania, 52(1): 59-69.

Costea M, Sanders A, Waines G, 2001. Notes on some little known *Amaranthus* taxa (Amaranthaceae) in the United States[J]. Sida, 19(4): 975-992.

Dunlop E, Hardcastle J, Shah N J, 2005. Cousin and Cousine Islands Status and Management of Alien Invasive Species[M]. Victoria: Nature Seychelles.

Eliasson U H, 1987. Amaranthaceae[M]// Harling G, Anderson L. Flora of Eucador. Stockholm, Sweden: Department of Systematic Botany, University of Gothenburg, Gothenburg and The Section for Botany, Museum of Natural History, 28: 137.

Grubben G J H, Denton O, 2004. Plant Resources of Tropical Africa 2. Vegetables[M]. Leiden, Netherlands: PROTA Foundation, Backhuys Publishers.

Oviedo Prieto R, Herrera Oliver P, Caluff M G, et al., 2012. Lista nacional de especies de plantas invasoras y potencialmente invasoras en la República de Cuba-2011[J]. Bissea, 6(1): 22-96.

Pal M, 1972. Evolution and improvement of cultivated amaranths. Ⅲ. *Amaranthus spinosus-dubius* complex[J]. Genetica, 43: 106-118.

Pal M, Khoshoo T N, 1965. Origin of *Amaranthus dubius*[J]. Current Science, 34(12): 370-371.

Palmer J, 2009. A conspectus of the genus *Amaranthus* L. (Amaranthaceae) in Australia[J]. Nuytsia, 19(1): 107-128.

PIER, 2014. Pacific islands ecosystems at risk[M]. Honolulu, USA: HEAR, University of Hawaii.

Plant Resources of Tropical Africa (PROTA), 2014. *Amaranthus* PROTA4U web database[DB]// Grubben G J H, Denton O A. Plant Resources of Tropical Africa. eds. Netherlands: PROTA Foudation.

Sauer J D, 1950. The grain amaranths: a survey of their history and classification[J]. Annals of the Missouri Botanical Garden, 37(4): 561-632.

Sauer J D, 1967. The grain amaranthus and their relatives: a revised taxonomic and geograhic survey[J]. Annals of the Missouri Botanical Garden, 54(2): 103-137.

Townsend C C, 1974. Notes on Amaranthaceae: 2[J]. Kew Bulletin, 29(3): 461-475.

USDA-ARS, 2015. Germplasm resources information network (GRIN). Online Database. Beltsville, Maryland, USA: National Germplasm Resources Laboratory[DB/OL]. (2015-12-06) [2019-03-15].https://npgsweb.ars-grin.gov/gringlobal/taxon/taxonomysearch.aspx

Waterhouse B M, Mitchell A A, 1998. Northern Australia quarantine strategy: weeds target list[R]. Australian Quarantine & Inspection Service: 110.

5. **绿穗苋 *Amaranthus hybridus*** Linnaeus, Sp. Pl. 2: 990. 1753. ——*Amaranthus chlorostachys* Willdenow, 34. 1790. ——*Amaranthus patulus* Bertoloni, Comm. Neap. 171. 1837.

【特征描述】 一年生草本，高 30～200 cm。茎直立，无分枝至分枝多呈丛状，黄绿色或红色，常具绿色条纹，植株中上部具密集的短柔毛。叶片卵形或菱状卵形，长 5～11 cm，宽 3.5～7.2 cm，基部楔形至渐狭，顶端急尖或微凹，具凸尖，边缘波状或有不明显锯齿，微粗糙，叶背面中脉密被短柔毛，边缘稍具毛，叶柄长 1～2.5 cm。圆锥或穗状花序顶生，细长，上升稍弯曲，有分枝，中间花穗最长，顶端不分支部分直立。苞片钻状披针形，长 3.5～4 mm，是花被片的 1～2 倍，基部 1/2～2/3 处具膜质边缘，中脉坚硬，绿色，向前伸出成尖芒。雌花花被片（4～）5，膜质，长 1.5～1.8 mm，近相等或不等，花被片披针形至椭圆形、匙形，顶端锐尖，具凸尖，先端时有浅裂，具绿色伸出的中脉；花柱分枝，柱头 3，开展，流苏状；雄花与雌花混生于穗状花序上，花被片 5，雄蕊（4～）5，雄蕊和花被片等长或稍长。胞果稍压扁，倒卵形或宽椭圆形，稍长于宿存花被片，花柱基部膨大呈圆锥状，胞果上部稍具皱纹，开裂，规则周裂。种子双凸透镜状，直径为 1～1.5 mm，表面光滑，黑色。**染色体**：2*n*=32（Ward, 1984）。**物候期**：花果期为 7—11 月。

【原产地及分布现状】 原产于北美洲东部、墨西哥部分地区、中美洲和南美洲北部（Sauer, 1950, 1967; Costea et al., 2001）。其在美国东部比西部更为常见。可能是作为绿色蔬菜的原因，绿穗苋的分布范围已经扩大到非洲、中南亚和澳大利亚。**国内分布**：安徽、重庆、福建、甘肃、广东、广西、贵州、河南、湖北、湖南、江苏、江西、辽宁、陕西、山东、上海、四川、台湾、香港、新疆、云南、浙江。

【生境】 适生于各种类型和质地的土壤，是耕地、花园、撂荒地、路边、河岸以及其他以一年生杂草为主的开阔、受干扰的生境中的常见杂草，少见于密闭或阴湿的环境中。

【传入与扩散】 **文献记载**:《中国植物志》于 1979 年记录了绿穗苋（关克俭，1979），作者同时指出《庐山植物采集目录（Ⅱ）》中分布于江西省九江市的反枝苋（*Amaranthus retroflexus* Linnaeus）（Migo, 1944）和江苏南部的反枝苋（裴鉴 等，1959）均为绿穗苋（*A. hybridus*），因此绿穗苋在我国最早的记载应该是 1944 年，地点为江西九江。陈明林等（2003）将绿穗苋作为安徽地区的外来杂草进行报道。**标本信息**: Herb. Linn. No. 1117.19（Lectotype: LINN），标本采自美国弗吉尼亚州，该后选模式由 Townsend 指定（Townsend, 1974）。我国较早的标本记录是 1856 年 7 月 15 日至 8 月 5 日采自西藏拉达克地区的标本，存于法国自然博物馆（P04619142）。**传入方式**:作为受干扰区域和荒地的先锋植物，绿穗苋跟随人类的迁移而传播，随后侵入耕地（Sauer, 1967; Weaver & McWilliams, 1980）。由于绿穗苋可作蔬菜食用，推测其是跟随人类活动有意或无意传入我国的。**传播途径**:种子通过风力、农机具、水流、鸟类、其他动物（取食后排泄）、肥料、堆肥和农机具传播。**繁殖方式**:种子繁殖。**入侵特点**:① 繁殖性 花序上的雄花和雌花分开，雄花和雌花的比例约为 9.7∶100（26 朵雄花，241 朵雌花），就花的生物量而言，雌花约占 95.6%（Lemen, 1980）。不同的生长条件下，绿穗苋种子的数量变化很大。在 28/22℃，光周期 16 h 的条件下，种子为 59 800 粒；在 20/14℃，光周期 16 h 的条件下，种子为 67 150 粒（Weaver, 1984），春末夏初时发生量最大（Weaver & McWilliams, 1980; Anderson, 1994）。由于绿穗苋种子的成熟周期较长，一年繁殖一代，凭借其高水平的自交，产生大量的种子和形成持久的种子库，在缺乏管理的受干扰区域能够快速建立种群并快速扩张（Holm et al., 1997）。绿穗苋易与相近的种杂交，但 F1 代高度不育（Tucker & Sauer, 1958）；绿穗苋种子具有较高的初始活力（>90%）（Weaver & McWilliams, 1980）。② 传播性 种子轻，千粒重约为 0.37 g（Weaver, 1984），易于随风传播，种子在距离土壤表面 2 cm 时萌发；成熟的果皮有两层，它们之间大的细胞间隙里充满空气，可以让果实浮起来。在美国的内布拉斯加州西部，地表灌溉中最常见的杂草种子就是苋属植物的种子（约占总数的 40.8%），同样的结果也在西班牙发现（Catalan et al., 1997）。③ 适应性 其种子对各种土壤类型、土壤质地以及 pH 水平均具有广泛的适应性（Kigel, 1994）；具有 C_4 光合作用途径，二氧化碳补偿点低，光呼吸少，其净光能合成的最佳温度介于 30℃ 和 40℃ 之间（Patterson, 1976）。**可能扩散的区域**:全国。

【危害及防控】 危害：Holm 等（Holm et al., 1991, 1997）将绿穗苋列为世界性的恶性杂草，是 27 个国家 27 种作物田里的主要杂草。据报道它可造成马铃薯（*Solanum tuberosum*）、菜豆（*Phaseolus vulgaris*）等作物减产（Holm et al., 1977; Weaver & McWilliams, 1980; Robinson et al., 1996），同时降低作物采收的效率（Nave & Wax, 1971），还可富集硝酸盐引起牛中毒（Ferreira et al., 1991）。绿穗苋是寄生线虫属（*Meloidogyne*）和烟草花叶病毒的寄主（Holm et al., 1977; Tedford & Fortnum, 1988），它还是辣椒炭疽菌的宿主，会导致番茄果实和棉花幼苗患炭疽病（McLean & Roy, 1991）。由于绿穗苋的花粉是靠风力进行传播，因此其还会引起人类的过敏反应（Weber et al., 1978）。防控：幼苗阶段可进行拔除，成熟植株采用机械防除，应注意防止其从机械损伤中恢复并产生腋生花序。由于绿穗苋在整个生长季的间歇萌发模式，在一些危害严重的区域，需要采取连续出苗后的处理以及使用残留有除草剂的土壤等措施控制其生长；绿穗苋很容易被控制阔叶杂草的除草剂所控制，但对部分除草剂具有抗性，必要时可选择性使用（Manley et al., 1996）；墨西哥采用病原菌 *Erwinia carotovora* var. *rhapontici*（Gonzalez-Mendoza & Rodriguez, 1990）以及昆虫 *Herpetogramma bipunctalis* 和 *Conotrachelus seniculus* 对绿穗苋进行生物防治（Perez Panduro et al., 1990）。

【凭证标本】 河南省新乡市长垣县樊相镇客运站附近，海拔 63 m，35.290 9°N，114.649 8°E，2016 年 8 月 16 日，刘全儒、何毅等 RQSB09603（BNU）；四川省广安市邻水县城南，海拔 356 m，30.337 5°N，106.916 4°E，2015 年 10 月 11 日，刘正宇、张军等 RQHZ05945（CSH）；贵州省遵义市务川县县城，海拔 610 m，28.567 2°N，107.905 1°E，马海英、邱天雯、徐志茹 RQXN07418（CSH）。

【相似种】 反枝苋（*Amaranthus retroflexus* Linnaeus）。由于绿穗苋和反枝苋在形态特征上具有相似性，被错误鉴定的情况时有发生，以至以讹传讹，导致诸多文献报道中两者的分布范围有所交叉又互相矛盾，混乱不一。两者的主要区别在于，绿穗苋的花序比较细长，苞片较短，胞果超出宿存花被片。关克俭在《中国植物志》中首次记录了绿穗苋（关克俭，1979），并指出《庐山植物采集目录（Ⅱ）》中分布于江西省九江市的反枝苋

（*A. retroflexus*）（Migo, 1944）和江苏南部的反枝苋（裴鉴 等，1959）均为绿穗苋（*A. hybridus*），可见这两个种在很早的时候就存在鉴定混淆。根据《中国植物志》（1979）和 *Flora of China*（2004）记载，绿穗苋在中国华南至华北地区均有分布，但主要集中在华南地区；反枝苋的分布范围则为华北地区。然而，国内大部分标本鉴定、文献报道、图鉴及地方植物志错误地将绿穗苋鉴定为反枝苋，以至于出现了反枝苋在江西省"全省分布"的描述（文献）。根据作者对华东地区（安徽省、江苏省、江西省、浙江省和上海市）的普查、对华北地区和华南地区的踏查发现，在华东地区和华南地区各省"全省分布"的应是绿穗苋，而非反枝苋。反枝苋主要分布在华北地区，在华东地区和华南地区的分布非常少。因此，从全国范围来看，绿穗苋的分布更为广泛。但从文献报道来看，反枝苋的报道在全国各地都有，应该是错误鉴定造成的。

　　苋属的分类学问题，尤其是关于绿穗苋复合群（*Amaranthus hybridus* species complex）的分类和起源问题，因物种界限不清楚，一直都有争议。绿穗苋（*A. hybridus*）复合群的分类及起源问题主要介于籽粒苋 [千穗谷（*A. hypochondriacus*）、老鸦谷（*A. cruentus*）、老枪谷（*A. caudatus*）] 和野生苋 [绿穗苋、基多苋（*A. quietnsis*）和鲍氏苋（*A. powellii*）] 之间。Sauer（1955）提出两个假设，一是单元论，认为三个栽培种均来自野生种绿穗苋，其中，老鸦谷源自中美洲的绿穗苋，千穗谷来自老鸦谷与墨西哥的鲍氏苋的杂交后代，老枪谷是老鸦谷和基多苋杂交产生的；多元论则认为籽粒苋是从各自的野生种祖先独立进化的，如老鸦谷来自中美洲的绿穗苋，千穗谷来自墨西哥的鲍氏苋，老枪谷来自南美的基多苋。一些学者通过细胞学和分子生物学研究对绿穗苋复合群进行解释（Pal & Khoshoo, 1972; Transue et al., 1994; Lanoue et al., 1996; Chan & Sun, 1997），Costea 等（2001）根据形态学和解剖学研究对绿穗苋复合群进行了修订，目前该结果已被广泛接受（Mosyakin & Robertson, 2003）。

绿穗苋（*Amaranthus hybridus* Linnaeus）

1. 生境；2. 植株；3. 幼苗；4. 花序；5. 花特写；6. 胞果

参考文献

陈明林，张小平，苏登山，2003. 安徽省外来杂草的初步研究 [J]. 生物学杂志，20（6）：24-27.

关克俭，1979. 苋科 [M] // 孔宪武，简焯坡. 中国植物志（第五卷）. 北京：科学出版社：204-206.

裴鉴，单人骅，周太炎，等，1959. 江苏南部种子植物手册 [M]. 北京：科学出版社.

Anderson R L, 1994. Characterizing weed community seedling emergence for a semiarid site in Colorado[J]. Weed Technology, 8(2): 245-249.

Catalan B, Aibar J, Zaragosa C, 1997. Weed seed dispersal through irrigation channels[R]. Valencia, Spain: Proceedings of the 1997 Congress of Spanish Weed Science Society: 187-193.

Chan K E, Sun M, 1997. Genetic diversity and relationships detected by isozyme and RAPD analysis of crop and wild species of *Amaranthus*[J]. Theoretical and Applied Genetics, 95: 865-873.

Costea M, Sanders A, Waines G, 2001. Preliminary results toward a revision of the *Amaranthus hybridus* species complex (Amaranthaceae)[J]. Sida, 19(4): 931-974.

Ferreira J L M, Riet-Correa F, Schild A L, et al., 1991. Poisoning of cattle by *Amaranthus* spp. (Amaranthaceae) in Rio Grande de Sul, southern Brazil[J]. Pesquisa Veterinária Brasileira, 11(3/4): 49-54.

Gonzalez-Mendoza L, Rodriguez M M de L, 1990. Isolation, identification and pathogenicity of *Amaranthus hybridus* becteria and their potential for biological control[J]. Revista Chapingo, 15(67-68): 66-69.

Holm L G, Plucknett D L, Pancho J V, et al., 1977. The World's worst weeds. Distribution and biology[M]. Honolulu, Hawaii, USA: University Press of Hawaii.

Holm L, Pancho J, Herberger J, et al., 1991. A geographical atlas of world weeds[M]. Malabar, Florida: Krieger Publishing Company: 114-118.

Holm L, Doll J, Holm E, et al., 1997. World weeds: natural histories and distribution[M]. New York: John Wiley and Sons, Inc: 51-69.

Kigel J, 1994. Development and ecophysiology of *Amaranths*[M]// Paredes-Lopez O. Amaranth: biology, chemistry and technology. Boca Raton, FL: CRC Press: 39-73.

Lanoue K Z, Wolf P G, Browning S, et al., 1996. Phylogenetic analysis of restriction-site variation in wild and cultivated *Amaranthus* species (Amaranthaceae)[J]. Theoretical and Applied Genetics, 93: 722-732.

Lemen C, 1980. Allocation of reproductive effect to the male and female strategies in wind-pollinated plants[J]. Oecologia, 45: 156-159.

Manley B S, Wilson H P, Hines T E, 1996. Smooth pigweed (*Amaranthus hybridus*) and livid amaranth (*Amaranthus lividus*) response to several imidazolinone and sulfonylurea herbicides[J]. Weed Technology, 10(4): 835–841.

McLean K S, Roy K W, 1991. Weeds as a source of Colletotrichum capsici causing anthracnose on tomato fruit and cotton seedlings[J]. Canadian Journal of Plant Pathology, 13(2): 131–134.

Migo H, 1944. A list of plants collected by the author on Mt. Lushan. II[J]. Bulletin of the Shanghai Science Institute, 14: 131.

Mosyakin S L, Robertson K R, 2003 *Amaranthus*[M]// Flora of North America Editorial Committee. Flora of North America: North of Mexico: Volume 4. New York and Oxford: Oxford University Press: 410–435.

Nave W R, Wax L M, 1971. Effect of weeds on soybean yield and harvesting efficiency[J]. Weed Science, 19(5): 533–535.

Pal M, Khoshoo T N, 1972. Evolution and improvement of cultivated amaranths. V. Inviability, weakness, and sterility in hybrids[J]. Journal of Heredity, 63: 78–82.

Patterson D T, 1976. C_4 photosynthesis in smooth pigweed (*Amaranthus hybridus*)[J]. Weed Science, 24(1): 127–130.

Perez Panduro A, Solis Aguilar J F, Trujillo Arriaga J, et al., 1990. Biological agents for population regulation of *Tithonia tubaeformis* (Jacq) Cass (Asteraceae), *Amaranthus hybridus* L. and *Amaranthus spinosus* L. (Amaranthaceae) in Chapingo, State of Mexico and Tecalitlan, Jalisco[J]. Revista Chapingo, 15(67–68): 126–129.

Robinson D K, Monks D W, Monaco T J, 1996. Potato (*Solanum tuberosum*) tolerance and susceptibility of eight weeds to rimsulfuron with and without metribuzin[J]. Weed Technology, 10(1): 29–34.

Sauer J D, 1950. The grain amaranths: a survey of their history and classification[J]. Annals of the Missouri Botanical Garden, 37(4): 561–632.

Sauer J D, 1955. Revision of the dioecious *Amaranths*[J]. Madroño, 13(1): 5–46.

Sauer J D, 1967. The grain amaranths and their relatives: A revised taxonomic and geographic survey[J]. Annals of the Missouri Botanic Garden, 54(2): 103–137.

Tedford E C, Fortnum B A, 1988. Weed hosts of Meloidogyne arenaria and *M. incognita* common in tobacco fields in South Carolina[J]. Annals of Applied Nematology, 2: 102–105.

Townsend C C, 1974. Amaranthaceae Juss[M]// Nasir E, Ali S I. Flora of West Pakistan. Rawalpindi: Ferozsons Press.

Transue D K, Fairbanks D J, Robison L R, et al., 1994. Species identification of RAPD analysis of grain amaranthus genetic resources[J]. Crop Science, 34(5): 1385–1389.

Tucker J M, Sauer J D, 1958. Aberrant *Amaranthus* populations of the Sacramento-San Joaquin Delta, California[J]. Madrono, 14: 252–261.

Ward D E, 1984. Chromosome counts from New Mexico and Mexico[J]. Phytologia, 56: 55–60.

Weaver S E, 1984. Differential growth and competitive ability of *Amaranthus retroflexus*, *Amaranthus powellii* and *Amaranthus hybridus*[J]. Canadian Journal of Plant Science, 64(3): 715–724.

Weaver S E, McWilliams E L, 1980. The biology of Canadian weeds. 44. *Amaranthus retroflexus* L., *Amaranthus powellii* S. Wats. and *Amaranthus hybridus* L[J]. Canadian Journal of Plant Science, 60: 1215–1234.

Weber R W, Mansfield L E, Nelson H S, 1978. Cross-reactivity among weeds of the amaranth and chenopod families[J]. Journal of Allergy and Clinical Immunology, 61(3): 172.

6. 长芒苋 *Amaranthus palmeri* S. Watson, Proc. Amer. Acad. Arts 12: 274. 1877. —— *Amaranthus palmeri* var. *glomeratus* Uline & W. L. Bray, Bot. Gaz. 19(7): 272. 1894.

【特征描述】 一年生草本，雌雄异株，高 0.8～3 m。茎直立，下部粗壮，黄绿色，具脊状条纹，雌株茎常绿色，偶见紫红色，雄株茎常红色至紫红色，有时变淡红褐色，无毛或上部散生短柔毛；上部分枝较多，分枝斜展至近平展。叶无毛，叶片卵形至菱状卵形，茎上部者可呈披针形，长（2～）5～8 cm，宽（0.5～）2～4 cm，先端钝、急尖或微凹，常具小突尖，基部楔形，略下延，边缘全缘，侧脉每边 3～8 条，叶柄长（0.7～）4～8 cm，纤细。花序顶生和腋生，多为穗状花序或集成圆锥花序，直伸或略弯曲，生叶腋者较短，呈短圆柱状至头状。苞片钻状披针形，长于花被片，长 4～6 mm，先端芒刺状，雌花苞片下半部具狭膜质边缘，雄花苞片下部约 1/3 具宽膜质边缘，雌花的苞片比雄花更坚硬。雌花花被片 5，发育完全，膜质，不等长，最外面一片倒披针形，长 3～4 mm，先端急尖，中肋粗壮，先端具芒尖，其余花被片匙形，长 2～2.5 mm，先端截形至微凹，上部边缘啮蚀状，芒尖较短；花柱 2 或 3，开展，流苏状。雄花花被片 5，膜质，卵状披针形，中脉不明显，不等长，最外面的花被片长 3.5～4 mm，先端延伸成芒尖，其余花被片长 2.5～3 mm，中肋较弱且少外伸，雄蕊 5。胞果近球形，与宿存花被片近等长，果皮膜质，上部微皱，周裂。种子近圆形或宽椭圆形，直径为 1～1.2 mm，深红褐色，有光泽。**染色体**：2*n*=32（Rayburn et al., 2005）或 2*n*=34（Grant, 1959）。**物候期**：花果期为 7—10 月。

【原产地及分布现状】 原产美国西南部至墨西哥北部（Sauer, 1957）。20 世纪初，随着人类交通运输携带种子及农业生产规模的扩张，长芒苋开始扩散到原产地之外的区域。长芒苋于 1921 年在瑞士被发现，之后相继在瑞典（1925）、日本（1936）、奥地利（1951）、德国（1952）、法国（1954）、丹麦（1959）、挪威（1965）、芬兰（1965）被报道（Aellen, 1976; Osade, 1989; Jonsell, 2001）。近年来其在英国、澳大利亚等地归化（李振宇，2003）。**国内分布**：北京、河北、天津已有大量野生种群分布。此外，相关文献报道安徽、广东、湖南、江苏、辽宁、山东、上海、浙江等地有分布，但实际调查发现，江苏的长芒苋位于海关监管区内，野外并无逃逸的植株或种群；安徽、广东、广西、湖南、辽宁、山东、上海、浙江等地的长芒苋仅为零星个体，已经清除且相关区域做了硬化处理，追踪调查三年再未发现新的个体，因此已无分布。福建的长芒苋，经核实为错误鉴定。

【生境】 常适生于热带、亚热带和温带气候，多见于垃圾堆、沟渠地边、旷野荒地、耕地、村落边、河边、河床、港口、铁路与公路边、工地、加工厂、仓库、农田和家禽饲养场附近。

【传入与扩散】 **文献记载**：该种于 1985 年 8 月首次发现于北京市丰台区南苑乡范庄子村路边（其进入中国的实际时间可能更早）（李振宇，2003），此后沿道路扩散蔓延并侵入菜地，目前在北京市多个区县都有分布（车晋滇，2008，2009；郎金顶 等，2008；徐海根和强胜，2011；万方浩 等，2012；吕玉峰 等，2015）。**标本信息**：J. L. Berlandier 2407（Lectotype: GH），标本于 1834 年采自里奥格兰德河边（Rio Grande），由 Sauer 指定为后选模式（Sauer，1955）。中国最早的标本记录是赵春山于 2001 年 10 月 10 日采自北京市丰台区南苑乡范庄子村的标本，保存于中国科学院植物研究所标本馆（赵春山 3）。**传入方式**：长芒苋被认为是随出口棉花、大豆、粮食及家禽饲料等被带到东半球（李振宇，2003）。**传播途径**：长芒苋为风媒传粉，雄株产生花粉，风携带花粉从雄株传到雌株，花粉传播可远达 46 km，由雌株结出果实（Sosnoskie et al., 2009）。其植株较高，在作物收获过程中，易同作物一起收割，而混入农产品通过调运扩散，或通过国际贸易跨境传播。此外还可通过河流与风力扩散传播，或通过鸟类扩散传播。**繁殖方式**：长芒苋为雌雄异株，专性异交（Franssen et al., 2001）；种子繁殖。**入侵特点**：① 繁殖性　其雌株每株平均可产生几十万粒种子，有利于繁衍和扩散（Keeley et al., 1987; Sellers et al., 2003; 车晋滇，2008）；种子具有休眠期，约 3 个月，在土壤中最长可存活数年（Guo & Kassim, 2003）。② 传播性　种子千粒重仅为 0.33 g，种子可通过水流和风力进行自然扩散，也可通过棉花、粮食、豆类及饲料等人类活动和农产品携带进行远距离传播，还易被红火蚁、啮齿类动物和鸟类搬运或取食（DeVlaming & Vernon, 1968; Proctor, 1968）。③ 适应性　适应能力强，既耐受于干旱环境（Ehleringer, 1983; Wright et al., 1999; Place et al., 2008），也能在光线受限的条件下生长（Monks & Oliver, 1988; Jha et al., 2008），具有很强的竞争力。其生长速度极快，在全光照时，生长速率可达 5 cm/d，有效地与作物争夺阳光、水、营养和空间（Tracy & Lawrence, 1994）。据统计，长芒苋在棉田里 3 天就可长 5～13 cm，几周就达 30～47 cm，而同期的棉花仅有 13～20 cm（Gaylon et al., 2001）。**可能扩散的区域**：徐晗和李慧琪等对长芒苋在我国的潜在分布区分析表明（徐晗 等，2013；李慧琪 等，2015），长芒苋在我国中东部与华北平原最为适生。根据海关检疫时截获的长芒苋种子情况来看，该种在我国入侵的风险很高，需加强监管。

【**危害及防控**】　**危害**：在美国长芒苋可使玉米产量损失高达 91%（Klingman & Oliver, 1994; Massinga et al., 2001），大豆产量损失高达 79%（Bensch et al., 2003），棉花产量损失高达 65%（Rowland et al., 1999）。另有研究表明长芒苋对常用的除草剂均具有耐受性（Burgos et al., 2001），其广谱抗药性基因可能会渐渗入其他种，导致"超级杂草"的出现（Wetzel et al., 1999）。入侵农田的长芒苋严重抑制农作物的生长，是农业生产领域的恶性杂草，为害热带、亚热带地区种植的几乎所有重要作物，导致作物严重减产。在生态系统中，长芒苋一旦在新的环境中繁衍扩散将很难根除，且很容易形成优势群落，对生物多样性和生态环境破坏极大（徐晗 等，2013）。2011 年，我国农业部和国家质检总局发布第 1600 号联合公告，将包括长芒苋在内的异株苋亚属杂草列入《中华人民共和国进境植物检疫性有害生物名录》；2013 年，长芒苋被列入农业部公告的《国家重点管理外来入侵物种名录（第一批）》；2016 年，长芒苋被列入环境保护部（现为生态环境部）

与中国科学院联合发布的《中国自然生态系统外来入侵物种名单（第四批）》。**防控**：研究表明长芒苋对常用的除草剂均具有耐受性（Burgos et al., 2001; Culpepper et al., 2006; Steckel et al., 2008; Wise et al., 2009），这样的广谱抗药性在入侵杂草中非常罕见。利用新的除草剂技术，比如使用草铵膦和 2,4–D 或麦草畏的混合物对 15～20 cm 高的长芒苋有良好的控制作用（Cahoon et al., 2015）；麦草畏可以控制高达 12 cm 的长芒苋，盐酸和 2,4–D 或麦草畏混合可控制高达 13～36 cm 的长芒苋（Norsworthy, 2011）。此外，采用深耕和作物覆盖是防治长芒苋的好方法，当长芒苋的种子在土壤剖面中 5 cm 或更深的深度埋藏时，其萌发率和幼苗生长显著减少。实验表明，在花生地里将长芒苋的种子深埋在 10 cm 以下时，其萌发率可减少 50%（Prostko, 2013）。冬季以作物豌豆覆盖可使次年 6 月的长芒苋减少 80%（Webster et al., 2011）。鉴于长芒苋强大的适应能力和抗除草剂能力，仅依赖除草剂很难对其进行防控。为了成功地对付长芒苋，其管理计划应该包含多种策略，尤其是高危地区应积极预防长芒苋的进入（Kistner & Hatfield, 2018）。因此必须加强管理，建立长芒苋预警平台，实行联防联控，一旦发现，及时清除，确保其分布区不再扩大。

【凭证标本】 北京市海淀区玉渊潭公园，海拔 31 m，39.922 7°N，116.326 2°E，2014 年 9 月 29 日，王秋实、汪远、姚驰远 WY06317（CSH）；河北省石家庄市石家庄站对面停车场，海拔 53 m，38.008 3°N，114.483 0°E，2017 年 9 月 12 日，严靖、王樟华 SJZ1M（CSH）；天津南站西侧荒地，海拔 24 m，39.057 2°N，117.054 2°E，2017 年 9 月 18 日，严靖、王樟华 TJ1F（CSH）。

长芒苋（*Amaranthus palmeri* S. Watson）

1. 生境；2. 幼苗；3. 叶；4. 雌花序（左）、雄花序（右）；5. 雄花序特写；6. 雌花序特写；7. 胞果

参考文献

车晋滇，2008. 外来入侵杂草长芒苋［J］. 杂草科学，1: 58-60.

车晋滇，2009. 中国外来杂草原色图鉴［M］. 北京: 化学工业出版社.

郎金顶，刘艳红，苌伟，2008. 北京市建成区绿地植物物种来源分析［J］. 植物学通报，25（2）: 195-202.

李振宇，2003. 长芒苋—中国苋属一新归化种［J］. 植物学通报，20（6）: 734-735.

李慧琪，赵力，祝培文，等，2015. 入侵植物长芒苋在中国的潜在分布［J］. 天津师范大学学报（自然科学版），35（4）: 57-61.

吕玉峰，付岚，张劲林，等，2015. 苋属入侵植物在北京的分布状况及风险评估［J］. 北京农学院学报，30（4）: 2-5.

万方浩，刘全儒，谢明，等，2012. 生物入侵: 中国外来入侵植物图鉴［M］. 北京: 科学技术出版社.

徐海根，强胜，2011. 中国外来入侵生物［M］. 北京: 科学出版社.

徐晗，宋云，范晓虹，等，2013. 3 种异株苋亚属杂草入侵风险及其在我国适生性分析［J］. 植物检疫，27（4）: 20-23.

Aellen P, 1976. *Amaranthus*[M]// Hegi G. Illustrierte flora von Mitteleuropa. Berlin & Hamburg: Verlag Paul Parey.

Bensch C N, Horak M J, Peterson D, 2003. Interference of redroot pigweed (*Amaranthus retroflexus*), Palmer amaranth (*A. palmeri*), and common waterhemp (*A. rudis*) in soybean[J]. Weed Science, 51(1): 37–43.

Burgos N R, Kuk Y I, Talbert R E, 2001. *Amaranthus palmeri* resistance and differential tolerance of *Amaranthus palmeri* and *Amaranthus hybridus* to ALS-inhibitor herbicides[J]. Pest Management Science, 57: 449–457.

Cahoon C W, York A C, Jordan D L, et al., 2015. Palmer amaranth (*Amaranthus palmeri*) management in dicamba-resistant cotton[J]. Weed Technology, 29(4): 758–770.

Culpepper A S, Grey T L, Vencill W K, et al., 2006. Glyphosateresistant Palmer amaranth (*Amaranthus palmeri*) confirmed in Georgia[J]. Weed Science, 54(4): 620–626.

DeVlaming V, Vernon W P, 1968. Dispersal of aquatic organisms: viability of seeds recovered from the droppings of captive killdeer and mallard ducks[J]. American Journal of Botany, 55(1): 20–26.

Ehleringer J, 1983. Ecophysiology of *Amaranthus palmeri*, a Sonoran desert summer annual[J]. Oecologia, 57: 107–112.

Franssen A S, Skinner D Z, Al-Khatib K, et al., 2001. Interspecific hybridization and gene flow of ALS resistance in *Amaranthus* species[J]. Weed Science, 49: 598–606.

Gaylon D M, Paul A B, James M C, 2001. Competitive impact of Palmer amaranth (*Amaranthus palmeri*) on cotton (*Gossypium hirsutum*) development and yield[J]. Weed Technology, 15(3): 408–412.

Grant W F, 1959. Cytogenetic studies in *Amaranthus* III. Chromosome numbers and phylogenetic aspects[J]. Canadian Journal of Genetics and Cytology, 1(4): 313–328.

Guo Peiguo, Kassim Al-Khatib, 2003. Temperature effects on germination and growth of redroot pigweed (*Amaranthus retroflexus*), Palmer amaranth (*A. palmeri*), and common waterhemp (*A. rudis*)[J]. Weed Science, 51(6): 869–875.

Jha P, Norsworthy J K, Riley M B, et al., 2008. Acclimation of Palmer amaranth (*Amaranthus palmeri*) to shading[J]. Weed Science, 56(5): 729–734.

Jonsell B, 2001. Flora Nordica: Volume 2[M]. Stockholm: The Bergius Foundation: 70–71.

Keeley P E, Carter C H, Thullen R J, 1987. Influence of planting date on growth of Palmer amaranth (*Amaranthus palmeri*)[J]. Weed Science, 35(2): 199–204.

Kistner E J, Hatfield J L, 2018. Potential geographic distribution of Palmer amaranth under current and future climates[J]. Agricultural & Environmental Letters, 3(1): 1–5.

Klingman T E, Oliver L R, 1994. Palmer amaranth (*Amaranthus palmeri*) interference in soybeans (*Glycine max*)[J]. Weed Science, 42(4): 523–527.

Massinga R A, Currie R S, Horak M J, et al., 2001. Interference of Palmer amaranth in corn[J]. Weed Science, 49(2): 202–208.

Monks D M, Oliver L R, 1988. Interactions between soybean (*Glycine max*) cultivars and selected weeds[J]. Weed Science, 36: 770–774.

Norsworthy J K, 2011. Influence of weed size on Palmer amaranth and pitted morningglory control with combinations of glufosinate, dicamba, and 2,4–D[R]. Proceedings of the Beltwide Cotton Conference. Cordova, TN: National Cotton Council of America.

Osade T, 1989. Colored illustrations of naturalized plants of Japan[M]. Osaka: Hoikusha Publishing Co. Ltd.

Place G, Bowman D, Burton M, et al., 2008. Root penetration through a high bulk density soil layer: differential response of a crop and weed species[J]. Plant Soil, 307: 179–190.

Proctor V W, 1968. Long-distance dispersal of seeds by retention in digestive tract of birds[J]. Science, 160(3825): 321–322.

Prostko E P, 2013. Managing herbicide-resistant Palmer amaranth (pigweed) in field corn, grain sorghum, peanut and soybean[EB/OL]. Athens:The University of Georgia. (2013–2–8) [2019–3–16] http://www.gaweed.com/resistance.html.

Rayburn A L, McCloskey R, Tatum T C, et al., 2005. Genome size analysis of weedy *Amaranthus* species[J]. Crop Science, 45(6): 2557–2562.

Rowland M W, Murray D S, Verhalen L M, 1999. Full-season Palmer amaranth (*Amaranthus palmeri*) interference with cotton (*Gossypium hirsutum*)[J]. Weed Science, 47(3): 305–309.

Sauer J D, 1955. Revision of the dioecious Amaranths[J]. Madroño, 13(1): 5–46.

Sauer J, 1957. Recent migration and evolution of the dioecious amaranths[J]. Evolution, 11(1): 11–31.

Sellers B A, Smeda R J, Johnson W G, et al., 2003. Comparative growth of six *Amaranthus* species in Missouri[J]. Weed Science, Journal of the Weed Science Society of America, 51(3): 329–333.

Sosnoskie L M, Webster T M, Dales D, et al., 2009. Pollen grain size, density, and settling velocity for Palmer Amaranth (*Amaranthus palmeri*)[J]. Weed Science, 57(4): 404–409.

Steckel L E, Main C L, Ellis A T, et al., 2008. Palmer amaranth (*Amaranthus palmeri*) in Tennessee has low level glyphosate resistance[J]. Weed Technology, 22(1): 119–123.

Tracy E K, Lawrence R O, 1994. Palmer amaranth (*Amaranthus palmeri*) interference in soybeans (*Glycine max*)[J]. Weed Science, 42(4): 523–527.

Webster T M, Scully B T, Culpepper A S, 2011. Rye-legume winter cover crop mixtures and Palmer amaranth (*Amaranthus palmeri*). Proceedings of the Southern Weed Science Society[C]. Las Cruces, NM: Southern Weed Science Society.

Wetzel D K, Horak M J, Skinner D Z, et al., 1999. Transferal of herbicide resistance traits from *Amaranthus palmeri* to *Amaranthus rudis*[J]. Weed Science, 47(5): 538–543.

Wise A M, Grey T L, Prostko E P, et al., 2009. Establishing the geographical distribution and level of acetolactate synthase resistance of Palmer amaranth (*Amaranthus palmeri*) accessions in Georgia[J]. Weed Technology, 23(2): 214–220.

Wright S R, Jennette M W, Coble H D, et al., 1999. Root morphology of young *Glycine max*, *Senna obtusifolia*, and *Amaranthus palmeri*[J]. Weed Science, 47(6): 706–711.

7. 合被苋 *Amaranthus polygonoides* Linnaeus, Pl. Jamaic. Pug. 27. 1759. —— *Amaranthus taishanensis* F. Z. Li & C. K. Ni, Acta Phytotax. Sin. 19(1): 116. 1981.

【别名】 泰山苋

【特征描述】 一年生草本，高 10～40 cm。茎直立或斜升，淡绿色，有时下部为淡紫红色，通常多分枝，被短柔毛或近无毛。上部叶较密集，叶卵形、倒卵形或椭圆状披针形，长 0.5～3 cm，宽 0.3～1.5 cm，先端微凹或圆形，具长 0.5～1 mm 的芒尖，基部楔形，叶全缘或微皱波状，两面光滑无毛，上面绿色，中央常横生一条白色斑带，干后不显，下面绿白色；叶柄长 0.2～2 cm。花簇腋生，总梗极短，花单性，雌雄花混生；苞片钻形，长 1.2～1.5 mm，长不及花被片的 1/2。花被 4（～5）裂，膜质，白色，具 3 条纵脉，中肋绿色；雌花花被片 5，呈宽倒披针形，先端急尖，下部约 1/3 合生成筒状，果时伸长并稍增厚，筒长约 0.8 mm，宿存并呈海绵质，柱头 2～3 裂，内有柱状凸起；雄花花被片呈长椭圆形，仅基部联合，雄蕊 2（～3），略长于花被片。胞果不开裂或延迟开裂，长矩圆形，上部微皱，与宿存花被近等长或略长，约 2.5～3 mm，顶端具三齿（宿存柱头），含一粒倒卵形种子。种子双凸镜状，呈红褐色且有光泽，直径为 0.8～1 mm，胚环形。**染色体**：2*n*=34（Grant, 1959）。**物候期**：花果期为 7—10 月。

【原产地及分布现状】 原产于加勒比海岛屿、美国南部（亚利桑那州、得克萨斯州、新墨西哥州和佛罗里达州的基韦斯特）、墨西哥东北部及尤卡坦半岛（Henrickson, 1999; Mosyakin & Robertson, 2003）。19 世纪初开始在欧洲（德国、瑞士、意大利等）和埃及等地归化，早期分别出现在植物园和港口以及棉花和咖啡加工厂丢弃的垃圾上（Thellung, 1919; Aellen, 1959）。野生的合被苋在亚洲、非洲和美洲等热带地区的路边和垃圾堆被发现（Rees, 1819）。**国内分布**：安徽、北京、广西、河北、河南、辽宁、山东、山西、上海、浙江。

【生境】 生于海拔 500 m 以下的山谷和平原路旁、荒地、田边、沿海地区、羊毛制品厂附近、受干扰区域、园圃、宅旁、垃圾场。

【传入与扩散】 **文献记载**：该种在中国最早的记录为 1979 年采自山东泰安和济南的标本，并被当作新种发表，取名泰山苋（*Amaranthus taishanensis* F. Z. Li & C. K. Ni）（李法曾和倪陈凯，1981）。2002 年，李振宇等检查了被定为泰山苋的标本，发现其植株、叶、花序、花、果和种子的形态都处于合被苋的变异范围内，尤其是该种具备了合被苋的一系列突出特征：花被片白色，膜质，具 3 条纵脉，其中脉直达先端并形成绿色中肋；雄蕊通常 2 枚；雌花的花被片于果期明显增大，其下部约 1/3 合生成筒状并呈海绵质；胞果上部微皱；种子双凸镜状，红褐色且有光泽，易与同属其他种类区分，故泰山苋与合被苋应系同一种植物，将 *A. taishanensis* 作为 *A. polygonoides* 的异名处理（李振宇 等，2002）。20 世纪 80 年代该种在安徽北部的宿县和蚌埠被发现（王学文，1986），到了 90 年代初，在山东各地出现（李法曾，1992），2002 年在北京发现，同年被报道为入侵植物（李振宇和解焱，2002），此后在广西、河南、辽宁、江苏、上海、浙江等地被发现。**标本信息**：Voy. Madera Jamaica t. 92, fig. 2

（Lectotype），该后选模式由 Hendrickson 指定（Hendrickson, 1999）。李法曾于 1979 年 6 月 26 日在山东泰安采到标本（李法曾 0116），保存于山东农业大学标本室（SDAU）。**传入方式**：关于合被苋传入我国的方式，目前还未见记载，考虑到合被苋并无实际的用途，推测其可能是随粮食或种子贸易、园艺引种无意携带传入我国的。**传播途径**：常随作物种子、带土苗木和草皮扩散，蔓延速度快（李振宇和解焱，2002）。**繁殖方式**：种子繁殖。**入侵特点**：① 繁殖性　种子数量多。② 传播性　种子细小，重量轻，适合随风、水流等传播。③ 适应性　适生于阳光充足且湿润的砂质土壤。**可能扩散的区域**：该种先后出现在安徽、北京、江苏、山东、上海、浙江等地，蔓延和扩散的趋势明显，可能会继续在我国东部沿海地区扩散。

【**危害及防控**】　**危害**：该种多出现在田野、路旁、荒地（张小伟 等，2015），有时成为旱作地和草坪的杂草（李振宇和解焱，2002），常随作物种子、带土苗木和草皮扩撒，发生量较小。**防控**：在开花结果前拔除，必要时采用除草剂防除。

【**凭证标本**】　江苏省淮安市涟水县安东北路周庄附近，28 m，33.800 8°N，119.269 1°E，2015 年 6 月 2 日，严靖、闫小玲、李惠茹、王樟华 RQHD02224（CSH）；辽宁省锦州市锦凌水库，31 m，41.131 3°N，121.044 80°E，2015 年 9 月 12 日，刘全儒 RQSB09937（CSH）；安徽省淮北市濉溪县临涣镇刘油坊村，39 m，33.738 9°N，116.551 4°E，2014 年 7 月 6 日，严靖、闫小玲、王樟华、李惠茹 RQHD00155（CSH）。

【**相似种**】　贝氏苋（新拟）［*Amaranthus berlandieri* (Moquin-Tandon) Uline & W. L. Bray］。贝氏苋和合被苋关系很近，这两种类型可能来自同一个早期热带的祖先，在进化的过程中由于不同的传输路线而产生分歧，一个经过西印度到达佛罗里达，另一个则跨越墨西哥的平原以及德州和新墨西哥（Coulter & Barnes, 1894）。两者的主要区别在于贝氏苋的胞果不裂、叶椭圆形到披针形、叶在顶端密集排列等。Uline 和 Bray（1895）根据植株形态、叶型及胞果形态，将这两个种分开处理。Henrickson（1999）澄清了这两个类群早期描述中存在的混淆，表明将胞果是否开裂和叶片形状等作为两个种划分的主要特征并不可靠，不主张分为两个种。因此这两个种之间的关系还需要进一步研究。

合被苋（*Amaranthus polygonoides* Linnaeus）
1.生境；2.叶；3.花序；4.花和胞果

参考文献

李法曾，1992. 苋科［M］// 陈汉斌 . 山东植物志（上卷）. 青岛：青岛出版社：1103.

李法曾，倪陈凯，1981. 山东苋属一新种［J］. 中国科学院大学学报，19（1）：116.

李振宇，解焱，2002. 中国外来入侵种［M］. 北京：中国林业出版社：105.

王学文，1986. 苋科［M］// 安徽植物志协作组编 . 安徽植物志（第二卷）. 北京：中国展望
出版社，2：230-240.

张小伟，谢文远，张芬耀，2015. 浙江新外来入侵植物——合被苋［J］. 亚热带植物科学，
44（3）：244-246

Allen P, 1959. *Amaranthus*[M]// Hegi G. Illustrierte flora von Mitteleuropa. Berlin & Hamburg:
Verlag Paul Parey: 465–516.

Coulter J M, Barnes C R, 1894. The botanical gazette (XIX)[M]. Madison Wisconsin: University of
Chicage Press.

Grant W F, 1959. Cytogenetic studies in *Amaranthus* III. Chromosome numbers and phylogenetic
aspects[J]. Canadian Journal of Genetics and Cytology, 1(14): 313–328.

Henrickson J, 1999. Studies in New World. *Amaranthus* (Amaranthaceae)[J]. Sida, 18(3): 783–807.

Mosyakin S L, Robertson K R, 2003. *Amaranthus*[M]// Flora of North America Editorial Committee.
Flora of North America: Volume 4 (Magnoliophyta: Caryophyllydae, part 1). New York and
Oxford: Oxford University Press : 410–435.

Rees A, 1819. The cyclopœdia; or, universal dictionary of arts, sciences, and literature (II)[M].
London: Longman, Hurst, Rees, Orme & Brown.

Thellung A, 1919. *Amaranthus*[M]// Ascherson P, Graebner P. Synopsis der Mitteleuropaiscen Flora.
Leipzig: Verlag von Gebrüder Borntraeger, 5(1): 225–356.

Uline E B, Bray W, 1894. A preliminary synopsis of the North American species of *Amaranthus*[J].
Botanical Gazette, 19(7): 267–272.

8. 鲍氏苋 *Amaranthus powellii* S. Watson, Proc. Amer. Acad. Arts 10: 347. 1875.

【特征描述】 一年生草本，高 0.3～0.7 m。茎直立，分枝较少，具红色间隔系带，无
毛或花序部分被毛。叶柄长 1.5～4 cm；叶片全缘，宽椭圆形、菱形或披针形，长
3～8 cm，宽 2～6 cm，基部楔形至宽楔形，顶端截平至钝状或微凹，具 0.2～0.4 mm
长的小细刺。花序顶生和腋生，直立，多为穗状花序或集成圆锥花序，通常植株上部
腋生穗状花序，坚硬，绿色或稍呈淡红色。苞片坚硬，披针形至线状钻形，长 4.5～

6（～8）mm，约为花被片的2～3倍长，较薄，先端具刺状小尖头。雌花花被片4～5，线状披针形至椭圆形，长1.5～3 mm，明显不等长，内侧花被片中脉不显著，外侧花被片具显著绿色中脉，且伸出成硬芒尖；花柱分枝，柱头3，开展。雄花着生于穗状花序的顶端，花被片3～5，膜质，雄蕊3～5。胞果椭圆形至倒卵状，周裂或不裂，果皮沿裂缝上部皱缩，长2～2.2 mm，是宽的1.5～2倍。种子倒卵形，双凸透镜状，呈黑色至深褐色，长1.1～1.2 mm，宽0.9～1.1 mm，形状较规则。**染色体**：2n=32（Hügin，1987）或2n=34（Pal & Pandey, 1989）。**物候期**：花果期为7—11月。

【原产地及分布现状】 原产于北美洲西南部和墨西哥接壤边界地带以及南美洲西部山区（Sauer, 1950, 1967; Mosyakin & Robertson, 2003），是峡谷、荒漠等地的先锋植物。Sauer（1950）将该种分为两个地理宗：① Great Basin Race，分布于美国西部和墨西哥北部地区，生长在高海拔（2 000～3 000 m）的干旱地带，具长且直立的顶生穗状花序和少数直立生长的侧生花序；② Cordilleran Race是加利福尼亚州的常见杂草，也偶见于拉丁美洲高海拔地区。18世纪初期，鲍氏苋传入北美洲东部，约半个世纪后在东部成为广泛分布的恶性杂草（Sauer, 1967），且鲍氏苋和反枝苋、绿穗苋在北美洲东部的分布区重叠，发生杂交可产生少量可育的杂种。在18世纪之前，鲍氏苋就到达了德国，并扩散成为欧洲中部和北部的入侵性杂草，并可以和籽粒苋发生杂交（Costea et al., 2004）。鲍氏苋在欧洲曾一度被错误地鉴定为*Amaranthus chlorostachys*（即绿穗苋 *A. hybridus*）。此后，该种在印度南部和南非等地成为新的入侵植物（Sauer, 1967）。除此之外，鲍氏苋现已广泛分布于世界其他温带国家：埃塞俄比亚、乌干达、坦桑尼亚、巴基斯坦、澳大利亚、新西兰、加拿大、秘鲁、玻利维亚和智利。**国内分布**：河北、湖南、辽宁、吉林、内蒙古、青海、山西。

【生境】 常见于农田、村落边、公路和铁路沿线、荒地、河边、湖边、溪流边和垃圾堆附近。

【传入与扩散】 **文献记载**：2016年严靖等将其作为外来入侵植物报道（严靖 等，

2016）。**标本信息**：US 16163（Holotype：US），模式标本于 1874 年采自美国哈佛大学，种子由 Powell 等从亚利桑那的印第安人那里获得。李增新于 1988 年 10 月 9 日在北京市丰台区的路边草地上采得标本（李增新 4157A），李振宇等于 2009 年 8 月 19 日在辽宁省大连市北良港区港口的路边荒地上采到标本（李振宇、傅连中、范晓虹等 11798）。**传入方式**：作为受干扰区域和荒地的先锋植物，鲍氏苋跟随人类的迁移而传播，随后侵入耕地（Sauer, 1967; Weaver & McWilliams, 1980）。关于鲍氏苋传入我国的方式，并无明确的资料记载，根据杨静等（2015）对全国口岸自 2003—2014 年截获苋属杂草种子的分析来看，在 2011—2014 年之间，各口岸在来自阿根廷、巴西和美国进口的大豆、玉米、小麦中共截获鲍氏苋种子 91 次，推测鲍氏苋主要通过粮食贸易传入我国。**传播途径**：进入冬季以后，干燥的花序携带种子，被风吹动而完成种子传播（Blatchley, 1930）。其种子也可通过农机具、水流、鸟类、牛粪、部分昆虫、堆肥或农田的污水污泥传播（Eberlein et al., 1992）。**繁殖方式**：种子繁殖。**入侵特点**：① 繁殖性 鲍氏苋花序雄花和雌花的比例约为 7.6%（43 朵雄花，524 朵雌花），就花的生物量而言，雌花约占 98.4%（Lemen, 1980）；自交亲和并且为自花授粉（Brenner et al., 2000）。不同的生长条件下，鲍氏苋种子数量变化很大（Hügin, 1986），在 28/22℃，光周期 16 h 的条件下，种子数量为 50 275 粒；在 20/14℃，光周期 16 h 的条件下，种子数量为 42 800 粒（Weaver, 1984）。在一些温暖的地方，部分鲍氏苋一年内可以繁殖两代，种子具有较高的初始活力（>90%），凭借高水平的自交、产生大量的种子和形成持久的种子库（Weaver & McWilliams, 1980），在缺乏管理的受干扰区域鲍氏苋建立种群并快速扩张（Holm et al., 1997; Schweizer & Zimdahl, 1984）。Weaver 等发现鲍氏苋的种子在距离地表 1.5 cm 深度时的萌发率比地表要高（Weaver et al., 1988）；冬季植株死亡后，保存在干燥花序中的种子的休眠程度高于埋在土里或直接暴露在土壤表面的种子（Frost, 1971）。② 传播性 鲍氏苋的花不具蜜腺结构，主要通过风或重力进行授粉。其花粉粒表面有多个凹陷孔均匀分布（Costea et al., 2001a; Franssen et al., 2001），这种结构是对风力传粉的空气动力学的适应，它们会产生一层气流，减少空气和花粉粒之间的摩擦，使距离最大化，从而有利于风力传粉（Franssen et al., 2001）。鲍氏苋花粉粒包含 1.2%～7.5% 的淀粉，可防止花粉干燥（Roulston & Buchmann, 2000）。其花粉粒表面覆盖颗粒或小刺，容易黏附在柱头毛上（Costea et al., 2001b）。当种子脱落、被取食或破坏，聚伞花序中的下一对子房便开始发育，形成两粒新种子。受精后种子发育的最短时间为 30 d，成熟后果实环裂，内含一粒种子，千粒重约为 0.51 g（Weaver, 1984）。果实很轻，成熟的果皮有三层，它们之间大的细胞间隙里充满空气，可以让果实浮起来，通过雨滴、小溪流、地表灌溉和水道进行传播。③ 适应性　对各种气候、土壤类型、土壤质地以及 pH 水平均具有广泛的适应性（Weaver & McWilliams, 1980; Kigel, 1994）。**可能扩散的区域**：中国东北、西北和华北地区。

【危害及防控】　**危害**：在北美洲，鲍氏苋是农田、园艺植物和作物田非常重要的杂草（Bridges, 1992; Webster & Coble, 1997），危害玉米（*Zea mays*）、大豆（*Glycine max*）、甜菜（*Beta vulgaris* Linnaeus）和谷物（Hamill et al., 1983），导致作物产量和质量降低，对牲畜产生毒性，具有化感作用，是作物病原体和害虫的替代寄主，其花粉会引起人的过敏反应（Costea et al., 2004）。**防控**：苋属植物很少在休耕地或生长良好的自然群落持续存在，因此加强休耕地的管理，保护植物的生长环境，将已有植株在种子成熟前拔除可起到控制作用。

【凭证标本】　河北省石家庄市赞皇县嶂石岩乡，海拔 725 m，37.485 2°N，114.073 7°E，2014 年 9 月 27 日，王秋实、汪远、姚驰远 WY06375（CSH）；山西省太原市晋源区滨河西路，海拔 775 m，37.730 4°N，112.551 5°E，2014 年 9 月 25 日，王秋实、汪远、姚驰远 WY06367（CSH）；河北省张家口市崇礼区迎宾路，海拔 1 235 m，40.962 0°N，115.277 8°E，2016 年 11 月 17 日，刘全儒等 RQSB09423（CSH）。

【相似种】　布氏苋（*Amaranthus bouchonii* Thellung），其最早由 Thellung 发现并记载于法国西部 Gironde 河口的一处垃圾堆里（Thellung, 1926），在荷兰、比利时、德国、土耳其、瑞士、意大利、美国等地有分布，常见于路边草地、荒地。1989 年李增新等在北京市多个地点采到标本，目前其在北京有分布（徐晗和李振宇，2018）。该种与鲍氏苋相近，关于两者的分类学问题，目前存在不同观点。Sauer（1967）和 Carretero（1985）等认为欧洲的布氏苋应与鲍氏苋为同种；但是 Greizerstein 等（1997）发现两者在染色体数目、对称性和总 DNA 含量上存在差异，认为布氏苋应为单独的种，等位酶实验（Wilkin，1992）也支持此结论。但这类变异也常由于地理或生境隔离等因素而发生，如在欧洲，布氏苋属河岸先锋种，而鲍氏苋则是田间杂草。Costea 等根据茎解剖结构等特征，认为布氏苋是鲍氏苋的亚种（Costea et al., 2001c）。两者的差异主要在于：鲍氏苋的苞片、花被片、胞果和种子通常长于布氏苋；鲍氏苋胞果开裂且果皮上半部皱缩，布氏苋胞果不裂、平滑且具深色纵纹；鲍氏苋花被片通常 4～5 片，而布氏苋花被片 3～5 片，数目变异大，有时最短的花被片呈退化倾向。徐晗和李振宇根据鲍氏苋和布氏苋在国内的采集信息及花序、花被片、胞果、种子形态、染色体数目、对称性和 cDNA 含量上的差异，采用 Thellung（1926）、Aellen（1959, 1964）和 Wilkin（1992）等人的分类观点，认为布氏苋是一个独立起源的种。另外，与二者相近的种类还有反枝苋和绿穗苋，今后在苋属的实际生产工作中应注意区分。

鲍氏苋 (*Amaranthus powellii* S. Watson)

1. 生境；2. 植株；3. 茎；4. 花序；5. 叶；6. 胞果

参考文献

杨静，伏建国，廖芳，等，2015. 全国口岸近年来截获苋属杂草疫情分析［J］. 植物检疫，29（2）：93-96.

徐晗，李振宇，2019. 中国苋科苋属新记录种——鲍氏苋和布氏苋［J］. 广西植物，39（10）：1416-1419.

严靖，闫小玲，马金双，2016. 中国外来入侵植物彩色图鉴［M］. 上海：上海科学技术出版社.

Aellen P, 1959. Amaranthaceae[M]// Hegi G. Illustrierte flora von Mitteleuropa. Munchen: Lechmanns Verlag, 3(2): 461–535.

Aellen P, 1964. *Amaranthus*[M]// Tutin T G, Heywood V H, Burges N A, et al. Flora europaea: Volume 1. Cambridge: Cambridge University Press: 109–110.

Blatchley W S, 1930. The Indiana weed book[M]. Indianapolis: Nature Publishing.

Brenner D M, Baltensperger D D, Kulakow P A, et al., 2000. Genetic resources and breeding of *Amaranthus*[J]. Plant breeding reviews, 19: 227–112.

Bridges D C, 1992. Crop losses due to weeds in Canada and United States[M]. Champaign, IL: Weed Science Society of America: 403.

Carretero J L, 1985. Consideraciones sobre las Amaránthaceas Ibéricas[J]. Anales del Jardín Botánico de Madrid, 41: 271–286.

Costea M, Sanders A, Waines G, 2001a. Notes on some little known *Amaranthus* taxa (Amaranthaceae) in the United States[J]. Sida, 19: 975–992.

Costea M, Sanders A, Waines G, 2001b. Structure of the pericarp in some *Amaranthus* (Amaranthaceae) species-taxonomic significance[J]. Aliso, 20(2): 51–60.

Costea M, Sanders A, Waines G, 2001c. Preliminary results towards a revision of the *Amaranthus hybridus* species complex (Amaranthaceae)[J]. Sida, 19: 931–974.

Costea M, Weaver S E, T ardif F J, 2004. The biology of Canadian weeds. 130. *Amaranthus retroflexus* L., *A. powellii* S. Watson and *A. hybridus* L[J]. Canadian Journal of Plant Science, 84(2): 631–668.

Eberlein C V, Al-Khatib K, Guttieri M J, et al., 1992. Distribution and characteristics of triazine-resistant Powell amaranth (*Amaranthus powellii*) in Idaho[J]. Weed Science, 40(4): 507–512.

Franssen A S, Skinner D, Al-Khatib K, et al., 2001. Interspecific hybridization and gene flow of ALS resistance in *Amaranthus* species[J]. Weed Science, 49: 598–606.

Frost R, 1971. Aspects of the comparative biology of the three weedy species of *Amaranthus* in southwestern Ontario[D]. London: University of Western Ontario: 643.

Greizerstein, Naranjo C A, Poggio L, 1997. Karyological studies in five wild species of *Amaranthus*[J]. Cytologia, 62(2): 115–120.

Hamill A S, Wise R F, Thomas A G, 1983. Weed survey of Essex and Kent counties: 1978 and 1979[M]. Weed survey series 83–1[M]. Regina, SK: Weed Survey Series Publication 83–1: 134.

Holm L, Doll J, Holm E, et al., 1997. World weeds: Natural histories and distribution[M]. Toronto: John Wiley & Sons Inc.: 51–69.

Hügin G, 1986. Die Verbreitung von *Amaranthus*—Arten in der südlichen und mittleren oberrheinebene sowie eingen angrenzenden gebieten[J]. Phytocoenologia, 14: 289–379.

Hügin G, 1987. Einige Bemerkungen zu wenig bekannten *Amaranthus*-Sippen (Amaranthaceae) Mitteleuropas[J]. Willdenowia, 16: 453–478.

Kigel J, 1994. Development and ecophysiology of Amaranths[M]// Paredes-Lopez O. Amaranth: biology, chemistry and technology. Boca Raton, FL: CRC Press: 39–73.

Lemen C, 1980. Allocation of reproductive effect to the male and female strategies in wind-pollinated plants[J]. Oecologia, 45(3): 156–159.

Mosyakin S L, Robertson K R, 2003. *Amaranthus*[M]// Flora of North America Editorial Committee. Flora of North America: North of Mexico: Volume 4. New York and Oxford: Oxford University Press: 424.

Pal M, Pandey R M, 1989. Cytogenetics and evolution of grain amaranths[J]. Aspects Plant Science, 11: 323–336.

Roulston T H, Buchmann S L, 2000. A phyllogenetic reconsideration of the pollen starch–pollination correlation[J]. Evolutionary Ecology Research, 2: 627–643.

Sauer J D, 1950. The grain Amaranths: a survey of their history and classification[J]. Annals of the Missouri Botanical Garden, 37(4): 561–632.

Sauer J D, 1967. The grain amaranths and their relatives: A revised taxonomic and geographic survey[J]. Annals of the Missouri Botanic Garden, 54(2): 103–137.

Schweizer E E, Zimdahl R L, 1984. Weed seed decline in irrigated soil after six years of continuous corn (*Zea mays*) and herbicides[J]. Weed Science, 32(1): 76–83.

Thellung A, 1926. *Amaranthus bouchonii*[J]. Le Monde des Plantes, 27(45–160): 4–5.

Weaver S E, 1984. Differential growth and competitive ability of *Amaranthus retroflexus*, *Amaranthus powellii* and *Amaranthus hybridus*[J]. Canadian Journal of Plant Science, 64(3): 715–724.

Weaver S E, McWilliams E L, 1980. The biology of Canadian weeds. 44. A*maranthus retroflexus* L., *Amaranthus powellii* S. Wats. and *Amaranthus hybridus* L[J]. Canadian Journal of Plant Science, 60: 1215–1234.

Weaver S E, Tan C S, Brain P, 1988. Effect of temperature and soil moisture on time of emergence of tomatoes and four weed species[J]. Canadian Journal of Plan Science, 68: 811–886.

Webster T M, Coble H D, 1997. Changes in the weed species composition of the southern United States: 1974 to 1995[J]. Weed Technology, 11: 308–317.

Wilkin P, 1992. The status of *Amaranthus bouchonii* Thellung within *Amaranthus* L. section *Amaranthus*: new evidence from studies of morphology and isozymes[J]. Botanical Journal of the Linnean Society, 108(3): 253–267.

9. 反枝苋 *Amaranthus retroflexus* Linnaeus, Sp. Pl. 2: 991. 1753.

【别名】 西风谷、人苋菜、野苋菜

【特征描述】 一年生草本，高 20～80 cm，有时达 1 m 多；茎直立，粗壮，单一或分枝，具棱角至凹槽，淡绿色，有时具带紫色条纹，植株全株具密集短柔毛。淡绿色，有时淡紫色，有柔毛，叶片菱状卵形或椭圆状卵形，长 5～12 cm，宽 2～5 cm，顶端锐尖或尖凹，有小凸尖，基部楔形，全缘或波状缘，叶背面中脉密集短柔毛，叶边缘稍具短柔毛，叶柄长 1.5～5.5 cm。花序顶生和腋生，穗状花序集成圆锥花序，直立或顶端反折，花序绿色或绿白色，通常短而粗壮。苞片钻形，长 4～6 mm，长度约为花被片的 1～2 倍，白色，基部 1/2～2/3 处具膜质边缘，背面有 1 龙骨状突起，伸出顶端成白色尖芒。雌花花被片 5，矩圆形或矩圆状倒卵形，长 2～4 mm，不等长，薄膜质，白色，较长花被片中脉延伸至花被片先端，具芒尖，较短花被片绿色中脉不延伸，先端微钝，柱头 3，直立或开展，流苏状；雄花位于花序的顶端，膜质，数量较少，花被片 5，雄蕊 5，稍长于花被片。胞果扁卵形，长 2～2.5 mm，短于宿存花被片或与其近等长，环状横裂。种子近球形，直径为 1 mm，呈棕色或黑色，边缘钝。染色体：$2n=34$（加拿大，Mulligan，1984）；也有 $2n=32$ 的报道（加利福尼亚，Heiser & Whitaker, 1948）。物候期：花果期为 6—10 月。

【原产地及分布现状】 原产于北美洲（Sauer, 1950, 1967）。在加拿大魁北克省挖掘出来的种子化石大概已经有 250 年的历史，证明反枝苋在 17 世纪到 18 世纪之间由北美洲南部的早期殖民者引入加拿大（Costea et al., 2004）。目前反枝苋已经在北半球和南半球的温带地区广泛归化。国内分布：安徽、北京、甘肃、广西、贵州、河北、黑龙江、河南、湖北、湖南、江西、吉林、辽宁、内蒙古、宁夏、青海、陕西、山东、山西、四川、天津、新疆、西藏、浙江。

【生境】 反枝苋适生于各种类型和质地的土壤、低湿地以至干燥的丘陵地。喜肥沃土壤，在肥沃的荒废地区常成片生长，但在酸性土壤中较少见。反枝苋常见于耕地、花园、撂荒地、路边、河岸以及其他以一年生杂草为主的开阔、受干扰的生境中，因其幼苗需要充足的阳光，故在密闭或阴湿的环境中少见。

【传入与扩散】 **文献记载**：关于该种最早的文献记录见于 *An Enumeration of all the Plants known from China Proper, "Formosa"* [①], *Hainan, Corea, the Luchu Archipelago, and the Island of Hongkong, together with their Distribution and Synonymy.—Part X*，该种在河北和山东有记载（Forbes & Hemsley, 1891）。韦安阜（1958）将其作为上海的杂草报道。**标本信息**：Herb. Linn. No. 1117.22（Lectotype: LINN），该标本采自栽培于乌普萨拉的植物，其原生境应为美国的宾夕法尼亚州，后选模式由 Townsend 指定（Townsend, 1974）。由于反枝苋和绿穗苋在形态上较相似，在以往的标本鉴定中常常存在混淆。根据标本核实，反枝苋在我国较早的标本记录是 1914 年 8 月 25 日采自天津的标本（PE00150806）。**传入方式**：作为受干扰区域和荒地的先锋植物，反枝苋跟随人类的迁移而传播，随后侵入耕地（Sauer, 1967; Weaver & McWilliams, 1980）。**传播途径**：种子通过风力、农机具、水、鸟类、堆肥及部分昆虫传播。Forcella 等在美国明尼苏达州的研究表明，在玉米收获时，约 20% 的反枝苋种子仍然留在植物体上，随后通过自然掉落或者被风传播（Forcella et al., 1997）。苋属植物的种子常见于地表灌溉的杂草种子（约占总数的 40.8%），其中大多数为反枝苋的种子（Kelley & Bruns, 1975）。反枝苋被哺乳动物和鸟类摄入消化后，并没有破坏其活力（Blackshaw & Rode, 1991），有活力的种子继续传播（Terres, 1980）。在 55～65℃ 的高温下堆肥 2 周后，约 3.5% 的反枝苋种子依旧可以存活（Tompkins et al., 1998）。**繁殖方式**：种子繁殖。**入侵特点**：① 繁殖性　反枝苋种子产量很高，在不同的生长条件下，种子的数量变化很大：1 900 000 粒（Schweizer & Zimdahl, 1984）、1 000 000 粒（Hanf, 1983）、117 400 粒（Stevens, 1932）、318 500～337 200 粒（McLachlan et al., 1995）、230 000～500 000 粒（Stevens, 1957）。在作物冠层下，由于光线受限，反枝苋种子产量会降低（McLachlan et al., 1995）。在一

---

① "Formosa"，即中国台湾。

些温暖的地方，反枝苋一年内可以繁殖两代，种子成熟度不一致，随熟随落；其凭借高水平的自交，产生大量的种子和形成持久的种子库，在缺乏管理的受干扰区域能够快速建立种群并快速扩张（Holm et al., 1997; Schweizer & Zimdahl, 1984）。② 传播性　种子小且轻，千粒重仅为 0.38 g（Stevens, 1932）；其成熟的果皮有两层，它们之间大的细胞间隙里充满空气，可以让果实浮起来，有利于种子传播。③ 适应性　对各种土壤类型、土壤质地以及 pH 水平均具有广泛的适应性（Weaver & McWilliams, 1980; Kigel, 1994）。反枝苋在肥沃的土壤中生长得特别好，并且对氮的需求量很高，pH 为 4.2 ～ 9.1 时反枝苋均能生长（Feltner, 1970），其种子具有较高的初始活力（>90%）并形成持久的种子库（Weaver & McWilliams, 1980）。反枝苋种子的寿命通常随着埋藏的深度的增加而增加（Mohler & Galford, 1997），越接近土壤表面，由于原地萌发、种子被取食和腐烂等原因，种子越容易失去活力（Omami et al., 1999）。Taylorson 将反枝苋的休眠种子和未休眠种子分别埋藏 12 个月后，发现休眠的种子活性（93%）明显高出未休眠的种子（25%）（Taylorson, 1970）。反枝苋发芽需求和休眠模式依据分布地的气候和生态条件变化很大。最近的研究表明光照和高温可促进其种子萌发（Gallagher & Cardina, 1997; Oryokot et al., 1997）。反枝苋种子大部分接近土壤表面的种子发芽率较高，出苗的最佳土壤深度为 1 cm（Wiese & Davis, 1967），其种子埋在土壤中多年依然可保持活性。许多研究报告表明，埋藏的反枝苋种子至少在 6 ～ 10 年内依然保持活力（Chepil, 1946; Weaver and McWilliams, 1980; Burnside et al., 1981），被埋藏 40 年后，仍有 2% 的种子可以萌发（Telewski & Zeevaart, 2002）；但 Egley 和 Chandler（1978）的研究指出反枝苋种子埋在土壤中超过 18 个月后其活力可能下降 90%。反枝苋具有 C_4 光合作用途径，具有典型的"克兰兹"叶片解剖结构（typical 'Kranz' leaf anatomy），有低二氧化碳补偿点和高水分利用率的特点（Weaver & McWilliams, 1980; Tremmel & Patterson, 1993）。

可能扩散的区域：全国。

【危害及防控】　危害：Holm 等将反枝苋列为世界性的恶性杂草（Holm et al., 1991; 1997）。反枝苋是各种田间作物中最具有破坏性和竞争性的杂草之一，它会导致大豆、玉米、棉花、甜菜、高粱和多种蔬菜作物持续减产（Weaver & MacWilliams, 1980;

Knezevic et al., 1994）。美国的研究发现，反枝苋种子约占玉米地土壤种子库的 90%（Schweizer et al., 1998）。反枝苋种子在耕地种子库中的比例为 3%～8%（Barralis et al., 1988; Forcella et al., 1992, 1997; Zhang et al., 1998）。由于 C_4 途径具有较高的光合速率，在温度较高时，反枝苋比藜（*Chenopodium album* Linnaeus）、狗尾草［*Setaria viridis* (L.) P. Beauvois］、纤枝稷（*Panicum capillare* Linnaeus）更具有竞争力（Kroh & Stephenson, 1980; Pearcy et al., 1981）。据报道，反枝苋对杂草和作物都具有化感作用（Bhowmik & Doll, 1982）。它的茎和分枝可以累积和浓缩硝酸盐，对牲畜有毒（Mitich, 1997; Torres et al., 1997），且其叶子中的草酸盐含量高达 30%（Nuss & Loewus, 1978）。苋属植物靠风力传粉，会引起人类的过敏反应（Mitchell & Rook, 1979; Wurzen et al., 1995）；反枝苋还是多种作物害虫和病毒的替代寄主，包括美国番茄中的寄主性杂草 *Orobanche ramosa* Linnaeus、果园中的桃蚜（*Myzus persicae*）和胡椒中的黄瓜花叶病毒（Weaver & McWilliams, 1980）。**防控**：其幼苗阶段可进行拔除，成熟植株采用机械防除应注意防止其从机械损伤中恢复并产生腋生花序；长时间的高温暴晒也可以控制大棚中的反枝苋；Conley 等发现采用土堆法种植土豆可以很好地控制反枝苋（Conley et al., 2001）；但是，由于反枝苋在整个生长季的间歇萌发模式，在一些危害严重的区域，要采取连续出苗后的处理以及使用残留有除草剂的土壤等措施来控制其生长。此外，反枝苋也可以通过土壤熏蒸剂甲基碘来控制（Zhang et al., 1998）。通过抑制光合作用，反枝苋很容易受一些除草剂的控制，它对合成植物生长素除草剂非常敏感，大多数用于防治阔叶杂草的除草剂也对其有良好的防治作用（Weaver & McWilliams, 1980; Bauer et al., 1995; Carey & Kells, 1995）。目前，已有 15 个国家报道了对 15 种除草剂活性成分具有抗性的生物型（LeBaron & Gressel, 1982; Benbrook, 1991）。有学者提出用跳甲（*Disonycha glabrata*）（Tisler, 1990）和各种病原体（Burki et al., 1997）作为控制反枝苋的潜在方式。

【凭证标本】 河北省石家庄市赞皇县苍岩山镇，海拔 218 m，37.478 7°N，114.261 8°E，2014 年 9 月 24 日，王秋实、汪远、姚驰远 WY06385（CSH）；内蒙古自治区丰镇市，1 024 m，39.976 4°N，113.208 4°E，2014 年 9 月 26 日，王秋实、汪远、姚驰远

WY06345（CSH）；湖南省常德市常德盐关码头，海拔 51 m，28.999 0°N，111.701 5°E，2014 年 8 月 26 日，李振宇、范晓虹、于胜祥、张华茂、罗志萍 13124（CSH）。

【相似种】 短苞反枝苋［*Amaranthus retroflexus* var. *delilei* (Richter & Loret) Thellung］。Thellung（1914）根据苞片长短将 *A. retroflexus* 分为两个变种，即原变种和短苞反枝苋（*A. retroflexus* var. *delilei*）。短苞反枝苋可能原产于北美洲，在欧洲、非洲南部和亚洲北部归化。在我国北京、山西、河北、天津和新疆采到其标本，多生长于荒地。其与反枝苋的主要区别在于：短苞反枝苋茎较细，棱角通常不明显，略被毛，叶基部渐狭，苞片长 3～4 mm，略长于花被片，先端钝。

反枝苋（*Amaranthus retroflexus* Linnaeus）

1. 植株；2. 花序；3. 叶；4. 花特写；5. 胞果；6. 种子；7. 种子扫描；8. 绿穗苋（左）、反枝苋（右）

参考文献

韦安阜，1959. 上海常见杂草的种类及其利用 [J] . 上海师范大学学报（哲学社会科学版），
1: 79-99.

Barralis G, Chadoeuf R, Lonchamp J P, 1988. Longevity of annual weed seeds in a cultivated soil[J].
Weed Research, 28(6): 407-418.

Bauer T A, Renner K A, Penner D, 1995. Response of selected weed species to postemergence
imazethapyr and bentazon[J]. Weed Technology, 9(2): 236-242.

Benbrook C, 1991. Racing against the clock, pesticide resistant biotypes gain ground[J].
Agrichemical Age, 25: 30-33.

Bhowmik P C, Doll J D, 1982. Corn and soybean response to allelopathic effects of weed and crop
residues[J]. Agronomy journal, 74(4): 601-606.

Blackshaw R E, Rode L M, 1991. Effect of ensiling and rumen digestion by cattle on weed seed
viability[J]. Weed Science, 39: 104-108.

Burnside O C, Fenster C R, Evetts L L, et al., 1981. Germination of exhumed weed seed in
Nebraska[J]. Weed Science, 29(5): 577-586.

Burki H M, Schroeder D, Lawrie J, et al., 1997. Biological control of pigweeds (*Amaranthus retroflexus*
L., *Amaranthus powellii* S. Watson and *Amaranthus bouchonii* Thell.) with phytophagous insects,
fungal pathogens and crop management[J]. Integrated Pest Management Reviews, 2(2): 51-59.

Carey J B, Kells J J, 1995. Timing of total postemergence herbicide applications to maximize weed
control and corn (*Zea mays*) yield[J]. Weed Technology, 9(2): 356-361.

Chepil W S, 1946. Germination of weed seeds. I. Longevity, periodicity of germination, and vitality
of seeds in cultivated soil[J]. Scientia Agricola, 26: 307-346.

Costea M, Weaver S, Tardif F J, 2004. The biology of Canadian weeds. 130. *Amaranthus retroflexus* L.,
A. powellii S. Watson and *A. hybridus* L[J]. Canadian Journal of Plant Science, 84(2): 631-668.

Conley S P, Binning L K, Connell T R, 2001. Effect of cultivar, row spacing, and weed management
on weed biomass, potato yield, and net crop value[J]. American Journal of Botany, 78: 31-37.

Egley G H, Chandler J M, 1978. Germination and viability of weed seeds after 2.5 years in a
50-year buried seed study[J]. Weed Science, 26(3): 230-239.

Feltner K C, 1970. The ten worst weeds of field crops. 5. Pigweed[J]. Crops and Soils, 22(7): 13-14.

Forbes F B, Hemsley W B, 1891. An Enumeration of all the plants known from China Proper,
"Formosa", Hainan, Corea, the Luchu Archipelago, and the island of Hongkong, together with
their distribution and synonymy.—Part X[J]. Botanical Journal of the Linnean Society, 26(176):
317-396.

Forcella F, Wilson R G, Renner K A, et al., 1992. Weed seedbanks of the U. S. Corn Belt: magnitude, variation, emergence, and application[J]. Weed Science, 40(4): 636–644.

Forcella F, Wilson R G, Kremer R J, 1997. Weed seedbank emergence across the Corn Belt[J]. Weed Science, 45(1): 67–76.

Gallagher R S, Cardina J, 1997. Soil water thresholds for photoinduction of redroot pigweed germination[J]. Weed Science, 45(3): 414–418.

Hanf M, 1983. The arable weeds of Europe with their seedlings and seeds[M]. Suffolk, UK: BASF United Kingdom Limited: 494.

Heiser C B, Whitaker T W, 1948. Chromosome number, polyploidy and growth habit in California weeds[J]. American Journal of Botany, 35(3): 179–186.

Holm L, Pancho J, Herberger J, et al., 1991. A geographical atlas of world weeds[M]. Malabar, FL: Krieger Publishing Company: 114–118.

Holm L, Doll J, Holm E, et al., 1997. World weeds: natural histories and distribution[M]. Toronto, ON: John Wiley & Sons Inc.: 51–69.

Kelley A, Bruns V, 1975. Dissemination of weed seeds by irrigation water[J]. Weed Science, 23(6): 486–493.

Kigel J, 1994. Development and ecophysiology of *Amaranthus*[M]// Paredes-Lopez O. Amaranth: biology, chemistry and technology. Boca Raton, FL: CRC Press: 39–73.

Knezevic S Z, Weise S F, Swanton C J, 1994. Interference of redroot pigweed (*Amaranthus retroflexus*) in corn (*Zea mays*)[J]. Weed Science, 42(4): 568–573.

Kroh G C, Stephenson S N, 1980. Effect of diversity and pattern on relative yields of four Michigan first year fallow field plant species[J]. Oecologia, 45(3): 366–371.

LeBaron H, Gressel J, 1982. Herbicide resistance in plants[M]. New York, USA: John Wiley and Sons.

McLachlan S M, Murphy S D, Tollenaar M, et al., 1995. Light limitation of reproduction and variation in the allometric relationship between reproductive and vegetative biomass in *Amaranthus retroflexus* (redroot pigweed)[J]. Journal of Applied Ecology, 32(1): 157–165.

Mitchell J, Rook A, 1979. Botanical dermatology: plants and plant products injurious to the skin[M]. Vancouver, Canada: Greengrass.

Mitch L W, 1997. Redroot pigweed (*Amaranthus retroflexus*)[J]. Weed Technology, 11(1): 199–202.

Mohler C L, Galford A E, 1997. Weed seedling emergence and seed survival: separating the effects of seed position and soil modification by tillage[J]. Weed Research, 37(3): 147–155.

Mulligan G A, 1984. Chromosome numbers of some plants native and naturalised in Canada[J]. Naturaliste Canadien, 111: 447–449.

Nuss R, Loewus F A, 1978. Further studies on oxalic acid biosynthesis in oxalate-accumulating plants[J]. Plant Physiology, 61: 590–592.

Omami E N, Haigh A M, Medd R W, et al., 1999. Changes in germinability, dormancy and viability of

Amaranthus retroflexus as affected by depth and duration of burial[J]. Weed Research, 39: 345–354.

Oryokot J O E, Murphy S D, Thomas A G, et al., 1997. Temperature- and moisture-dependent models of seed germination and shoot elongation in green and redroot pigweed (*Amaranthus powellii, Amaranthus retroflexus*)[J]. Weed Science, 45(4): 488–496.

Pearcy R W, Tumosa N, Williams K, 1981. Relationships between growth, photosynthesis and competitive interactions for a C_3 and a C_4 plant[J]. Oecologia, 48: 371–376.

Sauer J D, 1950. The grain Amaranths: a survey of their history and classification[J]. Annals of the Missouri Botanical Garden, 37(4): 561–632.

Sauer J D, 1967. The grain amaranths and their relatives: a revised taxonomic and geographic survey[J]. Annals of the Missouri Botanic Garden, 54(2): 103–137.

Schweizer E S, Zimdahl R L, 1984. Weed seed decline in irrigated soil after six years of continuous corn (*Zea mays*) and herbicides[J]. Weed Science, 32: 76–83.

Schweizer E E, Westra P, Lybecker D W, 1998. Seedbank and emerged annual weed populations in cornfields (*Zea mays*) in Colorado[J]. Weed Technology, 12: 243–247.

Stevens O A, 1932. The number and weight of seeds produced by the weeds[J]. American Journal of Botany, 19(9): 784–794.

Stevens O A, 1957. Weights of seeds and numbers per plant[J]. Weeds, 5: 46–55.

Taylorson R B, 1970. Changes in dormancy and viability of weed seeds in soils[J]. Weed Science, 18: 265–269.

Telewski F W, Zeevaart J A D, 2002. The 120–years period for Dr. Beal's seed viability experiment[J]. American Journal of Botany, 89(9): 264–270.

Terres J K, 1980. The Audubon Society encyclopaedia of North American birds[M]. New York: Knopf: distributed by Random House: 1109.

Thellung A, 1914. *Amaranthus*[M]// Ascherson P, Graebner P. Synopsis der Mitteleuropaiscen Flora[M]. Leipzig: Gebr. Borntraeger, 5(1): 225–356.

Tisler A M, 1990. Feeding in the pigweed flea beetle, Disonycha glabrata Fab. (*Coleoptera*: Chrysomelidae), on *Amaranthus retroflexus*[J]. Virginia Journal of Science, 41(3): 243–245.

Tompkins D K, Chaw D, Abiola A T, 1998. Effect of windrow composting on weed seed germination and viability[J]. Compost Science & Utilization, 6(1): 30–34.

Torres M B, Kommers G D, Dantas A F M, et al., 1997. Redroot pigweed (*Amaranthus retroflexus*) poisoning of cattle in southern Brazil[J]. Veterinary and Human Toxicology, 39(2): 94–96.

Townsend C C, 1974. Amaranthaceae Juss[M]// Nasir E, Ali S I. Flora of West Pakistan. Rawalpindi: Ferozsons Press.

Tremmel D C, Patterson D T, 1993. Responses of soybean and five weeds to CO_2 enrichment under two temperature regimes[J]. Canadian Journal of Plant Science, 73(4): 1249–1260.

Weaver S E, McWilliams E L, 1980. The biology of Canadian weeds. 44. *Amaranthus retroflexus* L., *Amaranthus powellii* S. Wats. and *Amaranthus hybridus* L[J]. Canadian Journal of Plant Science, 60: 1215–1234.

Wiese A, Davis R, 1967. Weed emergence from two soils at various moistures, temperatures and depths[J]. Weeds, 15(2): 118–121.

Zhang J, Hamill A S, Gardiner I O, et al., 1998. Dependence of weed flora on the active soil seedbank. Weed Research, 38(2): 143–152.

10. 刺苋 *Amaranthus spinosus* Linnaeus, Sp. Pl. 2: 991. 1753.

【别名】 筋苋菜、勒苋菜

【特征描述】 一年生草本，高 0.3～1.5 m。茎直立，粗壮，圆柱形或钝棱形，分枝较多，有纵条纹，绿色或带紫色，无毛或稍有柔毛。叶柄长 1.5～5 cm，旁边有成对分开的刺（特化苞片），刺长 0.5～1.5 cm。叶片菱状卵形或卵状披针形，长 3～12 cm，宽 1～5.5 cm，顶端圆钝，具微凸头，基部楔形，全缘，无毛或幼时沿叶脉稍有柔毛。花序顶生和腋生，穗状花序或集成圆锥花序，侧生穗状花序较少，花序直立或先端下垂，长 3～25 cm，花于穗状花序上部紧密排列，下部成花簇，间断排列，穗状花序上部为雄花，下部为雌花，腋生近球形花簇多为雌花或与雄花混生。苞片在腋生花簇及顶生花穗的基部变成 2 个尖锐直刺，长 0.5～1.5 cm，少数具 1 刺或无刺，在顶生花穗的上部的苞片狭披针形，长约 0.15 cm，顶端急尖，具凸尖，中脉绿色。雌花花被片 5，膜质，倒卵状披针形或匙状披针形，等长或近等长，长 1.2～1.5 mm，先端短尖或短芒，花柱分枝，柱头 2 或 3，开展。雄花花被片 5，膜质，等长或近等长，雄蕊 5，花药黄色，开花时，花丝与花被对生。胞果卵圆形至近球形，直径为 1.5～2.5 mm，不规则开裂或不开裂。种子近球形，直径约 1 mm，黑色或带棕黑色。染色体：$2n=34$（Grant, 1959）。物候期：花果期为 7—11 月。

【原产地及分布现状】 原产地分布范围不确定。可能原产于美洲热带，大约公元前 1700 年引入到温带地区（Lemmens & Bunyapraphatsara, 1999）。1900 年，它出现在古巴的标本藏品中，于 1928 年被引入夏威夷（Motooka et al., 2003）。在加勒比海地区、非洲的西部和南部、孟加拉湾周围及亚洲和东南亚地区成为杂草。**国内分布**：安徽、北京、重庆、福建、甘肃、广东、广西、贵州、海南、河北、河南、黑龙江、香港、湖北、湖南、吉林、江苏、江西、辽宁、澳门、陕西、山东、山西、上海、四川、台湾、西藏、云南、浙江。

【**生境**】 耕地、牧场、果园、菜地、路边、垃圾堆、撂荒地和次生林。

【**传入与扩散**】 **文献记载**：1849 年，Moquin-Tandon（1849）记载刺苋在中国有分布。根据 *The Botany of the Voyage of H. M. S. Herald under the Command of Captain Henry Kellett, R. N., C. B., during the years 1845—51*，当时刺苋在整个香港地区的废弃地里已经非常普遍（Seeman, 1857）。*Flora of Kwangtung and HongKong* 中记载刺苋在香港的大屿山岛、新界和广东汕头、澳门有分布（Dunn & Tutcher, 1912）；李振宇在《中国外来入侵种》一书中记载刺苋于 19 世纪 30 年代末在澳门发现（李振宇和解焱，2002）。1956 年刺苋在浙江省杭州市华家池被报道为杂草（蒋芸生和尹兆培，1956）。**标本信息**：Herb. Linn. No. 1117.27（Lectotype: LINN），该标本采自印度，由 Fawcett 和 Rendle 指定为后选模式（1914）。中国较早的标本记录是法国传教士 Callery 于 1836 年在澳门采到标本；另有 1844 年采到的刺苋标本，但未记录采集地（N. 92），标本存于法国自然历史博物馆（P）；Henry Kellett 船长一行于 1850 年 12 月 1～22 日间在香港采到刺苋标本，并记录刺苋当时在香港已成为麻烦的杂草，Hance 于 1844 年年底到 1851 年 4 月期间在香港采到标本，但没有具体的采集时间（Seeman, 1857）；Oldham 于 1864 年在台湾淡水采到标本，标本存于法国自然历史博物馆（P04617810）。**传入方式**：刺苋现在很少栽培，是种植园、作物地、牧场和果园里的主要杂草。因此，它可能是随着作物、牧场种子和农业机械中的污染物而被无意带入（USDA-ARS, 2015）。**传播途径**：刺苋自交亲和，风媒传粉（Waterhouse, 1994），种子可通过水流和风力进行自然扩散，也可夹杂在作物或牧草种子中，随人类活动和农产品携带进行远距离传播，比如日本报道刺苋的种子是随进口的动物饲料颗粒进入日本的（Kurokawa, 2001）。**繁殖方式**：种子繁殖。**入侵特点**：① 繁殖性 刺苋植株可产生大量可育的种子，平均单个植株可以产生高达 235 000 粒种子（Waterhouse, 1994）。② 传播性 种子小，重量轻，种子的千粒重仅为 0.14～0.25 g

（Grubben & Denton, 2004），可通过河流与风力扩散传播。③ **适应性** 刺苋种子扩散后，一些种子在高温下几天内就可萌发，有些种子需要在储存 4～5 个月后萌发，无论在光照还是黑暗情况下种子的萌发率都很高（Holm et al., 1977）；有些种子可以在土壤种子库中存活多年（Waterhouse, 1994），萌发后生长快速。适生性强，在潮湿或干燥的地方均能生长（McMullen, 1999），但稍干旱的环境更利于其生长。在有机物质高、土壤质地好、氮含量高的土壤上长势最好（Holm et al., 1977）。**可能扩散的区域：**全国。

【**危害及防控**】 **危害：**主要危害玉米、棉花、花生、甘蔗、芒果、高粱、大豆、烟草、蔬菜、油棕榈、红薯、香蕉、菠萝等作物（Holm et al., 1991），导致其减产；植株富含硝酸盐，可能导致家畜中毒（Waterhouse, 1994）；刺苋能排挤本地植物，导致入侵地生物多样性降低，在入侵地占主导地位并侵入到岛屿生态系统及天然草原；植株具坚硬的刺，会扎伤人畜。**防控：**刺苋对大多数用于阔叶杂草的标准除草剂很敏感（Kostermans et al., 1987; Lorenzi & Jeffery, 1987）。对噁唑禾草灵（fenoxaprop）、哌草磷（piperophos）和禾草丹（thiobencarb）有抗性（Ampong-Nyarko & De Datta, 1991）。值得注意的是，反复使用除草剂会导致耐药株的出现（Lorenzi and Jeffery, 1987）；*Haplopeodes minutus*，*Cassida nigriventris* 和 *Coleophora versurella* 是生物控制刺苋的最佳候选（Spencer & Steyskal, 1986）。在泰国，增加 *Hypolixus trunultulus* 的释放已经成功地控制了刺苋（Julien, 1992）；真菌性病原 *Phomopsis amaranthicola* 和 *Microsphaeropsis amaranthi* 已被证明可以作为包括刺苋在内的苋属杂草的潜在生物除草剂（Rosskopf et al., 2000; Ortiz-Ribbing & Williams, 2006）。*Murraya paniculata* 的提取物可以抑制刺苋的种子萌发，为刺苋的控制提供了潜力（Pangnakorn & Poonpaiboonpipattana, 2013）。

【**凭证标本**】 广东省肇庆市怀集县中洲镇水下村委会茅谢村，海拔 96 m，24.149 9°N，112.152 3°E，2014 年 7 月 12 日，王瑞江 RQHN00072（CSH）；广西壮族自治区百色市隆林县者浪乡，海拔 662 m，24.793 8°N，105.263 3°E，2014 年 12 月 21 日，唐赛春、潘玉梅 RQXN07618（CSH）；安徽省亳州市涡阳县标里镇孙店村，海拔 41 m，33.490 5°N，115.989 9°E，2014 年 7 月 7 日，闫小玲、王樟华、李惠茹、严靖 RQHD00189（CSH）。

刺苋（*Amaranthus spinosus* Linnaeus）

1. 生境；2. 幼苗；
3. 顶生花穗；4. 侧生花穗；
5. 花序；6. 刺特写；7. 胞果

参考文献

蒋芸生，尹兆培，1956. 华家池杂草植物名录［J］. 浙江农学院学报，1（2）: 191-200.

李振宇，解焱，2002. 中国外来入侵种［M］. 北京：中国林业出版社.

Ampong-Nyarko K, De Datta S K, 1991. Handbook for weed control in rice[M]. Manila, Philippines: International Rice Research Institute.

Dunn S T, Tutcher W J, 1912. Flora of Kwangtung and Hongkong (China)[M]. London: Royal Botanic Gardens, Kew.

Fawcett W, Rendle A B, 1914. Flora of Jamaica[M]. London: the Trustees of the British Museum.

Grant W F, 1959. Cytogenetic studies in *Amaranthus*: II. Natural interspecific hybridization between *Amaranthus dubius* and *Amaranthus spinosus*[M]. Canadian Journal of Botany, 37(5): 1063-1070.

Grubben G J H, Denton O, 2004. Plant Resources of Tropical Africa 2. Vegetables[M]. Leiden, CTA, Wageningen: PROTA Foundation, Backhuys.

Holm L G, Plucknett D L, Pancho J V, et al., 1977. The world's worst weeds. Distribution and biology[M]. Honolulu, Hawaii, USA: University Press of Hawaii.

Holm L, Pancho J, Herberger J, et al., 1991. A geographic atlas of world weeds[M]. Malabar, Florida, USA: Krieger Publishing Company.

Julien M H, 1992. Biological control of weeds: a world catalogue of agents and their target weeds[M]. Wallingford, UK: CAB International.

Kostermans A J G H, Wirjahardja S, Dekker R J, 1987. The weeds: description, ecology and control. Weeds of rice in Indonesia[M]. Jakarta, Indonesia: Balai Pustaka: 24-565.

Kurokawa S, 2001. Invasion of exotic weed seeds into Japan, mixed in imported feed grains[J]. Extension Bulletin - Food & Fertilizer Technology Center, 497: 14.

Lemmens R H M J, Bunyapraphatsara N, 1999. *Amaranthus spinosus* L[M]// Plant resources of South-east Asia. Leiden, The Netherlands: Backhuys Publisher: 110-113.

Lorenzi H J, Jeffery L S, 1987. Weeds of the United States and their control[M]. New York, USA; Van Nostrand Reinhold Co. Ltd.

McMullen C K, 1999. Flowering plants of the Galápagos[M]. Ithaca, New York, USA: Comstock Publisher Assoc.

Moquin-Tandon C H B, 1849. Amarantaceae[M]// De Candolle A P, Prodromus systematis naturalis regni vegetabilis 13(2). Parisiis: Victoris Masson: 231-424.

Motooka P, Castro L, Nelson D, et al., 2003. Weeds of Hawaii's pastures and natural areas; an identification and management guide[M]. Manoa, Hawaii, USA: College of Tropical Agriculture and Human Resources, University of Hawaii.

Ortiz-Ribbing L, Williams M M, 2006. Potential of *Phomopsis amaranthicola* and *Microsphaeropsis amaranthi*, as bioherbicides for several weedy *Amaranthus* species[J]. Crop Protection, 25(1): 39–46.

Pangnakorn U, Poonpaiboonpipattana T, 2013. Allelopathic potential of orange jessamine (*Murraya paniculata* L.) against weeds[J]. Journal of Agricultural Science and Technology, 3(10): 790–796.

Rosskopf E N, Charudattan R, DeValerio J T, et al., 2000. Field evaluation of Phomopsis amaranthicola, a biological control agent of *Amaranthus* spp.[J]. Plant Disease, 84(11): 1225–1230.

Seemann B, 1857. The botany voyage of H. M. S. Herald, under the command of captain Henry Kellett, R. N., C. B., during the years 1845–51[M]. London: Lovell Reeve, 5, Henrietta Street, Covent Garden.

Spencer K A, Steyskal G C, 1986. Manual of the Agromyzidae (Diptera) of the United States[M]. Washington: United States Department of Agriculture.

USDA-ARS, 2015. Germplasm Resources Information Network (GRIN). Online Database. Beltsville, Maryland, USA: National Germplasm Resources Laboratory[DB/OL]. https://npgsweb.ars-grin.gov/gringlobal/taxon/taxonomysearch.aspx

Waterhouse D F, 1994. Biological control of weeds: Southeast Asian prospects[M]. Canberra: Australian Centre for International Agricultural Research: 20–24.

11. 糙果苋 *Amaranthus tuberculatus* (Moquin-Tandon) J. D. Sauer, Madroño 13(1): 18. 1955.

【别名】 西部苋

【特征描述】 一年生草本，雌雄异株。茎直立，稀斜升或平卧，高 0.4～1.5 m。叶深绿色，全株无毛；叶片形态多变，较小的叶片通常长圆形或匙形，较大者宽卵形至披针形，长 1.5～4 cm，宽 0.5～1.5 cm，基部楔形，边缘全缘，先端钝至急尖，具小短尖，叶柄长约为叶片的 1/4～1/2。圆锥花序顶生，上部弯曲或俯垂，雄花序长约 5 cm，排列稀疏，常不具叶；雌花序长 1～2 cm，顶生花序常具叶。雄花苞片长 1～1.5 mm，具极细的中脉；雌花苞片具不明显龙骨突，长 1～2 mm，先端渐尖。雄花花被片 5，花被片等长或不等长，长 2～3 mm，先端钝至急尖或渐尖或具不明显短尖；雄蕊 5；雌花花被片缺失，柱头分枝近直立。胞果深褐色至红褐色，不具纵棱，倒卵状至近球状，长 1.5～2 mm，壁薄，近平滑或不规则皱缩，不开裂、不规则开裂或周裂。种子直径 0.7～1 mm，深红褐色至深褐色，具光泽。**染色体**：2n=32（Trucco et al., 2006）。**物候期**：花果期为 7—10 月。

【原产地及分布现状】 原产于北美洲，分布于加拿大魁北克、美国亚拉巴马州等地，在西亚和欧洲归化或入侵（Mosyakin & Robertson, 2003）。Waselkov 和 Olsen（2014）的微卫星标记实验数据确定了糙果苋的东、西两个遗传谱系，目前入侵美国农业的糙果苋是由西部遗传谱系［主要是 *Amaranthus tuberculatus* var. *rudis* (J. D. Sauer) Costea & Tardif］的东移造成的，由于农业模式的改变（如玉米和大豆等单一作物种植的增加以及采用减少耕种或免耕体系）而促进了糙果苋的传播。*A. tuberculatus*（var. *rudis*）于 2002—2003 年从美国开始扩散到加拿大西南部安大略省的大豆田中，*A. tuberculatus*（var. *tuberculatus*）在 19 世纪末就在安大略省和魁北克省被报道（Costea et al., 2005）。混在大豆中随船运贸易传播并建立种群是糙果苋入侵欧洲的最主要途径。在比利时，自 1983 年以来，糙果苋在港口（安特卫普、根特）被发现，发现区域一般靠近谷物输送机和磨坊，码头周围和路边都有该种分布。自 2003 年以后，糙果苋沿着比利时和荷兰的砾石河岸蔓延（Verloove, 2015）。**国内分布**：北京。

【生境】 常见于各种淡水流域边缘地带，如河边、溪边、湖边、池塘边、沼泽边；也喜生于各种人工生境，如路边、铁路沿线、耕地、荒地和花园。

【传入与扩散】 **文献记载**：苗雪鹏和李学东（2016）报道该种在北京市怀柔区怀柔水库的河滩上有较大种群，依据的标本采集日期为 2014 年 10 月 15 日；严靖等（2016）将其报道为外来入侵植物。**标本信息**：Reuter s.n（Lectotype：G），Moquin-Tandon（1849）最初依据栽培于瑞士日内瓦植物园的植株对该种进行了原始的描述，后选模式（Lectotype）由 Iamonico（2015）指定。李增新将 2004 年 8 月 8 日在北京市丰台区南苑槐房北京市植物油厂仓库附近（7183）和同年 10 月 7 日在丰台区小屯路路边（7270）采到的长芒苋的标本错误鉴定为糙果苋，两份标本均保存在北京师范大学植物标本馆（BNU）。糙果苋在中国最早的标本是李振宇、傅连中、范晓虹等 2009 年 8 月 20 日在辽宁省大连市普兰店榨油厂附近的草地上采到的标本（11828B），当时仅发现了雄株；2009 年 11 月 20 日陈劲松和曾思海在福建省泉州市肖厝榨油厂附近的草地上采到该种标本（09～012），其可能是随进口作物种子无意引进；此后在北京（2013）、湖北（2014）和山东（2017）采到标本。**传入方式**：糙果苋主要通过夹杂在大豆和其他粮食中运输而传入，在欧洲糙果苋最早往往在港口附近被发现（Iamonico, 2016）；糙果苋首次在西班牙发现也是帕洛斯德拉弗龙特拉港口附近（Sánchez Gullón & Verloove, 2013）。糙果苋通过上述方式被无意引入到西亚和欧洲并归化，此后扩散到其他地区。**繁殖方式**：种子繁殖。**传播途径**：种子的形态有利于水、动物和鸟类散布，其在一定程度上也可通过风力传播。在入侵地，糙果苋一旦被引入，就会沿着水道和河流进行传播，其繁殖能力很高，可以迅速传播，对河岸草原植被造成不利的生态影响（Iamonico, 2015）。人为因素如农机具、肥料和堆肥也有助于糙果苋的种子在田间传播，同时随着大豆和其他谷物运输可以帮助其无意地进行局部和长距离扩散（Costea et al., 2005; Verloove, 2015）。**入侵特点**：① 繁殖性　植株可产生大量可育的种子，单株种子量可达 35 000 粒种子（Stevens, 1932），幼苗生长迅速。糙果苋在野外可以和 *Acnida* 亚属的其他种杂交，甚至可以和苋亚属（subgenus *Amaranthus*）的物种杂交，比如绿穗苋（*Amaranthus hybridus*）（Costea et al., 2005; Trucco et al., 2005）。② 传播性　种子小、轻，千粒重仅为 0.19 g（Stevens, 1932）；风媒传粉，花粉具有许多且均匀分布的孔，这些孔产生一层湍流空气以减少花粉粒和空气之间的摩擦，从而使花粉粒的传播距离最大化，可以风散（Franssen et al., 2001; Costea et al., 2005）。由于果实和种子都可以漂浮，随着水流（通过雨水、地面灌溉和河流等）进行传播非常重要，因此糙果苋喜欢生长在靠近水流的地方（Costea et al., 2005）。③ 适应性　糙果苋为 C_4 光合途径物种，与 C_3 植物相比，可在高温和高强光下表现出特有的 "克兰兹" 叶片解剖结构（'Kranz' leaf anatomy）和高光合速率，光呼吸减少、CO_2 补偿点低等特点（Costea et al., 2004）。糙果苋虽然是温带物种，但其对气候条件的要求比较宽泛，可以耐受各种土壤类型和质地，更喜生于排水良好且营养丰富的土壤，最适 pH 为 4.5～8，植株本身可以耐受短期的洪水，但缺乏耐盐性，对 CaCO$_3$ 耐受性适中（USDA-NRCS, 2015）。**可能扩散的区域：** 徐晗等（2013）以气候作为主要因素，采用 CLIMEX 对糙果苋在我国的潜在分布区进行了预测，结果表明糙果苋在我国的适生范围广泛，较长芒苋适生区偏北。糙果苋在我国华北平原、中东部和东北部分地区最为适生。根据海关检疫时截获的糙果苋种子情况来看，该种在我国入侵的风险很高，需加强监管。

【**危害及防控**】 **危害：** 无论是在原产地、归化地还是入侵地，糙果苋都能成功地战胜栽培植物，成为优势种。它是美国 40 多个州主要的农田杂草，危害栽培作物的生长并降低产量，由于糙果苋的密集种群（89～360 株 /m^2）出现在大豆的单叶期，导致伊利诺斯州大豆产量降低 43%、堪萨斯州大豆减产 27%～63%（Hager et al., 2002; Bensch et al., 2003）；在伊利诺斯州，高密度的糙果苋种群（60～300 株 /m^2）使玉米减产 74%（Steckel & Sprague, 2004），大大减少了农业收入。与其他苋属植物类似，农民对田间的糙果苋重视程度不够，会导致其更多的种群建立，带来更多的麻烦（Costea et al., 2001; Iamonico, 2010），且由于该种持续存在的种子库以及对一些除草剂具有抗性，在过去的十余年，糙果苋在美国中西部地区越来越难控制。自 20 世纪 90 年代初以来，在整个美国中西部地区的糙果苋种群对三嗪、乙酰乳酸合酶（ALS）（如磺酰脲类）和原卟啉原氧化酶（PPO）（如二苯基醚）等除草剂产生了抗性（Patzoldt, 2005），从而进一步影响作物产量和作物生产成本，目前不仅需要开发和使用新的除草剂，而且需要改变杂草管理策略和农业实践，以降低除草剂抗性糙果苋种群的发展和传播风险（Tranel et al., 2011）。糙果苋种群密度的增加引起原生植物群落结构发生改变，比如通过对营养物质和空间的竞争，对当地河岸草本植物构成威胁，改变本地物种的频率和覆盖范围，在意大利北部，糙果苋的传播已经威胁到濒危物种 *Myricaria germanica* (L.) Desvaux（Alessandrini et al., 2013）、*Typha minima* Funck ex Hoppe、*Sagittaria sagittifolia* Linnaeus 和 *Hippuris vulgaris* Linnaeus，对 *Typha shuttleworthii* Koch & Sonder、*Epipactis palustris* (L.) Crantz 和 *Lindernia palustris* Hartmann 也逐渐构成威胁（Iamonico, 2015）。另外，糙果苋可与苋属其他种进行杂交，从而对这些物种的基因库产生负面影响，进而影响生物多样性，如在加拿大，糙果苋通常和藜（*Chenopodium album*）、反枝苋、鲍氏苋和蓼（*Polygonum persicaria* Linnaeus）混生，而在美国，通常与豚草（*Ambrosia artemisiifolia* Linnaeus）、*Asclepias syriaca* Linnaeus、藜、苏门白酒草（*Erigeron sumatrensis* Retzius）、油莎草（*Cyperus esculentus* Linnaeus）、野西瓜苗（*Hibiscus trionum* Linnaeus）、大狗尾草（*Setaria faberi* R. A. W. Herrmann）、金色狗尾草 [*Setaria glauca* (L.) P. Beauvois]、刺黄花稔（*Sida spinosa* Linnaeus）、北美刺龙葵（*Solanum carolinense* Linnaeus）、*Solanum ptycanthum* Dunal 等杂草混生（Felix & Owen, 1999; Costea et al., 2005）。糙果苋花多，花粉数量多、体积小，是潜在的过敏原植物。**防控**：在种子成熟前进行仔细和持续的调查和监测，特别是在大豆和谷物运输的港口周围；由于糙果苋的胚轴只能伸长 0.5 ~ 3.5（ ~ 5）cm，因此避免免耕或减耕的种植方式，并进行深耕以埋藏其种子；插条栽培也可以减少其种子的活性或者避免其返回到地表（Buhler et al., 2001）；在收割完成之后彻底清扫农机具以避免将种子带到其他地方（Costea et al., 2005）。在美国（艾奥瓦州）观察到的糙果苋最重要的种子捕食者是 *Amara aeneopolita*、*Anisodactylus rusticus*、*Stenolophus comma*、*Gryllus pennsylvanicus* 和 *Harpalus pensylvanicus*；在美国发现糙果苋可感染的真菌包括 *Albugo bliti*、*Phymatotrichum omnivorum*、*Cercospora acnidae* 和 *Phyllosticta amaranthi*；糙果苋感染 *Microsphaeropsis amaranthi* 后引起叶片和茎坏死，导致植物在最佳条件下死亡，在美国中西部地区进行的初步测试表明，其在田间可以作为有效的生物除草剂限量使用（Smith et al., 2006）；叶面施用的除草剂可以控制糙果苋的生长，出苗前的除草剂包括甲磺草胺（Krausz & Young, 2003）、丙炔氟草胺、S–异丙甲草胺、二甲戊灵、乙草胺、利谷隆、咪唑乙烟酸、草克净、氟噻草胺 + 草克净、阔草清 + 异丙甲草胺、异恶唑酮和甲基磺草酮（Sweat et al., 1998; Niekamp & Johnson, 2001; Steckel et al., 2002）；已被证明对其有效的芽后除草剂包括乳铁蛋白和氟磺胺草醚（Hager et al., 2003）。

【**凭证标本**】 北京市怀柔区怀柔水库库区河滩，海拔 57 m，40.303 1°N，116.606 0°E，2014 年 10 月 15 日，苗学鹏 RQSB10069（BNU）。

【相似种】 西部苋（*Amaranthus rudis* J. D. Sauer）。糙果苋和西部苋在形态上的差异较小，目前对这两个种的分类问题还存在争议。两者的主要区别：糙果苋的雌花常无花被片，胞果不开裂，苞片长 1～1.5 mm，雄花花被片近等长，具薄的不贯穿的中脉；西部苋的雌花具 1～2 枚狭披针形的花被片，最长约为 2 mm，胞果周裂，苞片长 1.5～3 mm，雄花花被片不等长，最长的外侧花被片具明显贯穿的中脉。有关糙果苋和西部苋的分类问题，有两种观点。一种观点是根据雌花花被片数目及等位酶实验，将二者分开处理（Sauer, 1972）。Robertson（1981）经过长期观察，认为西部苋起源于得克萨斯（Taxas）到艾奥瓦（Iowa）密西西比河（Mississippi）流域西部的大平原，糙果苋可能分布在密苏里（Missouri）和田纳西（Tennessee）北部至五大湖（The Great Lakes）一带。另一种观点是将西部苋和糙果苋归并为一种，为广义的糙果苋（Pratt, 1999, 2001）；由于两个种间存在杂交现象，并产生大量难以归类的中间型，因此在北美多作广义种处理。广义糙果苋在北美已经成为农业及生态系统的主要杂草，并不断向外扩散，在欧洲也有报道（Aellen, 1976）。

糙果苋 [*Amaranthus tuberculatus* (Moquin-Tandon) J. D. Sauer]

1. 生境；2. 雄花序；3. 雄花特写；4. 雌花序；5. 雌花特写；6.～7. 叶；8. 胞果

参考文献

苗雪鹏，李学东，2016. 京津冀地区外来归化植物新资料［J］. 首都师范大学学报（自然科学版），37（3）：47-50.

徐晗，宋云，范晓虹，等，2013. 3 种异株苋亚属杂草入侵风险及其在我国适生性分析［J］. 植物检疫，27（4）：20-23.

严靖，闫小玲，马金双，2016. 中国外来入侵植物彩色图鉴［M］. 上海：上海科学技术出版社．

Aellen P, 1976. *Amaranthus*[M]// Hegi G. Illustrierte flora von Mitteleuropa. Berlin & Hamburg: Verlag Paul Parey, 3(2): 509-210.

Alessandrini A, Ardenghi N M G, Montagnani C, et al., 2013. *Myricaria germanica* (L.) Desv.[J]. Informatore Botanico Italiano, 45(2): 375-380.

Bensch C N, Horak M J, Peterson D, 2003. Interference of redroot pigweed (*Amaranthus retroflexus*), Palmer amaranth (*Amaranthus palmeri*), and common waterhemp (*Amaranthus rudis*) in soybean[J]. Weed Science, 51(1): 37-43.

Buhler D D, Kohler K A, Thompson R L, 2001. Weed seed bank dynamics during a five-year crop rotation[J]. Weed Technology, 15(1): 170-176.

Costea M, Sanders A, Waines G, 2001. Notes on some little known *Amaranthus* taxa (Amaranthaceae) in the United States[J]. Sida, 19(4): 975-992.

Costea M, Weaver S E, Tardif F J, 2004. The biology of Canadian weeds. 130. *Amaranthus retroflexus* L., *Amaranthus powellii* S. Watson and *Amaranthus hybridus* L[J]. Canadian Journal of Plant Science, 84(2): 631-668.

Costea M, Weaver S E, Tardif F J, 2005. The biology of invasive alien plants in Canada. 3. *Amaranthus tuberculatus* (Moq.) Sauer var. *rudis* (Sauer) Costea & Tardif[J]. Canadian Journal of Plant Science, 85(2): 507-522.

Felix J, Owen M D K, 1999. Weed population dynamics in land removed from the conservation reserve program[J]. Weed Science, 47(5): 511-517.

Franssen A S, Skinner D Z, Al-Khatib K, et al., 2001. Pollen morphological differences in *Amaranthus* species and interspecific hybrids[J]. Weed Science, 49(6): 732-737.

Hager A G, Wax L M, Stoller E W, et al., 2002. *Amaranthus* common waterhemp (*Amaranthus rudis*) interference in soybean[J]. Weed Science, 50(5): 607-610.

Hager A G, Wax L M, Bollero G, et al., 2003. Influence of Diphenylether Herbicide application rate and timing on common Waterhemp (*Amaranthus rudis*) control in Soybean (*Glycine max*)[J]. Weed Technology, 17(1): 14-20.

Iamonico D, 2010. Biology, life-strategy and invasiveness of *Amaranthus retroflexus* L. (Amaranthaceae) in central Italy: preliminary remarks[J]. Botanica Serbica, 34(2): 137-145.

Iamonico D, 2015. Taxonomic revision of the genus *Amaranthus* (Amaranthaceae) in Italy[J].

Phytotaxa, 199(1): 1–84.

Iamonico D, 2016. Nomenclature survey of the genus *Amaranthus* (Amaranthaceae) 3. Names linked to the Italian flora[J]. Plant Biosystems, 150(3): 519–531.

Krausz R F, Young B G, 2003. Sulfentrazone enhances weed control of glyphosate in glyphosate-resistant soybean (*Glycine max*)[J]. Weed Technology, 17(2): 249–255.

Moquin-Tandon C H B, 1849. Amaranthus *Amaranthus tuberculata*[M]// De Candolle A P. Prodromus systematis naturalis regni vegetabilis. Pars decima tertia, sectio posterior. Paris, France: Treuttel & Wurtz: 277.

Mosyakin S L, Robertson K R, 2003. *Amaranthus*[M]// Flora of North America Editorial Committee. Flora of North America: North of Mexico: Volume 4. New York and Oxford: Oxford University Press: 416.

Niekamp J W, Johnson W G, 2001. Weed management with sulfentrazone and flumioxazin in no-tillage soyabean (*Glycine max*)[J]. Crop Protection, 20(3): 215–220.

Patzoldt W L, Tranel P J, Hager A G, 2005. A waterhemp (*Amaranthus tuberculatus*) biotype with multiple resistance across three herbicide sites of action[J]. Weed Science, 53(1): 30–36.

Pratt D B, 1999. Taxonomic revision of *Amaranthus rudis* and *Amaranthus tuberculatus* (Amaranthaceae)[D]. Ames, Iowa: Iowa State University: 68.

Pratt D B, Clark L G, 2001. *Amaranthus rudis* and *Amaranthus tuberculatus*—one species or two?[J] Journal of the Torrey Botanical Society, 128: 282–296.

Robertson K R, 1981. The genera of Amaranthaceae in the Southeastern United States[J]. Journal of the Arnold Arboretum, 62: 267–313.

Sauer J D, 1972. The dioecious amaranthus: a new species name and major range extensions[J]. Madrono, 21(6): 426–434.

Sánchez Gullón E, Verloove F, 2013. New records of interesting vascular plants (mainly xenophytes) in the Iberian Peninsula[J]. Folia Botanica Extremaurensis, 7: 29–34.

Smith D A, Doll D A, Singh D, et al., 2006. Climatic constraints to the potential of Microsphaeropsis amaranthi as a bioherbicide for common waterhemp[J]. Phytopathology, 96(3): 308–312.

Stevens O A, 1932. The number and weight of seeds produced by the weeds[J]. American Journal of Botany, 19(9): 784–794.

Steckel L E, Sprague C L, 2004. Common waterhemp (*Amaranthus rudis*) interference in corn[J]. Weed Science, 52(3): 359–364.

Steckel LE, Sprague C L, Hager A G, 2002. Common waterhemp (*Amaranthus rudis*) control in corn (*Zea mays*) with single preemergence and sequential applications of residual herbicides[J]. Weed Technology, 16(4): 755–761.

Sweat J K, Horak M J, Peterson D E, et al., 1998. Herbicide efficacy on four *Amaranthus* species in soybean (*Glycine max*)[J]. Weed Technology, 12(2): 315−321.

Tranel P J, Riggins C W, Bell M S, et al., 2011. Herbicide resistances in *Amaranthus tuberculatus*: a call for new options[J]. Journal of Agricultural and Food Chemistry, 59(11): 5808−5812.

Trucco F, Jeschke M R, Rayburn A L, et al., 2005. Promiscuity in weedy amaranths: high frequency of female tall waterhemp (*Amaranthus tuberculatus*) × smooth pigweed (*Amaranthus hybridus*) hybridization under field conditions[J]. Weed Science, 53(1): 46−54.

Trucco F, Tatum T, Robertson Rayburn K R A L, et al., 2006. Characterization of waterhemp (*Amaranthus tuberculatus*) × smooth pigweed (*Amaranthus hybridus*) F1 hybrids[J]. Weed Technology, 20(1): 14−22.

USDA-NRCS, 2015. The PLANTS database. Baton Rouge, USA: National Plant Data Center[DB/OL]. http://plants.usda.gov/.

Verloove F, 2015. *Amaranthus tuberculatus*[M]// Manual of the Alien Plants of Belgium. Botanic Garden Meise, Belgium (At: alienplantsbelgium.be.).

Waselkov K E, Olsen K M, 2014. Population genetics and origin of the native North American agricultural weed waterhemp (*Amaranthus tuberculatus*; Amaranthaceae)[J]. American Journal of Botany, 101(10): 1726−1736.

12. 皱果苋 *Amaranthus viridis* Linnaeus, Sp. Pl. (ed. 2) 2: 1405. 1763.

【别名】 绿苋、野苋、细苋

【特征描述】 一年生草本，高 30～80 cm，全株无毛。茎直立，稀平卧或斜升，有不明显棱角，植株上部稍有分枝，绿色或带紫色。叶片卵形、卵状矩圆形或卵状椭圆形，长 3～9 cm，宽 2.5～6 cm，基部宽楔形或近截形，全缘或微呈波状缘，顶端尖凹或凹缺，少数圆钝，具小短尖。叶柄长 2～6 cm，绿色或带紫红色。花序顶生和腋生，为穗状花序或集成圆锥花序，穗状花序与圆锥花序比较纤细，花序呈暗红色或棕褐色。苞片卵形至披针形，长不足 1 mm，短于花被片，具小短尖。雌花花被片 3，膜质，狭椭圆形或倒卵状椭圆形，等长或近等长，长 1～1.2 mm，先端圆形或近急尖，具小短尖，背部有 1 绿色隆起中脉，柱头 2 或 3，流苏状。雄花大部分生于花序顶端，不明显，花被片 3，雄蕊 3，短于花被片。胞果卵圆形至压扁状球形，直径约 2 mm，长于宿存花被片，胞果具条纹褶皱，且纵向分布，极皱缩，不开裂。种子近球形，直径约 1 mm，黑色或黑褐色，具薄且锐的环状边缘。**染色体**：2*n*=34（Fedorov, 1969）。**物候期**：花果期为 6—11 月。

【原产地及分布现状】 原产地不确定，可能是加勒比海地区（Francischini et al., 2014）。现在在热带地区和温带地区已广泛归化或入侵，是热带、亚热带和温带地区的常见杂草。凭借其很强的环境适应性和极高的种子产量，目前已在 80 多个国家的耕地中有发现皱果苋（Francischini et al., 2014）。**国内分布**：安徽、澳门、北京、重庆、福建、甘肃、广东、广西、贵州、海南、河北、河南、黑龙江、香港、湖北、湖南、吉林、江苏、江西、辽宁、内蒙古、陕西、山东、山西、上海、四川、台湾、天津、新疆、云南、浙江。

【生境】 适应性广，分布于所有的温带地区，是热带、亚热带及温带地区的常见杂草。几乎在所有受到干扰的生境下都有发现，如农田、铁路与公路边、绿地、花园、沟渠地边、空地、旷野荒地、牧场、耕地、菜地、果园、村落边、建筑工地、垃圾场附近。在阳光暴晒的地区、湿润地区以及干旱条件下均能生长。

【传入与扩散】 **文献记载**：1861 年 Bentham 在 *Flora Hongkongensis* 记录皱果苋在香港有分布，并且记录其是广布于热带和亚热带地区的杂草（Bentham, 1861）；1875 年 Debeaux 在 *Florule de Shang-hai* 中记录皱果苋分布于香港和江苏；*An Enumeration of all the Plants known from China Proper, "Formosa", Hainan, Corea, the Luchu Archipelago, and the Island of Hongkong, together with their Distribution and Synonymy.—Part X.* 记录皱果苋在中国广东、台湾、香港有标本记录（Forbes & Hemsley, 1891）。**标本信息**：Herb. Linn. No. 1117.15（Lectotype: LINN），该后选模式由 Fawcett 和 Rendle 指定（Fawcett & Rendle, 1914）。中国较早的标本记录是 Callery 于 1844 年采自澳门的标本，保存于法国自然历史博物馆（P04617694）；Oldham 于 1864 年采自台湾淡水的标本（Okdham 418），另有早期采自广东（Wenyon）和香港（Hinds）的标本，均存于邱园植物标本馆（KEW）。**传入方式**：皱果苋富含钙和铁，是维生素 B 和维生素 C 的良好来源（Morton, 1981），之前在世界许多地区种植供食用和药用（Uphof, 1968）。由于其种子很小，因此随着人类的种植和使用在世界范围内有意或无意地传播。**传播途径**：种子通过水流、风力或被鸟类和其

他动物取食或排泄后传播，也可随农机具污染进行传播。**繁殖方式**：① **繁殖性** 在热带和亚热带地区，皱果苋全年皆可通过种子进行繁殖，种子在高温条件下易丧失活力。用浓硫酸处理种子可促进萌发，在 35℃ 时种子可 100% 萌发（Ikenaga et al., 1975）；湿度较高的环境下（85%）种子萌发延迟，每年十月至次年四月期间的洪水可使种子丧失活力（Yamamoto & Ohba, 1977）。种子埋藏的深度对萌发没有影响（Horng & Leu, 1978）。② **传播性** 种子较小，适合随风力和水流等传播；皱果苋是一种很好的牛饲料，并可供药用（Dalziel, 1937），其种子可在鸡的消化道中存活（Rodriguez et al., 1983）。③ **适应性** 适应能力很强，适合于各种生境。具有 C_4 光合作用（Rajagopalan et al., 1993），在高温和高光照水平下能快速生长，但在中等光强度下生长最好（Ramakrishnan, 1976; Simbolon & Sutamo, 1986），有很强的耐旱能力，并与蔬菜和作物进行光照、水分和营养的竞争。除了生长在世界各地较暖地区的潮湿土壤中，还发生在几乎所有作物、草本植物和木本植物中。**可能扩散的区域**：全国。

【**危害及防控**】 **危害**：皱果苋相当常见，是菜地和秋季旱作物田间的杂草，可与凹头苋杂交（Coons, 1981），猪食用后会中毒（Salles et al., 1991）。由于皱果苋与刺苋需求的养分不同，可与刺苋共存（Ramakrishnan, 1976）。**防控**：在甘蔗、高粱、玉米和番茄等农作物中，使用三嗪类除草剂和草克净等可以有效控制皱果苋生长（Wang et al., 1975; Borse & Mahajan, 1981; Cruz & Saito, 1982）。皱果苋幼苗很娇嫩，很容易被拔出、切断、掩埋或热死，也容易受到地膜、秸秆（干草）等覆盖物的影响（Teasdale & Mohler, 2000），而一旦幼苗长到一英寸（1 in=2.54 cm）高且出现四片或更多真叶时就很难杀死，因此及时除草或者加以物理障碍，可以清理其幼苗；在开花前拔除，可防止其种子的形成和扩散；*Phomopsis amaranthicola* 对防除皱果苋非常有效（Roskopf et al., 2000）。

【**凭证标本**】 江苏省镇江市扬中园博大道园博园，海拔 20 m，32.198 3°N，119.840 0°E，2015 年 6 月 18 日，严靖、闫小玲、李惠茹、王樟华 RQHD02419（CSH）；湖南省张家界市大庸桥公园，海拔 192 m，29.136 2°N，110.454 2°E，2014 年 8 月 27 日，李振宇、范晓虹、于胜祥、张华茂、罗志萍 RQHZ10645（CSH）；贵州省黔东南州从江县洛香镇，海拔 275 m，25.911 3°N，109.102 6°E，2016 年 7 月 21 日，马海英、彭丽双、刘斌辉、蔡秋宇 RQXN05373（CSH）。

【相似种】 菱叶苋（*Amaranthus standleyanus* Parodi ex Covas），原产阿根廷。随粮食、饲料等货物引入欧洲，1903 年在德国被发现，此后在瑞士、荷兰、匈牙利、瑞典、丹麦、法国、比利时、西班牙、芬兰等国陆续被报道（Verloove & Vandenberghe, 1993; Karlsson, 2001），通常出现在港口或码头附近，通过羊毛制品或肥料引入。现在认为可能与谷物贸易和鸟类传播有关。国内分布：北京。标本信息：李振宇于 2003 年 10 月 2 日在北京市玉渊潭附近的路边草地采到标本（11350），标本保存于中国科学院植物研究所标本馆（PE），李振宇（2004）报道菱叶苋为北京地区的归化杂草。菱叶苋的叶和雌花被片形状不同于我国已知种类。但其果具多数皱纹，不开裂，与皱果苋（*A. viridis*）相近，菱叶苋叶为浅绿色，叶片菱状卵形至菱状披针形，扁平，与叶柄近等长；花序通常紧缩成腋生的聚伞状花簇，花簇有时在枝顶排成穗状或圆锥状、长达 4～6 cm 的具叶或无叶的花序；花被片 5，近相等；其雄花被片卵状披针形，雌花被片匙形等特征而有别于皱果苋。

皱果苋（*Amaranthus viridis* Linnaeus）

1. 生境；2. 植株；3. 幼苗；4. 叶；5. 花序；6. 胞果

相似种：菱叶苋（*Amaranthus standleyanus* Parodi ex Covas）

参考文献

李振宇，2004. 中国一种新归化植物——菱叶苋 [J] . 植物研究，24（3）: 265-266.

Bentham G, 1861. Flora hongkongensis: a description of the flowering plants and ferns of the island of Hongkong[M]. Henrietta Street, London: Lovell Reeve, Covent Garden.

Borse R H, Mahajan U B, 1981. Studies on the relative efficiency of triazine compounds, 2,4−D and slow release 2,4−D in comparison with mechanical methods of weed control in hybrid jowar (CSH−1) (*Sorghum bicolor* (Linn.) Moench)[J]. Journal of Maharashtra Agricultural Universities, 6(2): 161−163.

Coons M P, 1981. Hybridization between *Amaranthus viridis* L. and *Amaranthus blitum* L. (Amaranthaceae)[J]. Experientiae, 27(8):179−194.

Cruz L S P, Saito S Y, 1982. Application of napropamide for the control of weeds in an industrial tomato crop[J]. Proceedings of the Tropical Region, American Society for Horticultural Science, 25: 439−444.

Dalziel J M, 1937. The useful plants of west tropical Africa[M]. London, UK: Whitefriars Press Ltd.

Debeaux J O, 1875. Florule de Shang-hai (Province de Kiang-sou)[J]. Actes de la Société Linnéenne de Bordeaux, 30: 57−130.

Fawcett W, Rendle A B, 1914. Flora of Jamaica[M]. London: the Trustees of the British Museum. 3: 131.

Fedorov A, 1969. *Amaranthus* Chromosome Number of Flowering Plants[M]. Moscow: Academy of Sciences of USSR.

Forbes F B, Hemsley W B, 1891. An Enumeration of all the plants known from China Proper, "Formosa", Hainan, Corea, the Luchu Archipelago, and the Island of Hongkong, together with their distribution and synonymy.—Part X[J]. Botanical Journal of the Linnean Society, 26(176): 317−396.

Francischini A C, Constantin J, Oliveira Jr R S, et al., 2014. First report of *Amaranthus viridis* resistance to herbicides. Planta daninha, 32(3): 571−578.

Horng L C, Leu L S, 1978. The effects of depth and duration of burial on the germination of ten annual weed seeds[J]. Weed Science, 26(1): 4−10.

Ikenaga T, Matuo M, Ohashi H, 1975. Studies on the physiology and ecology of *Amaranthus viridis*. 1. On the germination of Amaranthus viridis[J]. Weed Research, 20(4): 153−156.

Karlsson T, 2001. Amaranthaceae[M]// Jonsell B. Flora Nordica: Volume 2. Stockholm: The Bergius Foundation: 57−72.

Morton J F, 1981. Atlas of Medicinal plants of Middle America, Bahamas to Yucatan[M]. Springfield, II, USA: Charles C Thomas: 183.

Rajagopalan A V, Devi M T, Raghavendra A S, 1993. Patterns of phosphoenolpyruvate carboxylase activity and cytosolic pH during light activation and dark deactivation in C_3 and C_4 plants[J]. Photosynthesis Research, 38(1): 51–60.

Ramakrishnan P S, 1976. Comparative biology of two closely related nitrophilous species of *Amaranthus* living in the same area[J]. Tropical Ecology, 17(2): 100–109.

Rodriguez B J I, Paz O, Verdecia G J L, 1983. Study of possible agents in the dissemination of weed seeds[J]. Centro Agricola, 10(1): 55–65.

Roskopf E N, Charudattan R, DeValerio J T, et al., 2000. Field evaluation of *Phomopsis amaranthicola*, a biological control agent of *Amaranthus* spp[J]. Plant Disease, 84(11): 1225–1230.

Salles M S, Lombardo de Barros C S, Lemos R A, et al., 1991. Perirenal edema associated with *Amaranthus* spp poisoning in Brazilian swine[J]. Veterinary and Human Toxicology, 33(6): 616–617.

Simbolon H, Sutarno H, 1986. Response of *Amaranthus* species to various light intensities[J]. Bulletin Penelitian Hortikultura, 13(3): 33–42.

Teasdale J R, Mohler C L, 2000. The quantitative relationship between weed emergence and the physical properties of mulches[J]. Weed Science, 48(3): 385–392.

Uphof T C T, 1968. Dictionary of economic plants[M]. Lehre: Verlag von J. Cramer.

Verloove F, Vandenberghe C, 1993. Nieuwe en interessante graanadventieven voor de Noordvlaamse en Noordfranse flora, hoofdzakelijk in 1992[J]. Dumortiera, 53–54: 35–57.

Wang C C, Chang S S, Tsay J S, 1975. Experiments on single and mixed application of herbicides in grain sorghum[J]. Memoirs of the College of Agriculture National Taiwan University, 16(1):11–14.

Yamamoto H, Ohba T, 1977. Studies on ecological changes and control of weeds in upland irrigation culture. 4. Effect of soil moisture on emergence patterns of principal annual weeds on upland fields[J]. Weed Research, 22(1): 33–38.

3. 千日红属 *Gomphrena* Linnaeus

一年生草本或半灌木。茎节常膨大，具柔毛或绒毛。叶对生，稀互生。花两性，密集排列成球形或半球形的头状花序，基部常有叶状总苞。花被片5，干膜质，具长柔毛或无毛；雄蕊5，花丝基部扩大，并连合成管状，花药1室；无退化雄蕊；子房1室，有1倒生胚珠，柱头2～3。胞果球形或长圆形，侧扁，不开裂。种子凸镜状，种皮革质，平滑。

　　千日红属约 100 种，主要分布于美洲地区及太平洋诸岛屿，澳大利亚也有分布，有些种类引进并归化于世界热带至温带地区。中国有 2 种，均为外来种，其中 1 种为外来入侵植物。

银花苋 Gomphrena celosioides C. Martius, Nov. Actorum Acad. Caes. Leop.-Carol. Nat. Cur. 13(1): 301. 1826.

【别名】 鸡冠千日红、假千日红、地锦苋

【特征描述】 一年生直立或披散草本。茎有贴生白色长柔毛。单叶对生，叶片长椭圆形至近匙形，先端急尖或钝，基部渐狭，背面密被或疏生柔毛，叶柄短或几无。头状花序顶生，银白色，初呈球状，后呈长圆状；无总花梗；苞片宽三角形，长约 3 mm；小苞片白色，长约 6 mm，脊棱极狭；花被片背面被白色长柔毛，花期后变硬，外侧 2 片脆革质，内侧薄革质；雄蕊管稍短于花萼，先端 5 裂，具缺口；花柱极短，柱头 2 裂。胞果梨形，果皮薄膜质。种子凸镜状，棕色，光亮平滑。**染色体**：$2n$=26（Bao et al., 2003）。**物候期**：花果期为 2—6 月，我国华南地区几乎全年均可开花结果。

【原产地及分布现状】 原产于美洲热带地区，广泛归化于世界泛热带地区，包括非洲热带地区和南部地区、印度、东南亚、澳大利亚等地，1926 年在新加坡的港口码头也有发现（Backer, 1948）。1845 年前后在印度喜马拉雅地区有发现，现已归化（Jaryan et al., 2013）。日本和太平洋多数岛屿也有分布，1983 年银花苋首次发现于夏威夷（Wagner et al., 1990）。**国内分布**：澳门、广东、广西、海南、台湾、香港。少数地区偶有栽培，如福建、云南、江西南部、南京中山植物园等地，浙江省象山县石浦镇东门岛有该种归化的报道（陈丽春 等，2016），但其在浙江的分布目前仅限于此。

【生境】 喜温暖湿润的环境，常见于路旁草地、公园、绿化带、荒地等干扰生境。

【传入与扩散】 **文献记载**：1959 年出版的《南京中山植物园栽培植物名录》有收录银花苋，名为鸡冠千日红，处于栽培状态（中国科学院植物研究所南京中山植物园，1959），《海南植物志》第 1 卷也有记载，指出该种生于路旁草地，但不常见（侯宽昭和丘华兴，1965）。2004 年，严岳鸿等将其作为具中等危害的外来植物报道（严岳鸿 等，2004）。**标本信息**：Sellow s.n.（Isotype: K）。该模式标本采自巴西。1961 年在海南省海口市采到该种标本（陈少卿 17722）（IBSC），标本签上写有"分布新记录"字样，之后 1964 年在广州（邓良 10614）（IBSC）、1968 年在香港沙田（Shiu Ying Hu 5374）（PE）和台湾新竹地区（TAI 122107）均有该种的标本记录。**传入方式**：该种可能最早于 1959 年作为花卉引至南京中山植物园，而华南沿海地区种群的来源可能为 20 世纪 60 年代自东南亚地区无意带入，无引种栽培的记录，首次扩散地为海南。台湾地区的则可能是随进口农产品夹带而来，也可能由候鸟传播而至（陈运造，2006）。**传播途径**：其种子随引种栽培、农业活动、种子贸易、花卉苗木贸易等途径均可传播。蚂蚁的搬运以及贴地气流也有助于其种子的传播。**繁殖方式**：种子繁殖。**入侵特点**：① 繁殖性 花果期长，种子量大，常温（25℃）条件下其萌发率为 60% 以上，且属于爆发型萌发，具有萌发早、持续时间短，萌发速率快，萌发率高的特点（赵怀宝 等，2016）。银花苋幼苗生长速度快，植株的平均绝对生长速率为 0.13 g/d，短期内即可产生大量花朵并结实，土壤种子库中所含银花苋的种子为 885 粒 /m^2（Takim et al., 2013）。② 传播性 种子小而轻，长 0.18 cm ± 0.002 cm，宽 0.12 cm ± 0.001 cm，千粒重为 2.63 g ± 0.040 g（赵怀宝 等，2016），容易混于作物种子、粮食和土壤中随运输过程扩散，传播性强。③ 适应性 根系发达，耐高温、耐干旱、耐贫瘠，不耐寒，常生于低海拔地区。**可能扩散的区域**：中国长江以南各省区的低海拔地区。

【危害及防控】 **危害**：常入侵耕地、果园、绿化等，危害农林生产，影响园林景观，在野外扩散快，破坏生态平衡。银花苋具有较强的化感效应，其叶的水提取液对蔬菜具有不同程度的抑制作用（缪绅裕 等，2013）。该种在世界热带与亚热带地区被视为分布广泛的作物杂草，在印度中部地区被视为严重入侵的物种（Ghate, 1991）。目前该种主要分布于中国华南地区，危害程度较轻，但因其生态入侵性属为中等（朱慧，2012），且仍处于不断扩散的过程中，需引起重视。陈丽春等（2016）认为，该种繁殖量大，极有可能发展成为浙江一种新的有害植物。**防控**：加强检疫，精选种子，对已入侵的种群在结果前铲除。其化学防治和生物防治方面的信息尚缺乏。

【凭证标本】 香港南生围，海拔 6 m，22.455 8°N，114.045 4°E，2015 年 7 月 27 日，王瑞江、薛彬娥、朱双双 RQHN00989（CSH）；澳门科技大学，海拔 25 m，22.154 2°N，113.566 7°E，2014 年 10 月 10 日，王发国 RQHN02603（CSH）；广东省湛江市赤坎区岭南师范学院新校区，海拔 11 m，21.272 1°N，110.343 3°E，2015 年 7 月 6 日，王发国、李西贝阳、李仕裕 RQHN02938（CSH）；海南省海口市美兰区海南省大学校园，海拔 14 m，20.056 0°N，110.322 2°E，2015 年 8 月 6 日，王发国、李仕裕、李西贝阳、王永淇 RQHN03146（CSH）。

【相似种】 千日红（*Gomphrena globosa* Linnaeus）。银花苋与千日红形态相近，区别为千日红花序紫红色或淡紫色，花被片花期后不变硬。千日红原产于美洲热带地区，广泛栽培于中国南北各省区，偶有逸生，但未形成稳定种群。

银花苋（*Gomphrena celosioides* C. Martius）
1. 生境；2. 植株；3.～4. 花序特写

相似种：千日红（*Gomphrena globosa* Linnaeus）

参考文献

陈丽春，陈征海，马丹丹，等，2016. 浙江省 6 种新记录植物 [J] . 浙江大学学报（农业与
生命科学版），42（5）：551-555.

陈运造，2006. 苗栗地区重要外来入侵植物图志 [M] . 苗栗："行政院农业委员会"苗栗区
农业改良场：84.

侯宽昭，丘华兴，1965. 苋科 [M] // 陈焕镛 . 海南植物志（第一卷）. 北京：科学出版社：
400-411.

缪绅裕，郑倩敏，陶文琴，等，2013. 入侵植物银花苋对 3 种蔬菜种子萌发的化感效应
[J] . 广东农业科学，40（15）：36-39.

严岳鸿，邢福武，黄向旭，等，2004. 深圳的外来植物 [J] . 广西植物，24（3）：
232-238.

赵怀宝，羊金殿，黎明，2016.15 种杂草的种实特征及萌发特性研究 [J] . 种子，35（8）：
83-87.

中国科学院植物研究所南京中山植物园，1959. 南京中山植物园栽培植物名录 [M] . 上海：
上海科学技术出版社：48.

朱慧，2012. 粤东地区入侵植物的克隆性与入侵性研究 [J] . 中国农学通报，28（15）：
199-206.

Backer C A, 1948. Amaranthaceae[M]// Van Steenis C G G J. Flora Malesiana series 1:
Spermatophyta. Batavia: Noordhoff-kolff N.V., 4(1): 69–98.

Bao B J, Borsch T, Clemants S E, 2003. Amaranthaceae[M]// Wu Z Y, Raven P H, Hong D Y. Flora
of China: Volume 5. Beijing & St. Louis: Science Press and Missouri Botanical Garden Press:
428.

Ghate V S, 1991. Noteworthy plant invasions in the flora of Western Ghats of Maharashtra[J].
Journal of the Bombay Natural History Society, 88(3): 390–394.

Jaryan V, Uniyal K S, Gupta R C, et al., 2013. Alien flora of Indian Himalayan State of Himachal
Pradesh[J]. Environmental Monitoring and Assessment, 185(7): 6129–6153.

Takim F O, Olawoyin O K, Olanrewaju W A, 2013. Growth and development of *Gomphrena
celosioides* Mart. under screen house conditions in Ilorin, southern Guinea Savanna zone of
Nigeria[J]. Agrosearch, 13(2): 59–66.

Wagner W L, Herbst D R, Sohmer S H, 1990. Manual of the flowering plants of Hawaii: Volume
1[M]. Honolulu: University of Hawaii Press & Bishop Museum Press: 192.

仙人掌科 | Cactaceae

多年生肉质草本，灌木或乔木。茎直立、匍匐、悬垂或攀援；肉质；常缢缩为茎段，圆柱形、球形、扁平或有沟槽，具棱、角、瘤突或平坦。叶退化成鳞片状、钻状或针状而早落，少扁平、圆柱形或完全退化。花通常单生，无柄，稀簇生，稀有柄，两性花，稀单性，辐射对称，偶见两侧对称；花被片通常多数，螺旋状贴生于花托或花托筒的上部，花托筒不存在或短至伸长，裸露或覆盖以叶状苞片、鳞片、小窠等；花被依次呈苞片、萼片和花瓣的逐渐过渡，外轮萼片状，内轮花瓣状；雄蕊多数，有时成束；子房下位，1 室；柱头 2 至多数，具乳突。浆果肉质，常具刺或刺毛；种子细小，多数。

仙人掌科植物约 110 属 1 000 余种，主要分布于美洲的热带和温带地区。中国有 60 多属约 600 种，作为观赏植物或绿篱引种栽培，其中 5 属在中国南部及西南部归化（Li & Taylor, 2007），分别是仙人柱属（*Cereus*）、昙花属（*Epiphyllum*）、量天尺属（*Hylocereus*）、仙人掌属（*Opuntia*）、木麒麟属（*Pereskia*）。其中外来入侵植物 1 属 3 种，分别是仙人掌属仙人掌 *Opuntia dillenii*（Ker-Gawler）Haworth、梨果仙人掌 *Opuntia ficus-indica*（Linnacus）Miller 和单刺仙人掌 *Opuntia monacantha* Haworth。

仙人掌科中量天尺属约 15 种，分布于墨西哥、西印度群岛至南美洲，中国共栽培 4 种，其中 1 种归化：量天尺［*Hylocereus undatus* (Haworth) Britton & Rose］（Li & Taylor, 2007）。量天尺原产于中美洲和南美洲，最早作为观赏植物和果树栽培，成熟的量天尺果实外皮紫红色，具有黄绿色的鳞片，又名火龙果。20 世纪末，许多热带地区尤其是越南和其他东南亚国家大规模地种植量天尺，目前，量天尺已经广泛逃逸，成为归化种。1645 年，量天尺被引入中国（Li & Taylor, 2007），在中国南部地区常见栽培，主要靠鸟类传播。有报道称量天尺在澳门、广东、广西、台湾等地入侵（陈运造，2006；

王发国 等，2004；严岳鸿 等，2004；谢云珍 等，2007；胡刚和张忠华，2012），但实地考察发现大多属于逸生或者归化，有待进一步观察。另外，木麒麟（*Pereskia aculeata* Miller）多见于栽培，在中国西南地区偶有逃逸或归化，未构成入侵。

参考文献

陈运造，2006. 苗栗地区重要外来入侵植物图志 [M]. 苗栗："行政院农业委员会"苗栗区农业改良场：146-147.

胡刚，张忠华，2012. 南宁的外来入侵植物 [J]. 热带亚热带植物学报，20（5）：497-505.

王发国，邢福武，叶华谷，等，2004. 澳门的外来入侵植物 [J]. 中山大学学报（自然科学版），43（S1）：105-110.

谢云珍，王玉兵，谭伟福，2007. 广西外来入侵植物 [J]. 热带亚热带植物学报，15（2）：160-167.

严岳鸿，邢福武，黄向旭，等，2004. 深圳的外来植物 [J]. 广西植物，24（3）：232-238.

Li Z Y, Taylor N P, 2007. *Opuntia*[M]// Wu Z Y, Raven P H, Hong D Y. Flora of China: Volume 13. Beijing & St. Louis: China Science Press & Missouri Botanical Garden Press: 211–212.

仙人掌属 *Opuntia* Miller

肉质灌木或小乔木，老茎下部常木质化，茎缢缩形成茎段，下部茎段圆柱形，上部茎段掌状而扁平。散生小窠，小窠具绵毛和 1 至多个小刺。叶小型，圆柱状，早落。花辐射状，单生，无梗，两性，稀单性；花托大部分与子房合生，外面散生小窠及与叶同形的鳞片；花被片多数，外轮较小，内轮花瓣状，黄色至红色；雄蕊多数，螺旋状着生于花托内部；子房下位，侧膜胎座，柱头 5～10。浆果球形、倒椭球形或椭圆球形，肉质或干燥，顶端截形或凹陷，外面散生小窠，小窠内具短绵毛、倒刺刚毛，通常具刺；种子具骨质假种皮，白色至黄褐色，肾状椭圆形至近圆形。

仙人掌属内物种之间存在比较大的变异，其分类学上的混乱由来已久。本属约 250 种，至少 30 种栽培于中国（Li & Taylor, 2007），其中 3 种为外来入侵植物。另有胭脂掌 [*Opuntia cochenillifera* (Linnaeus) Miller] 归化于中国南部省区。

分种检索表

1 小窠刺较多，具刺 1～12，粗钻形，黄色，基部略扁，稍弯曲；小窠密被灰色短绵毛和暗褐色倒刺刚毛；柱头 5 ·················· 1. 仙人掌 *Opuntia dillenii* (Ker-Gawler) Haworth

1 小窠无刺或刺较少，具刺 1～6，针状；柱头 6～10 ··· 2

2 小窠通常无刺，有时具刺 1～6，白色，直立或开展；小窠内短绵毛及倒刺刚毛均早落 ···

······································ 2. 梨果仙人掌 *Opuntia ficus-indica* (Linnaeus) Miller

2 小窠刺单生或 2（～3）枚聚生，直立，灰色，具黑褐色尖头；小窠内短绵毛密生，宿存，倒刺刚毛黄褐色至褐色，有时隐藏于短绵毛中 ···

·························· 3. 单刺仙人掌 *Opuntia monacantha* Haworth

1. **仙人掌 *Opuntia dillenii*** (Ker-Gawler) Haworth, Suppl. Pl. Succ. 79. 1819. —— *Cactus dillenii* Ker-Gawler, Bot. Reg. 3: t. 255. 1818. ——*Opuntia stricta* (Haworth) Haworth var. *dillenii* (Ker-Gawler) L. D. Benson. Cact. Succ. J. (Los Angeles) 41(3): 126. 1969.

【别名】 仙巴掌

【特征描述】 灌木，高 1～3 m。茎下部木质，圆柱形，上部具分枝；上部茎扁平、肉质，呈倒卵形至椭圆形，长约 20 cm，幼时鲜绿色，渐呈灰绿色。小窠疏生，具刺 1～12，黄色，基部略扁，稍弯曲，密被短绵毛和倒刺刚毛，后脱落；叶钻形，绿色，生于小窠之下，早落。花辐状，单生茎顶端小窠之上；花被片离生、多数，萼片状花被片黄色，具绿色中肋，长 1～2.5cm，宽 0.6～1.2 cm，瓣状花被片黄色，长 2.5～3 cm，宽 1.2～2.3 cm。雄蕊多数，花丝淡黄色；花柱直立，淡黄色，柱头 5。浆果卵形或梨形，顶端凹陷，表面平滑无毛，成熟时呈紫红色，长 4～6 cm。种子多数，扁圆形。**染色体**：$2n$=12，22，26，36（Sampathkumar & Navaneetham, 1980）。**物候期**：花果期为 6—10 月。

【原产地及分布现状】 原产于加勒比海地区，广泛归化于热带地区（Li & Taylor, 2007），世界温暖地区广泛栽培。**国内分布**：澳门、重庆、福建、广东、广西、海南、湖南、江苏、江西、陕西、山东、四川、台湾、天津、香港、云南、浙江。

【生境】 生于沿海地区、干热河谷或石灰岩山地。

【传入与扩散】 **文献记载**：明朝末年仙人掌作为围篱被引入闽粤地区，陈淏子的《花镜》（1688）首次记载仙人掌，称其出自闽粤，之后《岭南杂记》（1702）记载仙人掌在南方各地常作为围篱栽培或种在墙头以避火灾。李振宇和解焱（2002）报道仙人掌在中国广东、香港、澳门、广西南部和海南沿海地区及南海诸岛逸为野生，随后仙人掌被多次报道在中国入侵（徐海根和强胜，2011；万方浩 等，2012）。**标本信息**：Ker-Gawl., Bot. Reg. 3: pl. 255. 1818（Lectotype）。该后选模式源于 Ker-Gawler 的一副仙人掌手绘图片，1969 年 Benson 将其指定为后选模式（Benson, 1969）。1910 年采集于澳门的仙人掌标本是中国较早的标本记录（PE01068677），采集人未知，最先定名为 *Opuntia polyacantha* Haworth，1985 年李振宇将这份标本定名为 *Opuntia dillenii*。**传入方式**：明朝末年，仙人掌通过植物贸易引入我国福建、广东地区，最初作为围篱，后作为观赏植物栽培，并逐渐归化。**传播途径**：主要随人类引种栽培而传播。以仙人掌果实为食的动物进行的传播是其长距离传播的主要途径，此外仙人掌种子可以借助暴雨后的水流进行长距离传播。**繁殖方式**：种子繁殖或无性繁殖，两种繁殖方式相结合使得仙人掌在引入地的入侵性比较强。**入侵特点**：① 繁殖性 仙人掌的叶状茎易从母株上脱落，当条件适宜时发育成新的植株。② 传播性 茎段可以随动物、交通工具传播，也可借助洪水和园艺垃圾扩散；果实被各种动物食用后，借助动物的排泄物到处传播。③ 适应性 仙人掌采用景天酸代谢（CAM）途径，能够适应极端的干旱（Nobel & Bobich, 2002），且使离体的叶状茎能够长时间的存活。此外，仙人掌具有较厚的蜡质角质层，能够锁住水分蒸发。**可能扩散的区域**：综合仙人掌在中国各省区的入侵记录以及入侵地和原产地的气候，仙人掌可能会由中国华南和西南地区逐渐扩散至长江流域以南地区。

【**危害与防控**】 **危害**：仙人掌的刺可以刺伤牲畜和人类，妨碍人类和动物的活动。此外仙人掌种群会降低原生植被的生物多样性，影响海岸原有生态系统及其景观，已被列入"世界上最严重的 100 种外来入侵物种"之一。**防控**：机械控制效果不明显；化学防控成本比较高，仅对种群数量不大的孤立群体或者新入侵种群效果明显。利用仙人掌蛾（*Cactoblastis Cactorum*）、胭脂虫（*Dactylopius Ceylonicus*）等生物控制手段是控制仙人掌比较有效的方法，已在许多国家和地区取得了良好的成效，尤其对种群密度比较高的大面积仙人掌种群效果明显，但是这种生物防治必然会对其他商业栽培的仙人掌类植物造成威胁，因此确保宿主特异性对仙人掌的生物防治十分必要（Hoffmann et al., 2002）。

【**凭证标本**】 广东省茂名市茂港区水东湾第一滩，海拔 20 m，21.459 7°N，111.046 0°E，2015 年 7 月 10 日，王发国、李西贝阳、李仕裕 RQHN03051（CSH）；海南省三亚市凤凰镇海边，海拔 14 m，18.291 1°N，109.429 9°E，2015 年 8 月 9 日，王发国、李仕裕、李西贝阳、王永淇 RQHN03186（CSH）；江西省吉安市永新县 319 国道江畔乡草市村，海拔 125.5 m，26.970 7°N，114.186 7°E，2017 年 6 月 6 日，严靖、王樟华 RQHD03082（CSH）。

【**相似种**】 广义的仙人掌内存在的变异给该种的分类造成了比较大的混乱，仙人掌的学名也一直处在变动之中。目前，一般将仙人掌处理成变种 *Opuntia stricta* var. *dillenii*，但是一些植物学家仍然坚持将仙人掌学名定为 *Opuntia dillenii*（Howard & Touw, 1982）。仙人掌各个变种之间的变异比较大，存在许多中间类型，并且不同变种之间的杂交比较普遍，这进一步增加了该种分类上的混乱。对整个仙人掌复合群开展分子生物学研究有望解决这个分类学难题。

仙人掌 [*Opuntia dillenii* (Ker-Gawler) Haworth]

1. 生境；2. 植株；3.～4. 花特写；5. 幼果；6. 浆果

参考文献

李振宇，解焱，2002. 中国外来入侵种［M］. 北京：中国林业出版社：132.

万方浩，刘全儒，谢明，2012. 生物入侵：中国外来入侵植物图鉴［M］. 北京：科学出版社：240-241.

徐海根，强胜，2011. 中国外来入侵生物［M］. 北京：科学出版社：162-163.

Benson L, 1969. The cacti of the United States and Canada–new names and nomenclatural combinations[J]. Cactus Succulent Journal, 41(3): 124–128.

Hoffmann J H, Impson F A C, Volchansky C R, 2002. Biological control of cactus weeds: implications of hybridization between control agent biotypes[J]. Journal of Applied Ecology, 39(6): 900–908.

Howard R A, Touw M, 1982. *Opuntia* species in the Lesser Antilles[J]. Cactus and Succulent Journal (USA), 54: 170–179.

Li Z Y ,Taylor N P, 2007. *Opuntia*[M]// Wu Z Y, Raven P H, Hong D Y. Flora of China: Volume 13. Beijing & St. Louis: China Science Press & Missouri Botanical Garden Press: 210–212.

Nobel P S, Bobich E G, 2002. Environmental biology[M]// Nobel P S. Cacti, biology and uses. Oakland, California: University of California Press: 57–74.

Sampathkumar R, Navaneetham N, 1980. Karyomorphological studies in *Opuntia*[R]. Kolkata, India: Proc. 67th Indian Sci. Congr., Section of Botany, part 3.

2. **梨果仙人掌 *Opuntia ficus-indica*** (Linnaeus) Miller, Gard. Dict. (ed. 8) no. 2. 1768. ——*Cactus ficus-indica* Linnaeus, Sp. Pl. 1: 468. 1753. ——*Opuntia chinensis* (Roxburgh) K. Koch, Hort. Dendrol. 279, no. 6. 1853.

【别名】 仙桃

【特征描述】 直立灌木或小乔木，高 1.5～5 m。主干圆柱状，分枝深绿色或灰绿色，阔倒卵形至狭倒卵形、椭圆形或长圆形，长（20～）25～60 cm，宽 7～20 cm，表面无毛，具有多数小窠。小窠常狭椭圆形，通常无刺，有时具刺 1～6，针状，直立或开展，基部扁平；短绵毛灰褐色，少数倒刺刚毛黄色，均早落。叶锥形，长 3～4 mm，绿色，早落。花辐射状，径 5～8 cm；萼片状花被片黄色，宽卵形或倒卵形；瓣状花被片黄色至橙色，倒卵形至长圆状倒卵形；花丝和花药黄色；花柱鲜红色、淡绿色或黄白色，柱头黄色。浆果黄色、橙色或紫色，椭圆球形至梨形，顶端凹陷，长 5～10 cm，直径 4～9 cm，果实表面无毛，通常无刺，小窠 45～60，均匀分布。种子多数，肾状椭圆形。**染色体**：栽培的梨果仙人掌染色体数目是 2*n*=88（Pimienta-Barrios & Munoz-Urias，1995），而 Nobel（2002）认为栽培型梨果仙人掌的染色体可能是 2*n*=88 或者 2*n*=66，自然型的染色体是 2*n*=22 或 2*n*=44。**物候期**：花果期为 5—7 月。

【**原产地及分布现状**】 梨果仙人掌确切的原产地范围难以确定，经过长时间的栽培，梨果仙人掌生物地理的起源和进化变得模糊，最近的分子生物学证据支持梨果仙人掌源于墨西哥中部和南部的树状仙人掌属植物的相似种，墨西哥中部是其驯化中心（Griffith，2004），这与大多数学者认为其可能原产于墨西哥的观点一致。梨果仙人掌归化于热带和亚热带地区；在澳大利亚、东非、南非、夏威夷、美国入侵比较严重（Brutsch & Zimmermann，1995）；世界温暖地区广泛栽培。**国内分布**：重庆、福建、广东、广西、贵州、四川、台湾、西藏、云南。

【**生境**】 生于海拔 300～2 900 m 的干热河谷或石灰岩山地。

【**传入与扩散**】 **文献记载**：梨果仙人掌在史前时期已经被驯化，在墨西哥具有悠久的栽培历史，其自然分布边界模糊，后被作为观赏植物、动物饲料、水果引入世界各地。清朝年间的著作《云南通志》中记载了该种，目前归化于中国西南地区的干旱河谷里，是仙人掌类灌丛里的优势种。梨果仙人掌在中国四川西南部、云南北部及东部、广西西部、贵州西南部和西藏东南部归化（李振宇和解焱，2002），随后梨果仙人掌被报道在中国多地入侵（解焱，2008；徐海根和强胜，2011；万方浩 等，2012）。**标本信息**：S-G-10037（Neotype: S）。*Opuntia ficus-indica* 和 *Cactus ficus-indica* 在分类学历史上一直存在争议。1991 年，Leuenberger 指定了 *Opuntia ficus-indica* 的新模式标本，该标本来源于栽培植物，并将 *Cactus ficus-indica* 作为 *Opuntia ficus-indica* 的基源异名，使得 *Cactus ficus-indica* 这一使用于商业贸易中的重要名字得以保留（Leuenberger，1991）。1940 年王启无和刘瑛采自云南省富宁县的标本是中国较早的梨果仙人掌的标本（PE01068646）。**传入方式**：梨果仙人掌传入中国的途径可能有两条，一条可能是水路，1645 年由荷兰人引入台湾栽培，中国南方各地作为围篱引种（李振宇和解焱，2002）；另外一条可能是陆路，中国的西南地区和南亚、东南亚一直有贸易交流，18 世纪欧洲传教士在中国的西南地区活动频繁，梨果仙人掌可能是由欧洲传教士沿陆路传入。**传播途径**：梨果仙人掌主要靠猴子、鸟类等动物传播，果实被动物吃掉后，借助动物粪便进一步扩散。人类是梨果仙人掌长距离传播最重要的媒介，自从哥伦布发现了美洲新大陆，传教士、殖民者等开始种植梨果仙人掌，把植株运输到世界各地，并在农业上取得成功，同时也造成了入侵（Hughes, 1995）。**繁殖方式**：种子繁殖和无性繁殖。在梨果仙人掌扩散的过程中，主要是靠有性繁殖，在栽培生产过程中，主要靠无性繁殖。**入侵特点**：① 繁殖性　梨果仙人掌的 1 片叶状茎甚至叶状茎片段在极端环境下可以存活很长时间，环境适宜时开始生根。每个果实产生的可育种子量较大，休眠期比较短。② 传播性　果实被鸟类等动物食用后传播。③ 适应性　梨果仙人掌具有丰富的浅根系，对土壤的厚度及 pH 要求不高，这使得其能够生长在浅土层和岩石基质中。此外，梨果仙人掌对气候的适应范围也比较宽泛，年降雨量 250～1 200 mm的条件下均能生长，可耐最高温度超过 40℃，也可以短时间耐受 0℃的低温（Le Houérou, 2002）。**可能扩散的区域**：综合中国气候因子及梨果仙人掌在中国的分布记录，梨果仙人掌可能会由中国西南地区逐渐扩散至长江流域以南地区。

【**危害与防控**】　**危害**：梨果仙人掌易入侵废弃的农业农地，在受干扰严重的热带草原、灌木丛能够很容易地建立种群（Bekir, 2006）。梨果仙人掌植株相对高大，能够形成比较密集的灌木丛，阻碍人类和动物的活动，在中国容易入侵云南和四川等地的干热河谷。**防控**：物理防治，如挖根、切割、清除等机械控制的方法不仅耗费大量的人力，还会产生新的碎片，这些碎片通过无性繁殖可以产生新的植株，从而加剧入侵，不建议应用。化学防控，砷类除草剂曾经在许多国家被广泛应用，并取得良好的控制效果，但毒性比较大，后被禁用，随后激素类除草剂如毒莠定被应用（Pritchard, 1993），但价格昂贵。生物防治，在传统防治效果不明显的情况下一些国家开始选择生物防治，实践证明生物控制在澳大利亚、南非等国家仍然是非常有效的防控方式（Zimmermann & Moran,

1991）。在对梨果仙人掌进行生物防治时，不可避免地会对商业栽培的梨果仙人掌造成威胁，确保宿主特异性对生物防治十分重要（Annecke & Moran, 1978）。在南非，通过生物控制和农业利用相结合，使梨果仙人掌的种群规模达到了一个相对合理的数值，既能充分利用资源又能避免入侵的风险（Annecke & Moran, 1978）。

【凭证标本】 云南省香格里拉市三坝乡金沙江河谷，海拔 1 838 m，27.315 6°N，100.215 8°E，2020 年 7 月 4 日，WQ00043（CSH）。

【相似种】 梨果仙人掌是仙人掌属栽培最广的一个种，在原产地具有比较大的表型变异，尤其是杂交和选育的类型，这些变异常常与多倍体和地理隔离有关系（Gibson & Nobel, 1986）；梨果仙人掌通过自花授粉和杂交会产生进一步的变异（Grant & Grant, 1979）。据推测，无刺的梨果仙人掌可能是最先被栽培的类型，但是随着长时间的传播和归化，梨果仙人掌通过基因重组和自然选择逐渐回归至有刺性状，这样可以避免或者减少动物的啃食。在野生 2 倍体的驯化过程中，梨果仙人掌通过自然杂交可以获得更高的倍性（6 倍体和 8 倍体），梨果仙人掌被引进到欧洲后，植物学家将出现的有刺和无刺的类型分别描述为新种，但是证据表明有刺或者无刺的样本仅仅是梨果仙人掌的不同表型，并不是新种（Kiesling, 1998）。

梨果仙人掌 [*Opuntia ficus-indica* (Linnaeus) Miller]

1. 生境; 2. 分枝特写; 3. 花; 4. 浆果

参考文献

解焱，2008. 生物入侵与中国生态安全［M］. 石家庄：河北科学技术出版社：330.

李振宇，解焱，2002. 中国外来入侵种［M］. 北京：中国林业出版社：130.

万方浩，刘全儒，谢明，2012. 生物入侵：中国外来入侵植物图鉴［M］. 北京：科学出版社：238-239.

徐海根，强胜，2011. 中国外来入侵生物［M］. 北京：科学出版社：160-161.

Annecke D P, Moran V C, 1978. Critical reviews of biological pest control in South Africa. 2. The prickly pear, *Opuntia ficus-indica* (L.) Miller[J]. Journal of the Entomological Society of Southern Africa, 41(2): 161–188.

Bekir E A, 2006. Cactus pear (*Opuntia ficus-indica* Mill.) in Turkey: growing regions and pomological traits of cactus pear fruits. Proceedings of the 5th International Congress on Cactus and Cochineal 728[C]. Chapingo, Mexico: 51–54.

Brutsch M O, Zimmermann H G, 1995. Control and utilization of wild opuntias[J]. FAO Plant Production and Protection Paper, 132: 155–166.

Gibson A, Nobel P, 1986. The cactus primer[M]. Cambridge, Massachusetts: Harvard University Press: 219.

Grant V, Grant K A, 1979. Hybridization and variation in the *Opuntia phaecantha* group in central Texas[J]. Botanical Gazette, 140(2): 208–215.

Griffith, M P, 2004. The origins of an important cactus crop, *Opuntia ficus-indica* (Cactaceae): new molecular evidence[J]. American Journal of Botany, 91(11): 1915–1921.

Hughes C E, 1995. Protocols for plant introductions with particular reference to forestry: changing perspectives on risks to biodiversity and economic development. Weeds in a changing world. Proceedings of a symposium[C]. Brighton, UK: British Crop Protection Council: 15–32.

Kiesling R, 1998. Origen, domesticación y distribución de *Opuntia ficus-indica*[J]. Journal of the Professional Association for Cactus Development, 3: 50–59.

Le Houérou H N, 2000. Cacti (*Opuntia* spp.) as a fodder crop for marginal lands in the Mediterranean basin. IV International Congress on Cactus Pear and Cochineal, 581[C]. Hammamet, Tunisia: 21–46.

Leuenberger, B, 1991. Interpretation and typification of *Cactus ficus-indica* L. and *Opuntia ficus-indica* (L.) Miller (Cactaceae)[J]. Taxon, 40(4): 621–627.

Nobel P S, 2002. Cacti: biology and uses[M]. Berkeley and Los Angeles, California: University of California Press: 280.

Pimienta-Barrios E, Munoz-Urias A, 1995. Domestication of *Opuntias* and cultivated varieties[M]//

Barbera G, Inglese P, Pimienta-Barrios E. Agro-ecology, cultivation and uses of cactus pear. FAO Plant Production and Protection Paper, 132: 57–63.

Pritchard G H, 1993. Evaluation of herbicides for control of common prickly pear (*Opuntia stricta* var. *stricta*) in victoria[J]. Plant Protection Quarterly, 8(2): 40–43.

Zimmermann H G, Moran V C, 1991. Biological control of prickly pear, *Opuntia ficus-indica* (Cactaceae), in South Africa[J]. Agriculture, Ecosystems & Environment, 37(1–3): 29–35.

3. 单刺仙人掌 *Opuntia monacantha* Haworth, Suppl. Pl. Succ. 81. 1819. —— *Cactus monacanthos* Willdenow, Enum. Pl. Suppl. 33. 1814. ——*Cactus indicus* Roxburgh, Fl. Ind. 2: 405. 1832.

【别名】 绿仙人掌、月月掌

【特征描述】 肉质灌木或小乔木，高 1.3～7 m。树干圆柱状，分枝多数，开展，上部茎倒卵形、倒卵状长圆形、长圆形或倒披针形，长 10～30 cm，宽 7.5～12.5 cm，先端圆形，边缘全缘或呈波状。小窠圆形，直径 3～5 mm，具短绵毛、倒刺刚毛和刺，其中短绵毛灰褐色，密生，宿存；倒刺刚毛褐色；刺针状，单生或 2（～3）根聚生，灰色，具黑褐色尖头。叶钻形，长 2～5 mm，早落。花辐射状，直径 5～7.5 cm，萼状花被片深黄色，外侧具红色中肋，卵圆形至倒卵圆形，有时具小尖头；瓣状花被片深黄色，先端圆形或截形，有时具小尖头，边缘近全缘。花丝绿色，花药淡黄色；花柱淡绿色，柱头黄白色。浆果倒卵球形，顶端凹陷，基部狭缩成柄状，紫红色，长 5～7.5 cm，直径 4～5 cm，具突起小窠，小窠具短绵毛和倒刺刚毛，通常无刺。种子多数，不规则椭圆形。染色体：2*n*=34（Bandyopadhyay, 1997; Bandyopadhyay & Sharma, 2000）。物候期：花果期为 4—8 月。

【原产地及分布现状】 原产于南美洲，广泛归化于热带、亚热带地区（Li & Taylor, 2007）。单刺仙人掌目前的分布范围已经远远超过其原产地范围，在中美洲的部分地区及美国东南部均有分布，在非洲南部及东部地区分布也比较广泛，东亚、南亚、东南亚地区也有分布，常见于澳大利亚、新西兰及太平洋、大西洋、印度洋诸多岛屿。**国内分布**：重庆、福建、广东、广西、贵州、海南、黑龙江、湖北、湖南、四川、台湾、西藏、云南。

【**生境**】 喜排水良好的砂质壤土或者肥沃土壤，不耐水涝，耐盐碱，常生于海拔 2 000 m 以下的海边、山坡开阔地或石灰岩山地。

【**传入与扩散**】 **文献记载**：单刺仙人掌在世界范围内的引种相对较早，17 世纪中期作为水果和饲料被引入世界各地。根据刘文征的《滇志》（1625 年）记载，单刺仙人掌早期在云南作花卉引种栽培，这是单刺仙人掌在中国的最早记录。之后该种在南方各地常作为围篱栽培或种在墙头以防火灾。李振宇和解焱（2002）报道单刺仙人掌在中国云南南部及西部、广西、福建南部和台湾沿海地区归化，随后徐海根和强胜（2004）报道其在广东、广西、海南、四川、台湾、云南等地入侵。**标本信息**：Willdenow（1813）曾根据英国的切尔西药用园的植株进行了描述，但是并未在柏林的 Willdenow 标本馆留下标本，插图 No. 1726 可作为该种的参考（Lindley，1835），新模式待定（Leuenberger，1993）。Forrest 于 1912 年采集于云南省腾冲市腾越镇的标本是中国较早的单刺仙人掌标本（PE01068664）。**传入方式**：单刺仙人掌可能于明朝末年通过苗木贸易传入中国，早期主要作为绿篱及果树有意引入，后期主要作为观赏植物引进。**传播途径**：主要随人类引种栽培传播。单刺仙人掌果实被家畜、鸟类、狐狸等动物吃掉后，其种子靠动物粪便（Navie & Adkins, 2008）及园艺垃圾传播。此外，单刺仙人掌叶状茎从主干上掉落后，可随水流和洪水四处传播。其叶状茎和果实也可以借助海水运动沿着海岸线传播（Fraga et al., 2012）。**繁殖方式**：通过种子进行有性繁殖，或以破碎的扁平叶状茎进行无性繁殖。**入侵特点**：① 繁殖性 单刺仙人掌具有比较高的无性繁殖和更新能力，种子抗逆性比较强，发芽率比较高（Lenzi & Orth, 2012）。② 传播性 主要通过种子和破碎的扁平叶状茎进行快速地传播。③ 适应性 可耐高温和长时间的干旱，也能耐一定程度的霜冻，分布海拔可达 2 000 m，适应的气候类型也比较多，抗逆性比较强。**可能扩散的区域**：单刺仙人掌在中国长江流域以南地区具备进一步扩散和危害的潜力，入侵风险相对比较大。

【危害及防控】 **危害**：单刺仙人掌是一个被广泛报道的农业及环境有害杂草，尤其在澳大利亚、南非等地。该种在退化农场、受干扰的地区以及农业用地扩散比较快。多数单刺仙人掌植株可以形成密集的灌木丛，破坏原生植物的生境，限制人类及家畜的活动；其植株上的刺以及倒钩毛接触到皮肤后，易导致皮肤刺激过敏（Navie & Adkins, 2008）。

防控：挖掘、除根、切割、焚烧、破碎等方式是控制单刺仙人掌入侵的物理方法，但是这种方法费时费力，且破碎的植株碎片可能会形成新的植株，加剧入侵。化学防治效果不好，且价格昂贵、仅针对种群数量不多的零星种群（Mann, 1970）。19 世纪初，胭脂虫（*Dactylopius ceylonicus*）的引入使得单刺仙人掌在印度和斯里兰卡基本上遭受了灭顶之灾（Zimmermann et al., 2009; Beeson, 1934），随后在 1914—1935 年之间，这种生物控制方法使得澳大利亚、南非、毛里求斯和马达加斯加的单刺仙人掌几乎全部清除，事实证明这是种比较有效的控制单刺仙人掌入侵的方法，是入侵植物防治历史上的成功典范。

【凭证标本】 四川省凉山彝族自治州盐源县平川镇至金河乡途中，海拔 1 654 m，27.655 5°N，101.861 0°E，2014 年 11 月 7 日，刘正宇、张军等 RQHZ06338（CSH）。

【相似种】 缩刺仙人掌 *Opuntia stricta* (Haworth) Haworth，该种原产于美国东海岸，中国有零星栽培，未见野生，其与单刺仙人掌的主要区别是植株较矮小，刺不发育或单生于分枝边缘的小窠，花托通常无刺。*Flora of North America* 将 *Opuntia dillenii* (Ker-Gawler) Haworth 和 *Opuntia stricta* var. *dillenii* (Ker-Gawler) L. D. Benson 作为 *Opuntia stricta* 的异名处理并不合适。胭脂掌［*Opuntia cochenillifera* (Linnaeus) Miller］与单刺仙人掌的主要区别是花被片直立，红色，雄蕊直立，长于花被，花丝和花药红色，通常无刺，偶见老枝边缘小窠具 1～3 刺，长 3～9 mm，胭脂掌原产于墨西哥，世界热带地区广泛栽培（Li & Taylor, 2007）；在中国福建、广东、广西、贵州、海南、台湾等省区常见栽培，在广东、广西、海南归化（李振宇，1999）。

单刺仙人掌 [*Opuntia monacantha* Haworth]

1. 植株；2. 主干；3. 刺特写；4.～5. 花；6. 浆果

参考文献

李振宇，1999. 仙人掌科 [M] // 古粹芝 . 中国植物志（第 52 卷）. 北京：科学出版社：281-282.

李振宇，解焱，2002. 中国外来入侵种 [M] . 北京：中国林业出版社：131.

徐海根，强胜，2004. 中国外来入侵物种编目 [M] . 北京：中国环境科学出版社：161-162.

Bandyopadhyay B, Sharma A, 2000. The use of multivariate analysis of karyotypes to determine relationships between species of *Opuntia* (Cactaceae)[J]. Caryologia, 53(2): 121–126.

Bandyopadhyay B, 1997. Cytological studies on genus *Opuntia* (Cactaceae)[J]. Proceedings of the Indian Science Congress Association, 84(4A): 34.

Beeson C F C, 1934. Prickly pear and cochineal insects[J]. Indian Forester, 60(3): 203–205.

Fraga A M, De Matos J Z, Graipel M E, et al., 2012. Zoochoric and hydrochoric maritime dispersal of the *Opuntia monacantha* (Willd.)Haw.(Cactaceae)[J]. Biotemas, 25(1): 47–53.

Lenzi M, Orth A I, 2012. Mixed reproduction systems in *Opuntia monacantha* (Cactaceae) in Southern Brazil[J]. Brazilian Journal of Botany, 35(1): 49–58.

Leuenberger B E, 1993. Interpretation and typification of *Cactus opuntia* L., *Opuntia vulgaris* Mill., and *O. humifusa* (Rafin.) Rafin (Cactaceae)[J]. Taxon, 42(2): 419–429.

Li Z Y ,Taylor N P, 2007. *Opuntia*[M]// Wu Z Y, Raven P H, Hong D Y. Flora of China: Volume 13. Beijing: Science Press & St. Louis: Missouri Botanical Garden Press: 210–211.

Lindley J, 1835. *Opuntia monacantha*[J]. The Botanical Register, 20: pl. 1726.

Mann J, 1970. Cacti naturalised in Australia and their control[M]. Queensland, Australia: Publications Department of Lands: 128.

Navie S, Adkins S, 2008. Environmental weeds of Australia: an interactive identification and information resource for over 1000 invasive plants[M]. Brisbane: University of Queens-land CRC for Australian Weed Management.

Willdenow C L, 1813. Enumeratio plantarum horti regii Berolinensis[M]. Berlin: Supplementum.

Zimmermann H G, Moran V C, Hoffmann J H, 2009. Invasive cactus species (Cactaceae)[M]// Muniapan R, Reddy G V P, Raman A. Biological control of tropical weeds using arthropods. Cambridge, UK: Cambridge University Press: 108–129.

毛茛科 | Ranunculaceae

一年生或多年生草本，有时半灌木或草质或木质藤本。单叶或复叶，基生或茎上互生，稀对生或轮生，掌状叶脉，稀羽状，托叶有或无。花单生或组成聚伞花序、总状花序；花两性，稀单性，辐射对称，稀两侧对称，萼片3～6或更多，花瓣状；花瓣2～8或更多，稀无，通常具蜜腺；雄蕊多数，稀少数；花丝线性或丝状，花药内曲或外向，有时具退化雄蕊。心皮多数或少数，稀1；上位子房，具1至多个胚珠；蓇葖果或瘦果；种子小，胚小，富含胚乳。

根据最新的分类学研究成果，星叶草科（Circaeasteraceae）和芍药科（Paeoniaceae）应从毛茛科中分出（Wang et al., 2009）。全世界毛茛科约60属2 500种，广布世界各地，主要分布在北半球温带、寒温带地区以及东亚地区。中国有38属921种，其中1种为外来入侵植物。

毛茛属 *Ranunculus* Linnaeus

一年生草本或多年生草本。叶基生或茎生，茎生叶互生，单叶或1回或2回3出复叶，叶片3浅裂至3深裂，叶柄基部叶柄扩大呈鞘状。花单生或成聚伞花序；花两性，辐射对称；萼片5，通常绿色，稀深红色或紫色，早落；花瓣黄色（3～）5（～10），稀白色，基部具爪，蜜腺各式，有时其上具分离的小鳞片；雄蕊通常多数；心皮多数，离生，螺旋状着生在花托上，每心皮具1胚珠。聚合果球形、卵圆形或圆柱形，瘦果多数，卵球形或两侧压扁，密集着生在球状或长柱状的花托上，背腹线有纵肋或边缘有棱至宽翼，果皮光滑或有瘤状突起。

Linnaeus（1753）建立毛茛属时描述了37种，De Candolle（1824）首次修订了毛茛属，共收载了 159 种，其中包括 3 种水毛茛属（*Batrachium*）植物，对狭义的毛茛属，根据心皮是否两侧压扁和具刺等特征将这 159 种分为 4 组。此后多人对毛茛属进行分类学研究。王文采对中国毛茛属进行了修订，共收载中国毛茛属 120 种（包括 4 归化种），24 变种，3 变型，并揭示了毛茛属的迁移路线（王文采，1995a，1995b）。相关分子证据表明，水毛茛属（*Batrachium*）应并入毛茛属（Emadzade et al., 2010）。

中国共有毛茛属外来植物 4 种，其中 1 种为外来入侵植物，另 3 种则较少见，分别是田野毛茛（*Ranunculus arvensis* Linnaeus）、欧毛茛（*Ranunculus sardous* Crantz）、疣果毛茛（*Ranunculus trachycarpus* Fischer & C. A. Meyer）。

刺果毛茛 *Ranunculus muricatus* Linnaeus, Sp. Pl. 1: 555. 1753.

【别名】 野芹菜、刺果小毛茛

【特征描述】 一年生草本，近无毛。茎高 5～28 cm，分枝多。基部叶 6～9，近无毛，3 中裂至深裂。萼片 5，狭卵形，长 5～6 mm；花瓣 5，黄色，狭卵形，长 3～8 mm，宽 2.5～4 mm，顶端圆，蜜槽上具小鳞片；雄蕊多数，花丝长圆形，长约 2 mm；花托疏生柔毛。聚合果近球形，直径 1.2 cm，由多数瘦果组成，瘦果扁平，椭圆形或倒卵形，无毛，边缘有棱翼，两面各生弯刺，具疣基。**染色体**：$2n$=42（Bir, 1981），48（Agapova & Zemskova, 1985），64（Fujishima, 1986; Xu et al., 2003）。**物候期**：花期为 3—5 月，果期为 5—6 月。

【原产地及分布现状】 原产于欧洲、西亚（Wang & Gilbert，2001），广泛归化于澳大利亚南部、美国南部和西部、新西兰、太平洋岛屿。**国内分布**：安徽、河南、湖北、江苏、江西、陕西、上海、浙江。

【生境】 生于道旁田野的杂草丛中、路边及一些阴湿的沟边和水塘。

【传入与扩散】 **文献记载**: 1881 年刺果毛茛早在台湾有分布记录（Lourteig, 1951）。《江苏植物志（下）》（1982）记载刺果毛茛在苏州和上海有分布，其他各地未见（张美珍和凌萍萍，1982），近年来刺果毛茛在上海、江苏、浙江局部地区具有一定的种群规模，并造成了入侵（寿海洋 等，2014；汪远 等，2015）。**标本信息**: Herb. Linn. No. 715.66（Lectotype: LINN）。标本采自地中海地区，1951 年由 Lourteig 指定为后选模式。1926 年 Grant 采集于中国（具体地点不详）的标本是现存较早的标本（J.M. Grant 16862，N091050157）。**传入方式**: 无意引入，具体传入方式不详。早期采集于我国的刺果毛茛标本主要集中于华东地区，尤其是上海，推测该种以上海为中心向周围地区扩散。**传播途径**: 刺果毛茛的成熟果实带刺，易附着人或动物进行传播。此外，刺果毛茛也可以随苗木的运输和贸易进行传播。**繁殖方式**: 以种子进行有性繁殖。**入侵特点**: ① 繁殖性 种子萌发率高，形成常见的早春群落，在华东地区如上海的郊区，刺果毛茛的种群数量比较大，在某些潮湿的生境易形成单一种群。② 传播性 刺果毛茛果实具刺，成熟后易附着人或动物进行传播；种子较小，易因农业活动等随土壤的转运而传播。③ 适应性 喜潮湿的环境，对土壤的适应性比较强，根据王勇等（2007）对上海市郊早春杂草的生态位计测，刺果毛茛在上海地区的生态位比较宽，是上海地区生态适应性强，危害相对严重的杂草类型。**可能扩散的区域**: 目前刺果毛茛在江浙沪地区种群数量比较大，以华东地区为中心向四周扩散。

【危害及防控】 **危害**: 该种在江浙沪一带分布较多，入侵农田、苗圃等地，降低了原生植被的多样性，影响林业及农业生产活动。**防控**: 入侵面积较小时，可在结实前人工拔除。大面积发生时，灭草松、2 甲 4 氯、巨星对麦田刺果毛茛有较显著的防效，适时使用防效可达 90% 以上（王湘云 等，2001）。通常优势种杂草在得到有效控制的同时，次优种杂草便迅速占领原有的"空余生态位"，成为新的优势种杂草（郭水良和李扬汉，1995），在刺果毛茛等重点防除杂草危害程度有所降低的情况下，野老鹳草、春一年蓬等的危害可能加重，应加强对这些潜在危害杂草的及时预防和综合防治工作（王勇 等，2007）。

【凭证标本】 浙江省舟山市嵊泗县基湖村农田，海拔 6.4 m，30.410 6°N，116.994 2°E，2015 年 5 月 12 日，严靖、闫小玲、李惠茹、王樟华 RQHD01531（CSH）；浙江省湖州市安吉县天子湖镇南北湖村路旁，海拔 9.2 m，30.737 9°N，119.686 9°E，2015 年 3 月 26 日，严靖、闫小玲、李惠茹、王樟华 RQHD01607（CSH）；浙江省杭州市建德后塘村路边，海拔 88.1 m，29.357 5°N，119.231 8°E，2015 年 4 月 10 日，严靖、闫小玲、李惠茹、王樟华 RQHD01648（CSH）；浙江省宁波市奉化方桥镇田间地头，海拔 49.0 m，29.380 4°N，121.457 1°E，2015 年 4 月 13 日，严靖、闫小玲、李惠茹、王樟华 RQHD01674（CSH）。

【相似种】 田野毛茛（*Ranunculus arvensis* Linnaeus）和欧毛茛（*Ranunculus sardous* Crantz）。这两种均为归化植物。田野毛茛瘦果两面及边缘均有疣基硬刺。欧毛茛瘦果边缘具有瘤状突起，刺果毛茛果实具一圈具疣基的弯刺而与上述相似种区别。何家庆等（1995）报道田野毛茛在安徽北部归化，生于路旁沟边。野外调查发现田野毛茛的种群数量较少，属于一般杂草，是否构成入侵还有待进一步观察。郭水良和李扬汉（1995）报道欧毛茛在上海杨浦区（江湾）归化，后无他人报道，目前少见。

刺果毛茛（*Ranunculus muricatus* Linnaeus）

1. 生境；2. 幼苗；3. 花侧面观；4. 花；5. 幼果；6. 瘦果

参考文献

郭水良，李扬汉，1995. 我国东南地区外来杂草研究初报 [J] . 杂草科学，2：4-8.

何家庆，董金廷，章旭东，1995. 安徽植物增补及地理新分布 [J] . 植物研究，15（2）：191-194.

寿海洋，闫小玲，叶康，等，2014. 江苏省外来入侵植物的初步研究 [J] . 植物分类与资源学报，36（6）：793-807.

王文采，1995a. 中国毛茛属修订（一）[J] . 植物研究，15（2）：137-180.

王文采，1995b. 中国毛茛属修订（二）[J] . 植物研究，15（3）：275-329.

王湘云，高俊，奚本贵，等，2001. 麦田刺果毛茛药剂防除试验报告 [J] . 杂草科学，4：24-25.

王勇，宋国元，曹同，等，2007. 上海市郊早春杂草的生态位计测 [J] . 上海交通大学学报（农业科学版），25（1）：38-44.

汪远，李惠茹，马金双，2015. 上海外来植物及其入侵等级划分 [J] . 植物分类与资源学报，37（2）：185-202.

张美珍，凌萍萍 .1982. 毛茛科 [M] // 江苏省植物研究所 . 江苏植物志（下）. 北京：江苏人民出版社：180.

Agapova N D, Zemskova E A, 1985. Chromosome numbers of some species of the genus *Ranunculus* (Ranunculaceae)[J]. Botanicheskii zhurnal, 70(6): 855–856.

Bir S S, 1981. In chromosome number reports LXXIII[J]. Taxon, 30(4): 842–843.

De Candolle A P, 1824. *Ranunculus*[J]. Prodrumus systematicis naturalis regni vegetabilis. 1: 26–44.

Emadzade K, Lehnebach C, Lockhart P, et al., 2010. Molecular phylogeny, morphology and classification of genera of Ranunculeae (Ranunculaceae)[J]. Taxon, 59(3): 809– 828.

Fujishima H, 1986. A new chromosome number of *Ranunculus muricatus* L[J]. La Kromosomo: 1367–1371.

Linnaeus C, 1753. *Ranunvulus*[J]. Species plantarum, 1: 548–556.

Lourteig A, 1951. Ranunculaceas de Sudamérica templada[J]. Darwiniana, 9(3/4): 397–608.

Wang W, Lu A M, Ren Y, et al., 2009. Phylogeny and classification of Ranunculales: evidence from four molecular loci and morphological data[J]. Perspectives in Plant Ecology, Evolution and Systematics, 11(2): 81–110.

Wang W C, Gilbert M G, 2001. *Ranunvulus*[M]// Wu Z Y, Raven P H, Hong D Y. Flora of China: Volume 6. Beijing & St. Louis: China Science Press & Missouri Botanical Garden Press: 430.

Xu L L, Fang L, Zhang L H, et al., 2003. Studies on the karyotypes of three species in *Ranunculus* from China[J]. Guihaia, 23(3): 233–236.

睡莲科 | **Nymphaeaceae**

多年生或一年生水生草本，常具肥厚的地下茎。叶常二型，漂浮叶或挺水叶，心形至盾形，芽时内卷；沉水叶细弱，有时细裂。花两性，辐射对称，单生于花梗顶端；萼片 3～2，常 4～6，通常绿色，偶尔花瓣状；花瓣 3 至多数，明显，或渐变成雄蕊，常具蜜腺。雄蕊常多数，花丝平展，花药 2 室，纵裂；心皮 3 至多数，分离或愈合，有时嵌入在膨大的花托内，柱头离生，明显，与心皮同数，愈合成盘状或环状，胚珠 1 至多数，成熟时心皮不开裂。果实为坚果、浆果或者蓇葖果；种子有或无假种皮，具直生胚。

睡莲科有 6 属约 70 种，世界广布。中国有 3 属 8 种（Fu & Wiersema, 2001），其中 1 种为外来入侵植物。系统发育学研究表明，莼菜属（*Brasenia*）、水盾草属（*Cabomba*）和莲属（*Nelumbo*）不再隶属睡莲科；莼菜属（*Brasenia*）和水盾草属（*Cabomba*）成立莼菜科（Cabombaceae）（Savolainen et al., 2000; Löhne et al., 2007）。

水盾草属 *Cabomba* Aublet

多年生水生草本，幼嫩植株常具锈色短柔毛，几乎无黏液。叶二型，沉水叶明显，对生或轮生，具叶柄，叶片扇形，数回掌状分裂，末回裂片线形；浮水叶不明显，线形至椭圆形（阔椭圆形），全缘或基部有凹槽，盾状着生，互生于茎顶部，仅在花期出现。萼片 3，花瓣状，倒卵形；花瓣 3，椭圆形，花瓣基部具一对耳廓状蜜腺，黄色。雄蕊 3～6，与花瓣对生，花丝丝状；雌蕊（1～）2～4；胚珠（1～）3～（～5）；柱头盘状。果实长梨形，锥形；种子卵状（至近球状），具疣状突起。

水盾草属有 5 种 2 变种，分布于美洲温暖地区（Ørgaard, 1991）。中国有 2 种 1 变种，其中 1 种为外来入侵种。

水盾草 *Cabomba caroliniana* A. Gray, Ann. Lyceum Nat. Hist. 4: 46-47. 1837.

【别名】 绿菊花草、竹节水松

【特征描述】 多年生水生草本，茎 1～2 m，茎基部近光滑，向上具锈色毛。沉水叶对生，3～4 回掌状细裂，末回裂片线状，整体叶片直径 2～5 × 2.5～7 cm；浮水叶少数，仅出现在花期，互生于花枝顶端，0.6～3 × 0.1～0.4 mm，盾状着生，狭椭圆形，全缘或基部有缺刻。花萼白色，边缘黄色，稀淡紫色或紫色，长 7～8 mm；花瓣和萼片颜色、大小基本一致，先端圆钝或凹陷，基部具爪，基部具一对黄色腺体。雄蕊 3～6，离生；雌蕊 2～4，心皮 3，被短柔毛，子房 1 室。坚果，直径 4～7 mm。**染色体**: $2n=39$，78，104（Ørgaard，1991）。**物候期**: 花果期为夏秋季节。

【原产地及分布现状】 水盾草原产于美洲，在澳大利亚、日本、美国部分州已经造成了入侵（Hogsden et al., 2007），广泛的水生园艺行贸易导致了水盾草在很多地方均有引进。**国内分布**: 安徽、北京、重庆、福建、广东、广西、湖北、湖南、江苏、江西、山东、上海、台湾、云南、浙江。

【生境】 喜水流缓慢、水位稳定的小河道和中小型湖泊。

【传入与扩散】 **文献记载**: 水盾草于 1920 年在美国马萨诸塞州被发现，随后扩散至五大湖区域及加拿大（CABI，2018）。水盾草进入中国时间不长，1993 年首次在浙江宁波被采集到水盾草标本，丁炳扬（1999）首次将其作为我国新记录种报道，丁炳扬（2000）曾将其作为中国归化植物新记录进行报道。**标本信息**: GH00217072（Lectotype: GH）。该标本采自于美国路易斯安那州，1991 年由 Ørgaard 指定（Ørgaard，1991）为后选模式，存于美国哈佛大学标本馆。1993 年，丁炳扬等人在浙江省宁波市鄞县郊莫枝镇（现东钱湖镇）东钱湖大坝河流中采到的营养体标本是中国最早的水盾草标本（丁炳扬、史美中 6207）（HZU）。但直到 1999 年采到具花标本后，丁炳扬才将其作为新记录予以报道（丁炳扬，1999，2000)，丁炳扬等（2003）报道其在浙江北部的杭嘉湖平原和宁绍平原、江苏南部的太湖流域及上海西部淀山湖附近的河网地带入侵。**传入方式**：根据水盾草种子无成熟的胚及植株对脱水的敏感性，可以排除水盾草随农产品或货物而带入的途径。水盾草在中国最初可能是作为水族馆观赏水草引入，而后逸生，然后在较平缓水体中定居并建立种群，继而通过断枝漂移扩散（丁炳扬 等，2003）。**传播途径**：人类活动是水盾草传播扩散的主要因素，主要是有意的园艺种植及栽植后期不恰当的处置造成，船舶活动及水流促进了植物茎叶的传播。**繁殖方式**：水盾草以植株的茎段碎片进行快速地无性繁殖，一般不产生种子。**入侵特点**：① 繁殖性 水盾草茎叶易断，断枝的营养繁殖能力很强，能够发育成完整植株并快速建立种群。② 传播性 水盾草茎叶容易破碎，断枝断叶可以借助水流四处传播，具有很强的自然扩散能力。自 1993 年在宁波首次发现水盾草后，目前该种已广泛分布于浙江的杭嘉湖平原和宁绍平原水域、江苏的太湖及其附近水域、上海淀山湖及附近水域等地，并已在许多沉水植物群落中成为优势种（丁炳扬 等，2003）。③ 适应性 适应性强，可以耐受−7℃的低温（Ørgaard, 1991）。水盾草比金鱼藻（*Ceratophyllum demersum* Linnaeus）、黑藻［*Hydrilla verticillata* (Linnaeus f.) Royle］和苦草［*Vallisneria natans* (Loureiro) H. Hara］等优势种具有更强的越冬能力，在早春能更快地占据位置（于明坚 等，2004）。水盾草在沉水植物群落中处于不同的生态位，对本地种造成威胁（俞建 等，2004）。**可能扩散的区域**：水盾草入侵中国的时间较短，但若仅从气候条件考虑，它在中国尚有很大的扩散空间。水盾草喜在平缓、营养化较高的水体中生存，其生长与溶解氧呈显著负相关，这对中国很多水体富营养化日趋严重的平原地区而言是一个十分危险的信号（于明坚 等，2004）。此外，根据大范围的调查，水盾草的无性繁殖能力及露地越冬能力均比较强，分布区也在逐年扩大，这说明水盾草在中国具备进一步扩散和危害的潜力。

【危害及防控】 **危害**：水盾草对环境的高度适应性使其在澳大利亚、日本、美国部分地区泛滥（Hogsden et al., 2007），导致这些地区原生水生植物的生物多样性降低（Zhang et al., 2003）。该种生态位较宽，可对如金鱼藻、苦草属（*Vallisneria* spp.）等原生种造成威胁（曹培健 等，2006）。水盾草一旦进入自然生态系统，就会阻碍航行、缠绕鱼线和电机螺旋桨。此外，该种的入侵会引起水库和池塘水平面的上升进而导致渗漏增加、灌溉渠的堵塞。水盾草植株大量死亡后腐烂耗氧，对渔业也会造成危害，高密度的种群还会影响湖泊和水库的娱乐、农业和美学功能；水盾草生态位较宽，可对原生种造成威胁（曹培健 等，2006），易入侵组成单一及生物多样性低的群落，并迅速成为优势种（俞建 等，2004；Lyon & Eastman, 2006）。该种于 2016 年被环境保护部和中国科学院列入《中国自然生态系统外来入侵物种名单（第四批）》（环境保护部和中国科学院，2016）。

防控：排水和干燥、设置水底栅栏、降低水位等措施在控制水盾草入侵方面取得了一些成效，但是规范水族馆的活植物丢弃规则，禁止随意丢弃，是从源头上控制水盾草入侵的有效途径；普遍报道水盾草对化学农药有抗性，但也有文献报道水盾草对某些特定除草剂比较敏感，可以显著减少其干物质的重量，但是特定除草剂对其他水生植物有不良作用（Nelson et al., 2002）。

【凭证标本】 江苏省苏州市市区中祥广场附近，海拔−3.27 m，31.280 6°N，120.860 6°E，2015 年 7 月 4 日，严靖、闫小玲、李惠茹、王樟华 RQHD02770（CSH）；上海市青浦区大观园附近，2014 年 6 月 25 日，李惠茹、汪远 LHR00221（CSH）；浙江省嘉兴市桐乡市高桥镇附近，海拔 11.0 m，30.517 0°N，120.537 6°E，2014 年 11 月 5 日，严靖、闫小玲、李惠茹、王樟华 RQHD01502（CSH）。

【相似种】 红水盾草 [*Cabomba furcata* Schultes & Schultes f.]。该种茎、叶、花均为紫红色，原产于热带美洲，我国作为水族箱观赏植物栽培，近年来红水盾草在我国台湾、广东有归化报道（Wu et al., 2010; 胡喻华，2018）。

美丽水盾草 [*Cabomba caroliniana* var. *pulcherrima* R. M. Harper]，花紫色，主要分布在美国东南部（Ørgaard, 1991），在我国作为水生观赏植物进行栽培，目前未发现自然种群。

水盾草（*Cabomba caroliniana* A. Gray）

1. 生境；2.～3. 沉水叶；4. 浮水叶；5.～7. 花

参考文献

曹培健，于明坚，金孝锋，等，2006. 水盾草入侵沉水植物群落主要种群生态位和种间联结研究 [J] . 浙江大学学报（农业与生命科学版），32（3）：334-340.

丁炳扬，于明坚，金孝锋，等，2003. 水盾草在中国的分布特点和入侵途径 [J] . 生物多样性，11（3）：223-230.

丁炳扬，1999. 绿菊花草在我国首次发现 [J] . 杭州大学学报（自然科学版），26（1）：98.

丁炳扬，2000. 中国水生植物一新归化属——水盾草属（莼菜科）[J] . 植物分类学报，38（2）：198-200.

胡喻华，2018. 中国大陆水生植物新逸生种——红菊花草 [J] . 亚热带植物学报，47（3）：264-265.

环境保护部，中国科学院 . 关于发布中国自然生态系统外来入侵物种名单（第四批）的公告 . 2016 年第 78 号 [EB/OL] . (2016-12-12) http://www.mee.gov.cn/gkml/hbb/bgg/201612/t20161226_373636.htm.

于明坚，丁炳扬，俞建，等，2004. 水盾草入侵群落及其生境特征研究 [J] . 植物生态学报，28（2）：231-239.

俞建，丁炳扬，于明坚，等，2004. 水盾草入侵沉水植物群落的季节动态 [J] . 生态学报，24（10）：2149-2156.

CABI, 2018. *Cabomba caroliniana* (Carolina fanwort) [R/OL]. [2018-12-20]. http://www.cabi.org/isc/datasheet/107743.

Fu D Z, Wiersema J H, 2001. *Cabomba*[M]// Wu Z Y, Raven P H, Hong D Y. Flora of China: Volume 6. Beijing & St. Louis: China Science Press & Missouri Botanical Garden Press: 115.

Hogsden K L, Sager E P S, Hutchinson T C, 2007. The impacts of the non-native macrophyte *Cabomba caroliniana* on littoral biota of Kasshabog Lake, Ontario[J]. Journal of Great Lakes Research, 33(2): 497-504.

Löhne C, Borsch T, Wiersema J H, 2007. Phylogenetic analysis of Nymphaeales using fast-evolving and noncoding chloroplast markers[J]. Botanical Journal of the Linnean Society, 154(2): 141-163.

Lyon J, Eastman T, 2006. Macrophyte species assemblages and distribution in a shallow, eutrophic lake[J]. Northeastern Naturalist, 13(3): 443-453.

Nelson L S, Stewart A B, Getsinger K D, 2002. Fluridone effects on fanwort and water marigold[J]. Journal of Aquatic Plant Management, 40: 58-63.

Ørgaard M, 1991. The genus *Cabomba* (Cabombaceae)—a taxonomic study[J]. Nordic Journal of Botany, 11(2): 179-203.

Savolainen V, Chase M W, Hoot S B, et al., 2000. Phylogenetics of flowering plants based on combined analysis of plastid *atpB* and *rbcL* gene sequences[J]. Systematic Biology, 49(2): 306–362.

Wu S H, Aleck Yan T Y, Teng Y C, et al., 2010. Insights of the latest naturalized flora of Taiwan: change in the past eight years[J]. Taiwania, 55(2): 139–159.

Zhang X Y, Zhong Y, Chen J K, 2003. Fanwort in eastern China: an invasive aquatic plant and potential ecological consequences[J]. AMBIO, A Journal of the Human Environment, 32(2): 158–159.

胡椒科 | Piperaceae

肉质草本、灌木或攀援藤本，稀为乔木，常有香气；维管束多少散生而与单子叶植物类似。叶为单叶，互生，稀对生或轮生，两侧常不对称；托叶多少贴生于叶柄上或否，或无托叶。花极小，两性、单性雌雄异株或间有杂性，密集成穗状花序或由穗状花序再排成伞形花序，极稀有成总状花序排列，花序与叶对生或腋生，少有顶生；苞片小，通常盾状或杯状，少有勺状；花被无；雄蕊 1～10 枚，花丝通常离生，花药 2 室，分离或汇合，纵裂；雌蕊由 2～5 心皮组成，连合，子房上位，1 室，有直生胚珠 1～2 颗，柱头 1～5，无或有极短的花柱。浆果小，具肉质、薄或干燥的果皮；种子具少量的内胚乳和丰富的外胚乳。

胡椒科各属的划分存在一定的争议，近年来，有学者根据分子系统学的证据支持胡椒属（*Piper*）合并大胡椒属（*Pothomorphe*）（Wanke et al., 2007）。

一般认为胡椒科 8 或 9 属，2 000～3 000 种，分布于热带和亚热带地区。中国有 3 属 68 种，其中 1 种为外来入侵植物，即草胡椒属（*Peperomia*）草胡椒 [*Peperomia pellucida* (Linnaeus) Kunth]；另有蒌叶（*Piper betle* Linnaeus）在华南和西南地区归化。

草胡椒属 *Peperomia* Ruiz & Pavon

一年生或多年生矮小肉质草本；常附生于树上或岩石上。维管束全部分离，散生。叶互生、对生或轮生，全缘，无托叶。花极小，两性，常与苞片同着生于花序轴的凹陷处，排成顶生、腋生或与叶对生的细弱穗状花序，花序单生、双生或簇生，直径几与总花梗相等；苞片圆形、近圆形或长圆形，盾状或否；雄蕊 2 枚，花药圆形、椭圆形或长圆形，有短花丝；子房 1 室，有胚珠 1 颗，柱头球形，顶端钝、短尖、喙状或画笔状，侧生或顶生，不分裂或稀有 2 裂。浆果小，不开裂。

草胡椒属约 1 000 种，广布于热带和亚热带地区。中国有 7 种，其中引入 1 种，即草胡椒，为外来入侵种。

草胡椒 *Peperomia pellucida* (Linnaeus) Kunth, Nov. Gen. Sp. (ed. 4) 1: 64. 1816. —— *Piper pellucidum* Linnaeus, Sp. Pl. 1: 30. 1753.

【别名】 **透明草、豆瓣绿、软骨草**

【特征描述】 一年生肉质草本，高 20～40 cm，茎直立或基部有时平卧，分枝，无毛，下部节上常生不定根。叶互生，膜质，半透明，阔卵形或卵状三角形，长和宽近相等，为 1～3.5 cm，顶端短尖或钝，基部心形，两面均无毛；叶脉 5～7 条，基出，网状脉不明显；叶柄长 1～2 cm。穗状花序顶生或与叶对生，淡绿色，细弱，长 2～6 cm，其与花序轴均无毛，花疏生；苞片近圆形，直径约 0.5 mm，中央有细短柄，盾状；花极小，两性，无花被，雄蕊 2，花药近圆形，有短花丝；子房椭圆形，柱头顶生，被短柔毛。浆果球形，顶端尖，极小，直径约 0.5 mm。**染色体**：$2n=44$（Mathew et al., 1999）。**物候期**：花果期为 4—8 月。

【原产地及分布现状】 原产美洲热带地区，现广泛归化于热带亚热带地区（Boufford, 1982; 陈佩珊和朱培智，1982; Cheng et al., 1999）。**国内分布**：安徽、澳门、北京、福建、广东、广西、海南、河北（张家口市）、湖北、湖南、江苏、江西、山东、上海、台湾、香港、西藏、云南、浙江。

【生境】 喜潮湿，常见植物园栽培及野生于潮湿岩壁上或亚热带林中、石缝内、宅舍墙脚下或为园圃杂草。

【传入与扩散】 **文献记载**：20 世纪初草胡椒在香港已经成为杂草（Dunn & Tutcher,

1912），1928 在台湾被首次记录（Wu et al., 2010），《中国外来入侵种》一书将草胡椒列为中国外来入侵种（李振宇和解焱，2002）。**标本信息**："*Piper foliis cordatis, caule procumbente*" in Linnaeus, Hortus Cliffortianus, 6, t. 4, 1738（Lectotype）。该后选模式为一幅植物绘图，由 Stearn 指定为后选模式（Stearn, 1957）。草胡椒在中国的最早标本记录可能来自英国人福特（Charles Ford）1893 年在香港太平山的采集（Charles Ford 559）。**传入方式**：草胡椒有一定的药用价值，在印度、巴西、东南亚以及非洲许多国家被收入当地传统民间验方（徐苏 等，2005）。根据标本和文献记载，推测其可能在 19 世纪末人为引种或随苗木进入香港等港口，随后扩散。**传播途径**：常随带土苗木传播。其花靠风媒传粉，种子极小，易于散布（李振宇和解焱，2002）。**繁殖方式**：靠种子繁殖，也可进行无性繁殖（李振宇和解焱，2002）。**入侵特点**：① 繁殖性 种子繁殖和营养繁殖能力都极强，在外界条件适宜的情况下，容易蔓延成片，成为优势群落（李振宇和解焱，2002）。研究表明，在实验条件下草胡椒种子在播种后 4 天开始萌发，24 天后种子萌发率高达 78%，植株生长速度很快，移栽后 30～40 天可出现花序，100 天内茎长可达 60 cm（Arrigoni-Blank et al., 2002）。② 传播性 种子细小，在雨水冲刷下，随水流扩散，同时也极易随带土苗木传播。③ 适应性 草胡椒喜潮湿环境，特别是在潮湿的坚硬表面如墙壁、屋顶、陡峭的沟壑和花盆中常见。研究表明，降雨量是影响草胡椒分布的重要气候因素，随着降雨量的增加，草胡椒的入侵风险提高（董旭 等，2013）。**可能扩散的区域**：草胡椒喜阴湿温暖环境，该种在中国华南地区、东南地区和西南局部地区有很高的入侵风险，而且随着全球气候的上升和雨量的变化，该种在中国的入侵风险会进一步增加（董旭 等，2013）。

【危害及防控】 **危害**：尽管草胡椒在中国只是一般性园圃杂草，目前未对农业生产、生物多样性造成严重危害，但由于其生命力强、繁殖快、散布广，侵入潮湿的山谷、森林后（特别是南方），有可能大规模蔓延，形成单优势群落，对入侵地的生态系统结构和功能构成威胁，会降低生物多样性的丰富度。**防控**：推荐在生长期人工拔除，也可采取化学除草剂防除。应加强监测，及时地控制，掌握其种群变化动态趋势，同时采取有效的防除措施和适度深入地开发利用（董旭 等，2012）。

【凭证标本】 广东省广州市天河区华南农业大学，海拔 32.0 m，23.159 3°N，113.361 5°E，2014 年 10 月 30 日，王瑞江 RQHN00788（CSH）；江西省南昌市高新花卉大市场，海拔 31.9 m，28.724 7°N，115.962 0°E，2016 年 9 月 21 日，严靖、王樟华 RQHD10020（CSH）；浙江省丽水市龙泉市，海拔 208.7 m，28.084 7°N，119.142 5°E，2016 年 7 月 31 日，严靖、王樟华 RQHD03354（CSH）；河南省张家口市桥西区北方花卉市场，海拔 675.0 m，40.709 2°N，114.836 7°E，2014 年 8 月 1 日，苗学鹏 14080103（CSH）。

【相似种】 豆瓣绿［*Peperomia tetraphylla* (G. Forster) Hooker & Arnott］。草胡椒与该种较为相近，豆瓣绿叶片密集，4 或 3 片轮生，花序轴密被毛，浆果长近 1 mm，易与草胡椒相区别。该种为国产种，主要分布于华南及西南地区。

草胡椒 [*Peperomia pellucida* (Linnaeus) Kunth]
1. 生境；2. 植株；3. 花序；4. 浆果

参考文献

陈佩珊，朱培智，1982. 草胡椒属［M］// 中国植物志编辑委员会. 中国植物志（第二十卷. 第一分册）. 北京：科学出版社：77.

董旭，陈秀芝，郭水良，2012. 上海地区发现新外来入侵种——草胡椒［J］. 杂草学报，30（4）：5-6.

董旭，陈秀芝，娄玉霞，等，2013. 外来入侵植物草胡椒在中国的潜分布范围预测［J］. 浙江大学学报（农业与生命科学版），39（6）：621-628.

李振宇，解焱，2002. 中国外来入侵种［M］. 北京：中国林业出版社：99.

徐苏，王明伟，李娜，2005. 草胡椒属药用植物研究进展［J］. 中草药，36（12）：1893-1896.

Arrigoni-Blank M de F, Oliveira R L B, Mendes S S, et al., 2002. Seed germination, phenology, and antiedematogenic activity of *Peperomia pellucida* (L.) H. B. K, 2002. BMC Pharmacology, 2(1): 1-8.

Boufford D E, 1982. Notes on *Peperomia* (Piperaceae) in the southeastern United States[J]. Journal of the Arnold Arboretum, 63(3): 317-325.

Cheng Y Q, Xia N H, Gilbert M G, 1999. Piperaceae[M]// Wu Z Y, Raven P H. Flora of China: Volume 4. Beijing: Science Press and St. Louis: Missouri Botanical Garden Press: 110-131.

Dunn S T, Tutcher W J, 1912. Flora of Kwangtung and Hongkong (China)[M]. London: H. M. Stationery off., printed by Darling and son, ltd.

Mathew P J, Mathew P M, Pushpangadan P, 2009. Cytology and its bearing on the systematics and phylogeny of the Piperaceae[J]. Cytologia, 64(3):301-307.

Stearn W T, 1957. An introduction to the Species Plantarum and cognate botanical works of Carl Linnaeus[M]. London: Printed for the Ray Society: 47.

Wanke S, Jaramillo M A, Borsch T, et al., 2007. Evolution of Piperales-*matK* gene and *trnK* intron sequence data reveal lineage specific resolution contrast[J]. Molecular Phylogenetics and Evolution, 42: 477-497.

Wu S H, Aleck Yan T Y, Teng Y C, et al., 2010. Insights of the latest naturalized flora of Taiwan: change in the past eight years[J]. Taiwania, 55(2): 139-159.

罂粟科 | Papaveraceae

　　草本或亚灌木，稀小灌木或灌木，极稀乔木，一年生、二年生或多年生，无毛或被长柔毛或有时具刺毛，常有乳状或有色液汁。主根明显，稀纤维状或形成块根。叶互生，稀上部对生或近轮生状，全缘或分裂，无托叶。花单生或排列成圆锥花序、总状花序或聚伞花序。花两性，辐射对称；萼片2或不常为3～4，通常分离，覆瓦状排列，早落。花瓣通常4～8，有时8～12，稀无，2轮或稀3轮，覆瓦状排列。芽时皱褶，脱落，大部具鲜艳的颜色，稀无色。雄蕊多数，排成数轮，离生；花丝通常丝状；花药直立，2室，纵裂。子房上位，2至多数合生心皮组成，心皮于果时分离，1室而具侧膜胎座，或胎座的隔膜延伸到轴而成数室，或假隔膜的连合而成2室，胚珠多数，稀少数或1，侧生或弯生，直立或平伸，二层珠被，珠孔向内，珠脊向上或侧向；花柱单生，短或无；柱头与胎座同数，当柱头分离时，则与胎座互生，当柱头合生时，则贴生于花柱上面或子房先端成具辐射状裂片的盘，裂片与胎座对生。果为蒴果，瓣裂或顶孔开裂。种子细小，球形、卵圆形或近肾形；种皮平滑、蜂窝状或网状；种脊有时具鸡冠状附属物；胚小，胚乳油肉质，子叶不分裂或分裂。

　　罂粟科约40属800余种，主要产于北半球温带地区，延伸到中美洲和南美洲，少数产于非洲。中国罂粟科约19属，440余种，大都为观赏植物，部分种入药，其中外来植物6种：蓟罂粟（*Argemone mexicana* Linnaeus）为入侵种，另外有烟堇（*Fumaria officinalis* Linnaeus）、小花球果紫堇（*Fumaria parviflora* Lamarck）、野罂粟（*Papaver nudicaule* Linnaeus）、虞美人（*Papaver rhoeas* Linnaeus）在中国部分地区归化，花菱草（*Eschscholzia californica* Chamisso）作为观赏植物在中国广泛引种栽培。

蓟罂粟属 *Argemone* Linnaeus

一年生、二年生或稀多年生有刺草本，通常粗壮，多分枝，具黄色苦味浆汁。茎大多直立。叶羽状分裂，裂片具波状齿，齿端具刺。花顶生于枝上或成聚伞状排列，3 数；花芽直立；花托狭长圆锥状；萼片 2～3，同形，顶端有角状附属体，早落；花瓣 4～6，2 轮排列，芽时扭转或覆瓦状排列，花呈白色、黄色、橙黄色或黄白色，稀紫红色；雄蕊多数，分离，花丝丝状或中部以下稍扩大，先端钻形，花药线形，近基部着生，2 裂，外向，开裂后弯曲；子房卵形、圆锥状卵形或近椭圆形，心皮（3～）4～6，连合，胎座脉状，胚珠多数，花柱极短或近无，柱头与心皮同数，呈放射状，卵形，与胎座互生。蒴果被刺，极稀无刺，果瓣自顶端微裂，稀裂至近基部。种子多数，球形，种阜极小或无，种皮具网纹。

蓟罂粟属共 29 种，主产美洲，在北美，其自墨西哥中部延伸到美国西南部、南部至东南部和西印度群岛；南美有 9 种，3 种在智利，1 种在夏威夷；其余星散分布于南美西北部和西部近海岸带（吴征镒，1999; Zhang & Christopher, 2008）。中国引种 1 种，即蓟罂粟。《中国植物志》还记载大花蓟罂粟（*Argemone grandiflora* Sweet）和白花蓟罂粟（*Argemone platycerae* Link & Otto）曾在华北地区栽培（吴征镒，1999）。

蓟罂粟 *Argemone mexicana* Linnaeus, Sp. Pl. 1: 508. 1753.

【别名】 刺罂粟、老鼠簕、花叶大蓟、箭罂粟

【特征描述】 一年生草本，通常粗壮，高 30～100 cm。茎具分枝，被稀疏、黄褐色平展的刺，无毛。基生叶密聚，阔倒披针形、倒卵形或椭圆形，长 5～20 cm，宽 2.5～7.5 cm，先端急尖，基部楔形，边缘羽状深裂，裂片具波状齿，齿尖具刺，两面无毛，沿脉散生刺，表面绿色，沿叶脉的两侧灰白色，背面灰绿色，具长不到 1 cm 的短柄；茎生叶互生，与基生叶同形，但下部者较大，无柄或半抱茎。花密集排列成顶生花序，花梗极短；每花具 2～3 叶状苞片，苞片长 1～3 cm，宽 1～1.5 cm；花芽近球形，

长约 1.5 cm；萼片舟形，长约 1 cm，顶端具距，距尖成刺，外面散生少数刺，于花开时即脱落；花瓣 6，宽倒卵形，先端半圆形，基部阔楔形，长 1.7～3 cm，黄色或橙黄色；花丝长约 7 mm，花药狭长圆形，长 1.5～2 mm，开裂后弯成半圆形至圆形；子房椭圆形或长圆形，高 0.7～1 cm，被黄褐色伸展的刺，花柱极短，柱头 3～6 裂，深红色。蒴果宽长圆形，长 2.5～5 cm，宽 1.5～3 cm。被稀疏、黄褐色的刺，4～6 瓣自顶端开裂至全长的 1/4～1/3 处。种子球形，具明显的网纹。**染色体**：$2n = 28$（Zhang & Christopher, 2008）。**物候期**：花果期为 3—10 月；在热带地区，其花果期全年（Ownbey, 1958）。

【原产地及分布现状】 原产美洲热带，包括美国的佛罗里达州、墨西哥、加勒比海地区、中美洲和南美洲的西北部地区（Ownbey, 1958, 1961），广泛引种栽培并归化于温带和热带地区。**国内分布**：中国多省区市引种栽培，归化于澳门、福建、广东、海南、江苏、云南、四川、台湾、香港，在海南和云南部分地区造成入侵。

【生境】 常见于植物园、公园栽培，野生于道路两旁、荒地、河谷、果园、苗圃等地。

【传入与扩散】 **文献记载**：1857 年 Seemann（1825—1871）在报道香港岛植物（*Flora of the island of Hongkong*）时收录蓟罂粟，记载其生长在荒地，并引证了两号标本（Champion; Hance），经考证，这两号标本均采于 1845—1851 年间，这是关于蓟罂粟在中国最早的文献记载和标本记录（Seemann, 1857）。早田文藏（Bunzo Hayata, 1874—1934）在 1911 年出版的 *Materials for a flora of "Formosa"* 中记载蓟罂粟在台湾归化，其引证的是一号 1906 年采自台东县的标本（Hinaro No.1558），这是蓟罂粟在台湾地区最早的记录（Hayata, 1911）。《海南植物志》是中国大陆最早记载蓟罂粟的地方植物志，记载其为引种栽培的花卉，或逸生于草地（李淑玉和丘华兴，1964）。2006 年丁莉等将蓟罂粟列为云南省外来入侵植物之一（丁莉 等，2006）。**标本信息**：Herb. Linn. No. 670.1（Lectotype: LINN）。该标本采自墨西哥、牙买加、加勒比海一带，1914 年由 Fawcett 和 Rendle 指定为后选模式 (Fawcett & Rendle, 1914)。**传入方式**：在世界范围内，蓟罂粟主要作为观赏花卉广泛引种（李淑玉和丘华兴，1964; Wester,

1992），同时也可能混杂在粮食作物中随贸易无意引入（Healy, 1961），根据标本信息和文献推断，该种首次传入中国的时间应该为 19 世纪 40 年代，可能由外国商船无意携带传入香港。**传播途径**：主要随着人类的大范围引种栽培活动而传播，同时其种子也会掺杂在粮食作物中（敖苏 等，2014），随着水流、农业机械、鸟类取食等传播。蓟罂粟是港口城镇常见的杂草，其种子被认为在后哥伦布时代通过海上航线传播至全球热带亚热带地区（Ownbey, 1958）。**繁殖方式**：以种子繁殖。**入侵特点**：① 繁殖性 蓟罂粟结实量大，种子脱落后存在较长休眠期，在野外可维持活力达数年之久；研究表明，蓟罂粟种子产量最高可达每株 18 000～36 000 粒（Holm et al., 1977），只要给予良好的水肥条件，蓟罂粟种子全年均可发芽（Parsons & Cuthbertson, 1992）。② 传播性 蓟罂粟传播性强，种子细小，极易随水流和鸟类的取食传播，也常常混杂在其他农作物的种子中传播，同时蓟罂粟有着较高的自交率，意味着即使一粒种子都有可能建立一个新的种群（Ownbey, 1958）。③ 适应性 蓟罂粟能入侵到各种干扰生境和自然生境中，相关研究表明其对土壤要求不高，耐贫瘠，尤其在低磷土壤中长势良好（Parsons & Cuthbertson, 1992）。**可能扩散的区域**：可能扩散至中国西南、华南各省区的适生区。

【危害及防控】 **危害**：蓟罂粟种子有毒，误食对人类和家畜有害，在印度和尼泊尔都有误食掺杂了蓟罂粟种子的植物油而导致流行性水肿的案例，在印度，蓟罂粟是重要的过敏原（Sharma et al., 2002）。同时蓟罂粟具有一定的化感作用，其侵入农田菜地，会导致农作物减产（Van der Westhuizen & Mpedi, 2011）。近年来，有研究报道称蓟罂粟侵入云南西南部的果园、甘蔗地，造成危害（申时才 等，2012）。**防控**：耕作防除，严格控制栽培，防止随便丢弃植株或种子进入野外环境。因种子容易散落，故栽培时在种子成熟前需要清理，对于野生种群需在开花前拔除，以免扩散。化学防除，麦草畏、敌草隆等多种除草剂可用于清除蓟罂粟。生物防除，一项在南非实施的生物防控实验表明，通过投放两种来自墨西哥的象鼻虫科甲虫，利用其取食蓟罂粟的花果，能大量减少蓟罂粟的种子产量，从而控制蓟罂粟种群继续扩散（Westhuizen & Mpedi, 2011）。

【凭证标本】 澳门特别行政区氹仔飞机场北安圆形地，海拔 32 m，22.163 2°N，

113.572 6°E，2015 年 5 月 21 日，王发国 RQHN02766（CSH）；海南省文昌市文昌市重兴镇，海拔 5.5 m，19.402 5°N，110.684 7°E，2018 年 3 月 27 日，严靖、汪远、王樟华 RQHD03568（CSH）；云南省红和彝族自治州金平县县城金河路，海拔 1 955 m，25.141 4°N，102.738 3°E，2015 年 7 月 7 日，陈文红、陈润征等 RQXN00115（CSH）。

【相似种】 淡黄蓟罂粟（新拟）（*Argemone ochroleuca* Sweet）。蓟罂粟与该种较为接近，两者区别主要在于花芽形状和花瓣颜色上，蓟罂粟有着近球形的花芽和橙黄色的花瓣，而该种的花芽呈长椭圆形，花色为乳白色到淡黄色。值得注意的是，淡黄蓟罂粟同样原产于墨西哥的植物，广泛归化于澳大利亚、非洲、亚洲热带、新西兰以及一些太平洋岛屿，已经在澳大利亚、印度等国家造成入侵（Westhuizen & Mpedi, 2011），目前国内尚未见到该种的相关报道。

蓟罂粟（*Argemone mexicana* Linnaeus）

1. 生境；2. 植株；3.～5. 蒴果；6. 叶；7.～8. 花；9. 种子

参考文献

敖苏，徐卫，蔡波，等，2014.海南检验检疫局从进境高粱中截获 18 种杂草［J］.植物检疫，28（6）：94.

丁莉，杜凡，张大才，2006.云南外来入侵植物研究［J］.西部林业科学，35（4）：98-103.

李淑玉，丘华兴，1964.罂粟科［M］//陈焕镛.海南植物志（第一卷）.北京：科学出版社.

申时才，张付斗，徐高峰，等，2012.云南外来入侵农田杂草发生与危害特点［J］.西南农业学报，25（2）：554-561.

吴征镒，1999.罂粟科［M］//中国植物志编辑委员会.中国植物志（第三十二卷）.北京：科学出版社：5.

Fawcett W, Rendle A B, 1914. Flora Jamaica, containing descriptions of the flowering plants known from the island[M]. London: Printed by Order of the Trustees of the British Museum.

Hayata B, 1911. Materials for a flora of "Formosa"[①]: supplementary notes to the Enumeratio plantarum "Formosanarum" and flora Montana "Formosae": Volume 30[M]. Tokyo, Japan: College of Science Imperial University of Tokyo: 1–471.

Healy A J, 1961. The interaction of native and adventive plant species in New Zealand[J]. Proceedings of the New Zealand Ecological Society, 8: 39–43.

Holm L G, Plucknett D L, Pancho J V, et al., 1977. The world's worst weeds. Distribution and biology[M]. Honolulu, Hawaii, USA: University Press of Hawaii: 176.

Ownbey G B, 1958. Monograph of the genus *Argemone* for North America and the West Indies[J]. Memoirs of the Torrey Botanical Club, 21(1): 1–159.

Ownbey G B, 1961. The genus *Argemone* in South America and Hawaii[J]. Brittonia, 13(1): 91–109.

Parsons W T, Cuthbertson E G, 1992. Noxious weeds of Australia[M]. Melbourne, Australia: Inkata Press: 534–537.

Seemann B, 1857. The botany of the voyage of HMS Herald: under the command of captain Henry Kellett, RN, CB, during the Years 1845–51[M]. London: Lovell Reeve: 363.

Sharma B D, Bhatia V, Rathee M, et al., 2002. Epidemic dropsy: observations on pathophysiology and clinical features during the Delhi epidemic of 1998[J]. Tropical Doctor, 32(2): 70–75.

Wester L, 1992. Origin and distribution of adventive alien plants in Hawaii[M]// Stone C P, Smith C W, Tunison J T. Alien plant invasions in native ecosystems of Hawaii: management and research. Honolulu, Hawaii, USA: University of Hawaii Press: 99–154.

Van der Westhuizen L, Mpedi P, 2011. The initiation of a biological control programme against *Argemone mexicana* L. and *Argemone ochroleuca* Sweet subsp. *ochroleuca* (Papaveraceae) in South Africa[J]. African Entomology, 19(2): 223–229.

Zhang M L, Christopher G W, 2008. *Argemone*[M]// Wu Z Y, Raven P H, Hong D Y. Flora of China: Volume 7. Beijing: Science Press and St. Louis: Missouri Botanical Garden Press: 262.

---

① "Formosa"，即中国台湾。

山柑科 | Capparaceae

草本，灌木或乔木，常为木质藤本，毛被存在时分枝或不分枝，如为草本常具腺毛和有特殊气味。叶互生，很少对生，单叶或掌状复叶；托叶刺状，细小或不存在。花序为总状、伞房状、亚伞形或圆锥花序，或（1～）2～10花排成一短纵列，腋上生，少有单花腋生；花两性，有时杂性或单性，辐射对称或两侧对称，常有苞片，但常早落；萼片4～8，常为4片，排成2轮或1轮，相等或不相等，分离或基部连生，少有外轮或全部萼片连生成帽状；花瓣4～8，常为4片，与萼片互生，在芽中的排列为闭合式或开放式，分离，无柄或有爪，有时无花瓣；花托扁平或锥形，或常延伸为长或短的雌雄蕊柄，常有各式花盘或腺体；雄蕊（4～）6至多数，花丝分离，在芽中时内折或成螺旋形，着生在花托上或雌雄蕊柄顶上；花药以背部近基部着生在花丝顶上，2室，内向，纵裂；雌蕊由2（～8）心皮组成，常有长或短的雌蕊柄，子房卵球形或圆柱形，1室有2至数个侧膜胎座，少有3～6室而具中轴胎座；花柱不明显，有时丝状，少有花柱3枚；柱头头状或不明显；胚珠常多数，弯生，珠被2层。果为有坚韧外果皮的浆果或瓣裂蒴果，球形或伸长，有时近念珠状；种子1至多数，肾形至多角形，种皮平滑或有各种雕刻状花纹；胚弯曲，胚乳少量或不存在。

传统的山柑科是一个多系类群，随着分子生物学研究的深入，有人主张将广义的山柑科分为山柑科（Capparaceae）和白花菜科（Cleomaceae）等（Zhang & Tucker, 2008; APG Ⅲ, 2009）。近年来也有学者认为斑果藤科（Stixaceae）和节蒴木科（Borthwickiaceae）应从山柑科（Capparaceae）独立（Su et al., 2012）。

山柑科42～45属，700～900种，主产热带与亚热带地区，少数至温带地区。10种以上的属约10个，其他都是单型属或寡种属；单型属约占属总数的二分之一，其中有 3 属为全热带分布，其余的属分布区大都比较局限，约 15 属仅见于西半球，约 10 属仅见于非洲，大洋洲有 3 属，亚洲特有 6 属，主产中南半岛。中国有 5 属，约 52 种，主产西南部至台湾，其中引种 4 种，入侵植物 1 种即皱子白花菜（*Cleome rutidosperma* Candolle），另有印度白花菜［*Cleome rutidosperma* var. *burmannii* (Wight & Arn.) Siddiqui & S. N. Dixit］、西洋白花菜［*Cleoserrata speciosa* (Rafinesque) Iltis］、醉蝶花［*Tarenaya hassleriana* (Chodat) Iltis］在中国归化。

白花菜属 *Cleome* Linnaeus

一年生或多年生草本，很少亚灌木或攀援植物，常被黏质柔毛或腺毛和有特殊气味，有时具刺。叶有柄，互生，掌状复叶，少有单叶，小叶 3～9，全缘或有齿；无托叶或托叶废退，很少成刺状。总状花序顶生或再组成圆锥花序，有时花序下部的花腋生，少有单花腋生，常有苞片；花两性，有时雄花与两性花同株；萼片 4，1 轮，分离或基部连生，与花瓣互生；花瓣 4，相等或不相等，常有爪，全缘，很少顶端微缺或分裂，在芽中时的卷叠为开放式或闭合式；花盘常存在，环形或单侧，蜜腺各式；雄蕊（4～）6～30，少有更多，完全能育或有时部分不育，花丝等长或有时稍不等长，着生在长或短的雌雄蕊柄顶上，有时不具雌雄蕊柄；雌蕊有柄或无柄，子房 1 室，侧膜胎座 2，胚珠多数，花柱短或不存在，有的细长，常宿存，柱头头状。蒴果伸长，圆柱形，顶端常有喙，自基部向上或自顶端向下少有从旁侧，2 瓣裂开，有宿存胎座框。种子少数至多数，肾形，常具开张的爪，背部有细疣状突起或雕刻状细皱纹，有时光滑，假种皮有或无。

广义的白花菜属约有 150 种，随着分类学研究的不断深入，有学者基于种子解剖和形态学、染色体数目、生物地理学分析和分子生物学证据，将黄花草属（*Arivela*）、西洋白花菜属（*Cleoserrata*）、羊角菜属（*Gynandropsis*）和醉蝶花属（*Tarenaya*）从白花菜属（*Cleome*）中独立出来（Iltis & Cochrane, 2007）。

全世界白花菜属约 20 种，原产旧大陆暖温带和热带地区。中国有 2 种皆为外来植物，其中皱子白花菜为入侵植物，印度白花菜在海南地区归化（陈玉凯 等，2016）。

皱子白花菜 *Cleome rutidosperma* A. P. de Candolle, Prodr. 1: 241. 1824. ——*Cleome ciliata* Schumacher & Thonning, Beskr. Guin. Pl. 294-295. 1827.

【别名】 平伏茎白花菜、成功白花菜

【特征描述】 一年生草本，茎直立、开展或平卧，分枝疏散，高达 90 cm，无刺，茎、叶柄及叶背脉上疏被无腺长柔毛，有时近无毛。叶具 3 小叶，叶柄长 2～20 mm；小叶椭圆状披针形，有时近斜方状椭圆形，顶端急尖或渐尖、钝形或圆形，基部渐狭或楔形，几无小叶柄，边缘有具纤毛的细齿，中央小叶最大，长 1～2.5 cm，宽 5～12 mm，侧生小叶较小，两侧不对称。花单生于茎上部叶具短柄叶片较小的叶腋内，常 2～3 花接连着生在 2～3 节上形成开展有叶而间断的花序；花梗纤细，长 1.2～2 cm，果时长约 3 cm；萼片 4，绿色，分离，狭披针形，顶端尾状渐尖，长约 4 mm，背部被短柔毛，边缘有纤毛；花瓣 4，长 7～10 mm，宽约 2 mm，2 个中央花瓣中部有黄色横带，2 侧生花瓣颜色一样，顶端急尖或钝形，有小凸尖头，基部渐狭延成爪，近倒被针状椭圆形；花盘不明显，花托长约 1 mm；雄蕊 6，花丝长 5～7 mm，花药长 1.5～2 mm；雌蕊柄长 1.5～2 mm，果时长 4～6 mm；子房线柱形，长 5～13 mm，无毛，有些花中子房不育，长仅 2～3 mm；长柱短而粗，柱头头状。果线柱形，表面平坦或微呈念珠状，两端渐狭，顶端有喙，长 3.5～6 cm，中部直径 3.5～4.5 mm；果瓣质薄，有纵向近平行脉，常自两侧开裂；种子近圆形，直径 1.5～1.8 mm，背部有 20～30 条横向脊状皱纹，皱纹上有细乳状突起，爪开张，彼此不相连，腹面边缘有一条白色假种皮带。**染色体**：2*n*=30（Ruiz-Zapata et al., 1996）。**物候期**：花果期为 6—9 月。

【原产地及分布现状】 原产于非洲热带地区，分布于塞内加尔至安哥拉与苏丹（Iltis, 1960）。1824 年瑞士博物学家 Augustin Pyramus de Candolle 发表该种时记载其可能来自西印度群岛的多巴哥，后经美国植物学家 Hugh Iltis 多方考证，皱子白花菜的模式标本其实采自西非的塞拉利昂，最早于 1895 年引入到加勒比海地区的牙买加，而不是《中国植物志》所记载的 1859 年传入多巴哥（Iltis, 1960）。现广泛归化于亚洲、美洲和大洋洲的热带亚热带地区，并在东南亚和南亚一些地区被列为入侵杂草（Chamara et al., 2017）。

国内分布：广东、广西、海南、台湾、香港、云南。

【**生境**】 在海拔较低、潮湿、炎热的条件下，多生在苗圃、农场、路旁草地、荒地以及常为田间杂草。

【**传入与扩散**】 **文献记载**：皱子白花菜在中国的最早记载见于 1964 年出版的《云南大学学术论文集第三辑》生物分册中 "中国白花菜属（*Cleome* Linn.）的研究"，报道其为中国云南西部新记录（孙必兴，1964）。1979 年在台湾地区归化（郭长生和吴天赏，1979）。《中国植物志》记载其在云南、台湾有分布，*Flora of China* 记载其在安徽、广东、广西、海南、台湾、云南等地归化（孙必兴，1999; Zhang & Tucker, 2008）。2011 年，徐海根和强胜将皱子白花菜列为外来入侵植物（徐海根和强胜，2011）。**标本信息**：Smeathman s.n.（Type: G），该标本采自西非的塞拉利昂，现存于瑞士日内瓦植物园标本馆（G00226187）。中国最早的标本记录来自 1958 年在云南潞西县（今芒市）的采集（熊若莉，文绿康 580116; KUN0494735），记载其生于热带作物农场的路旁草地。吴姗桦在整理台湾地区归化植物名录时记载皱子白花菜最早引入台湾的时间为 1961 年，但其未引证标本（Wu et al., 2004），在台湾植物资讯整合查询系统检索出一号 1961 年采于台湾屏东县的皱子白花菜标本：Shimizu 12180（TAI262844），观察该号标本图像发现，其叶为 5 小叶的掌状复叶，总状花序顶生，应为羊角菜［*Gynandropsis gynandra* (Linnaeus) Briquet］而不是皱子白花菜。**传入方式**：无意引入，种子可能掺杂在货物、粮食、苗木材料等中无意引入中国。皱子白花菜在 20 世纪 20 年代后在亚洲先后星散见于下列各地：1920 年，菲律宾的巴拉望与印度尼西亚的苏门答腊东海岸；1924 年，新加坡；1946 年，印度尼西亚的爪哇与泰国；1948 年，缅甸与马来西亚；1958 年，中国云南西部，印度尼西亚广布；1979 年在中国台湾；20 世纪 90 年代在海南岛的低海拔菜地、荒地与路边、村旁随处可见。由此看来，其分布区正在扩展之中，已有成泛热带分布种的趋势，其在世界范围内的传播可能与航海贸易有极大关系（Jacobs, 1960; 郭长生和吴天赏，1979; 孙必兴，1999; Wu et al., 2004; 单家林，2009）。**传播途径**：皱子白花菜的种子可能混杂于干草、苗木泥土、车辆、货物等随着人类活动远距离传播；其近距离传播主要有两种方式，一是荚果成熟后炸裂，其种子能弹射出约 1 m 远，二是种子上附着的白色油质体会被蚂蚁取食，蚂蚁在取食过程中，也会短距离搬运种子（Mitchell & Schmid, 2002）。**繁殖方式**：以种子繁殖。**入侵特性**：① **繁殖性** 皱子白花菜在其原产地非洲热带就是一种常见杂草（Iltis, 1960），该种植物结实量大，研究表明，皱子白花菜在油棕和橡胶树种植地的土壤种子库中占优势地位（Ismail et al., 1995）。在澳大利亚的观测研究表明，皱子白花菜种子存在至少两年的休眠期（Mitchell & Schmid, 2002）。② **传播性** 其种子细小量多，易随风、水流、农业机械、带土苗木扩散，也常常混杂在农作物粮食中传播。③ **适应性** 皱子白花菜喜温暖湿润的环境，在热带地区表现出杂草性强，但是其植株耐寒性、耐旱性较差，在连续的低温霜冻环境下无法存活，在干旱条件下，植物停止生长和结实，直至地上部分死亡，地下根茎能存活较长时间（Mitchell & Schmid, 2002）。**可能扩散的区域**：可能扩散至中国南方各省区。

【危害及防控】 危害：皱子白花菜在东南亚的一些国家（菲律宾、马来西亚、越南等）是重要的农业杂草。在菲律宾，皱子白花菜等杂草侵入水稻田会造成水稻减产（Chamara et al., 2017）；单家林（2009）报道称其几乎遍及海南各地，生于路边、荒地、苗圃，为农田常见杂草。**防控**：耕作防除，增加土壤覆盖物以降低皱子白花菜的发芽率，同时一些综合栽培技术（高作物密度、间作套种等）对防控皱子白花菜也有不错的效果（Chamara et al., 2017）。化学防除，草甘膦等除草剂对它的化学防除效果较好（Mitchell & Schmid, 2002）。

【凭证标本】 香港特别行政区离岛区大屿山梅窝，海拔 9 m，22.262 1°N，114.001 8°E，2015 年 7 月 31 日，王瑞江等 RQHN01117（CSH）；海南省海口市龙华区侨中路隧道旁，海拔 19 m，20.023 7°N，110.317 6°E，2015 年 8 月 5 日，王发国等 RQHN03106（CSH）；广东省云浮市云城区南山森林公园，海拔 105 m，22.917 1°N，112.041 2°E，2015 年 7 月 2 日，王发国等 RQHN02870（CSH）。

【相似种】 印度白花菜 [*Cleome rutidosperma* var. *burmannii* (Wight & Arn.) Siddiqui & S. N. Dixit]。皱子白花菜与同属植物印度白花菜较为接近。两者的区别在于：皱子白花菜植株茎上无刺，种子上附有白色油质体，而印度白花菜茎上有软刺，种子上不含油质体。印度白花菜原产印度、斯里兰卡和印度尼西亚，在海南归化（陈玉凯 等，2016）。

皱子白花菜（*Cleome rutidosperma* A. P. de Candolle）

1. 生境；2. 植株；3. 叶；
4. ～5. 花；6. 果实

参考文献

陈玉凯，杨小波，李东海，等，2016. 海南岛维管植物物种多样性的现状［J］. 生物多样性，24（8）：948-956.

单家林，2009. 海南岛种子植物分布新记录［J］. 福建林业科技，36（3）：256-259.

郭长生，吴天赏，1979. 一种新记录归化植物——成功白花菜［J］. 嘉南学报，5：9-12.

孙必兴，1964. 中国白花菜属（Cleome Linn.）的研究［C］.《云南大学学术论文集第三辑》生物分册：11-18.

孙必兴，1999. 山柑科［M］// 吴征镒. 中国植物志（第三十二卷）. 北京：科学出版社：484-539.

徐海根，强胜，2011. 中国外来入侵生物［M］. 北京：科学出版社：153-154.

APG Ⅲ, 2009. An update of the Angiosperm Phylogeny Group classification for the orders and families of flowering plants: APG III[J]. Botanical Journal of the Linnean Society, 161(2): 105–121.

Chamara B S, Marambe B, Chauhan B S, 2017. Management of *Cleome rutidosperma* DC. using high crop density in dry-seeded rice[J]. Crop Protection, 95: 120–128.

Iltis H H, Cochrane T S, 2007. Studies in the Cleomaceae V: a new genus and ten new combinations for the flora of North America[J]. Novon, 17(4): 447–451.

Iltis H H, 1960. Studies in the Capparidaceae—VII old world *Cleomes* adventive in the new world[J]. Brittonia, 12(4): 279–294.

Ismail B S, Tasrif A, Sastroutomo S S, et al., 1995. Weed seed populations in rubber and oil palm plantations with legume cover crops[J]. Plant Protection Quarterly, 10(1): 20–23.

Jacobs M, 1960. Capparidaceae[M]// Van Steenis C G G J. Flora Malesiana, Series I. Groningen, Netherlands: Wolters-Noordhoff Publishing: 61–105.

Mitchell A, Schmid M, 2002. Case history of the eradication of fringed spider flower, *Cleome rutidosperma* DC. Proceedings of the 13th Australian Weeds Conference[C]. Plant Protection Society of Western Australia, Perth: 297–299.

Ruiz-Zapata T, Huerfano A A, Xena de Enrech N, 1996. Contribucion al estudio citotaxonomico del genero *Cleome* L. (Capparidaceae)[J]. Phyton Buenos Aires, 59(1/2): 85–94.

Su J X, Wang W, Zhang L B, et al., 2012. Phylogenetic placement of two enigmatic genera, *Borthwickia* and *Stixis*, based on molecular and pollen data, and the description of a new family of Brassicales, Borthwickiaceae[J]. Taxon, 61(3): 601–611.

Wu S H, Hsieh C F, Rejmánek M, 2004. Catalogue of the naturalized flora of Taiwan[J]. Taiwania, 49(1): 16–31.

Zhang M L, Tucker G C, 2008. Cleomaceae[M]// Wu Z Y, Raven P H, Hong D Y. Flora of China: Volume 7. Beijing and St. Louis: Science Press and Missouri Botanical Garden Press: 429–432.

十字花科 | **Brassicaceae**

一年生、二年生或多年生草本，稀半灌木。植株具单毛、分枝毛、星状毛或腺毛等各式毛，或无毛。根有时膨大成块根，偶有块茎。茎直立、斜升或铺散，有时茎短缩，形态变化较大。基生叶呈旋叠状或莲座状，茎生叶通常互生，单叶全缘、有齿或分裂，基部有时抱茎或半抱茎，有时呈各式深浅不等的羽状分裂（如大头羽状分裂）或羽状复叶；通常无托叶。总状或复总状花序着生于茎顶端或叶腋；花整齐，两性，少有退化成单性的；萼片4，分离，排成2轮，直立或开展，有时基部呈囊状；花瓣4，呈十字形开展，基部有时具爪，稀花瓣退化或缺少，有的花瓣不等大。雄蕊通常6个，排列成2轮，为4长2短的"四强雄蕊"，有时雄蕊退化至4个或2个，或多至16个；在花丝基部常具蜜腺，形状和排列方式多样；雌蕊1，心皮2，子房上位，侧膜胎座；花柱短或缺，柱头单一或2裂。果实为长角果或短角果，开裂或不开裂，或成节段断裂；有的果实变为坚果状。种子较小，无胚乳，表面光滑或具纹理；子叶与胚根因位置不同，可分为子叶缘倚、子叶背倚、子叶对折等排列方式。

十字花科种类繁多，科内属间的系统发育关系至今尚不明确，还需进一步的研究。同时该科也是一个经济价值较大的科，不少植物可作蔬菜食用，或作为油料作物，或作辛辣调味品；有的种类是重要的药用植物，有的是观赏植物，也有的可用作染料、野菜或饲料。因此十字花科被大范围地引种和栽培，有些外来物种逃逸并归化，有些则成为外来入侵种。

十字花科约330属3 500种，广布于除南极洲以外所有大陆，主产于北温带，其多样性中心位于伊朗-图拉尼亚、地中海和北美洲西部等地区。中国有102属400余种，全国各地均有分布，在西南、西北、东北高山区及丘陵地带分布较多，平原及沿海地区较少分布，其中有4属6种为外来入侵植物。近年来两栖葶菜［*Rorippa amphibia* (Linnaeus) Besser］在辽宁省大连市归化（张淑梅 等，2009）。

经野外调查研究排除 6 种曾经被文献报道为入侵，但实际上不具入侵性的植物，其中辣根（*Armoracia rusticana* P. Gaertner）、白芥（*Sinapis alba* Linnaeus）在中国多个省区引种栽培，存在逸生的情况，但并不构成入侵（徐海根和强胜，2011）；欧洲庭芥 [*Alyssum alyssoides* (Linnaeus) Linnaeus]、二行芥 [*Diplotaxis muralis* (Linnaeus) A. P. de Candolle]、粗梗糖芥（*Erysimum repandum* Linnaeus）被报道在中国辽宁省入侵（高燕和曹伟，2010），但实际上二行芥只在辽宁省大连市星海公园山坡有小规模归化种群，并未扩散，不构成入侵。欧洲庭芥、粗梗糖芥收录于《东北草本植物志》和《辽宁植物志》，并记载其为外来植物，并被大量引用，但实际上欧洲庭芥和粗梗糖芥在中国近半个世纪以来都未有标本记录，野外调查也难寻其种群分布，故认为其不构成入侵。

另外还有 3 种国产种常被错误当成入侵植物报道：① 荠 [*Capsella bursa-pastoris* (Linnaeus) Medikus]，全世界温带地区广布，中国自古有之，《尔雅》《礼记》《本草纲目》皆有收录。② 弯曲碎米荠，FOC 记载其学名为 *Cardamine flexuosa* Withering，原产欧洲，分布几遍全国（Zhou et al., 2001）。但现代分子学研究证明，在东亚地区过去被认为是 *Cardamine flexuosa* 的植物与原产欧洲的 *Cardamine flexuosa* 是两个独立的物种。Karol Marhold 依据植物命名法规对原产东亚地区的弯曲碎米荠重新拟定学名为 *Cardamine occulta* Hornemann（Marhold et al., 2016）。③ 新疆白芥（*Sinapis arvensis* Linnaeus），原产欧亚大陆，新疆被认为是原产地之一。

参考文献

高燕，曹伟，2010. 中国东北外来入侵植物的现状与防治对策 [J]. 中国科学院研究生院学报，27（2）：191–198.

徐海根，强胜，2011. 中国外来入侵生物 [M]. 北京：科学出版社：206–215.

张淑梅，李增新，王青，等，2009. 中国蔊菜属新记录——两栖蔊菜 [J]. 热带亚热带植物学报，17（2）：176–178.

Marhold K, Šlenker M, Kudoh H, et al., 2016. *Cardamine occulta*, the correct species name for invasive Asian plants previously classified as *C. flexuosa*, and its occurrence in Europe[J]. Phytokeys, 62(62): 57–72.

Zhou T Y, Lu L L, Yang G, et al., 2001. Brassicaceae[M]// Wu Z Y, Raven P H, Hong D Y. Flora of China: Volume 8. Beijing and St. Louis: Science Press & Missouri Botanical Garden Press: 105.

分属检索表

1. 臭荠属 *Coronopus* Zinn

一年、二年或多年生草本；茎多分枝，匍匐或近直立，无毛或被疏柔毛。叶全缘或羽状分裂，稀为单叶，全缘或有锯齿。总状花序多花，无苞片，花微小；萼片偏斜，短倒卵形或圆形，开展，顶端圆钝；花瓣 4 枚，白色，或无花瓣；雄蕊 4 或 2 枚；侧蜜腺钻形或半月形，中蜜腺点状或锥形；花柱极短，柱头凹陷，稍 2 裂。短角果近肾球形，果侧向压扁，不开裂或分裂为 2 瓣，果瓣闭合，近圆球形，表面有粗糙皱纹或鸡冠状突起，每室含 1 种子；种子卵形或半球形；子叶背倚胚根。

臭荠属 10 种，近世界广布。中国引入 2 种。其中臭荠 [*Coronopus didymus* (Linnaeus) Smith] 为入侵植物，单叶臭荠 [*Coronopus integrifolius* (de Candolle) Sprengel] 在广东、台湾地区归化（Zhou et al., 2001）。

近年来，随着分子系统学研究的深入，有学者依据分子生物学证据支持将臭荠属（*Coronopus*）合并到独行菜属（*Lepidium*）中（孙稚颖 等，2007）。本书采取《中国植物志》及 FOC 的观点，继续保留臭荠属（关克俭，1987; Zhou et al., 2001）。

臭荠 *Coronopus didymus* (Linnaeus) Smith, Fl. Brit. 2: 691.1804. ——*Lepidium didymum* Linnaeus, Syst. Nat., ed. 12, 2: 433. 1767. ——*Senebiera didyma* (Linnaeus) Persoon, Syn. Pl. 2: 185. 1807. ——*Senebiera pinnatifida* de Candolle, Mém. Soc. Hist. Nat. Paris 1: 144–145, t. 8–9. 1799.

【别名】 臭滨芥、臭菜

【特征描述】 一年或二年生匍匐草本，高 5～30 cm，全体有臭味。主茎短且不显明，基部多分枝，被疏柔毛或近无毛。叶为一回或二回羽状全裂，裂片 3～5 对，线形或狭长圆形，长 4～8 mm，宽 0.5～1 mm，先端急尖，基部楔形，全缘，两面无毛；叶柄长 5～8 mm。总状花序腋生，花极小，直径约 1 mm，萼片具白色膜质边缘；花瓣白色，长圆形，比萼片稍长，或无花瓣；雄蕊通常 2 枚；花柱极短。短角果肾形，长约 1.5 mm，宽 2～2.5 mm，成熟时沿中央分裂成 2 果瓣，果瓣闭合，近圆球形，表面有粗糙皱纹；每果瓣 1 颗种子，肾形，长约 1 mm，红棕色。染色体：$2n = 32$（Zhou et al., 2001）。物候期：花期为 3—4 月，果期为 4—5 月。

【原产地及分布现状】 原产于南美洲，广泛归化于世界各地（Al-Shehbaz, 2010）。国内分布：安徽、澳门、北京、重庆、福建、甘肃、广东、河北（万萍萍 等，2016）、河南、湖北、湖南、江苏、江西、辽宁、山东、上海、四川、台湾、西藏、香港、云南、浙江。

【生境】 多生在苗圃、农场、公园草坪、路旁或荒地，常为田间杂草。

【传入与扩散】 文献记载：臭荠在中国的最早记载见于 1912 年出版的 *Flora of kwangtung and Hongkong*，该书收录了臭荠的异名 *Senebiera pinnatifida* DC.，记载该种分布于香港岛和九龙的荒地（Dunn & Tucher, 1912）。1948 年周太炎报道臭荠在中国华东地区（安徽、福建、江苏、江西、上海等地）有分布（Cheo, 1948）。1956 年出版的《广州植物志》也记载臭荠在广州有分布，但极少见（侯宽昭，1956）。1973 年，许建昌报道其在台湾地区归化（Hsu, 1973）。1992 年，Corlett 在香港归化植物名录中收录臭荠，并依据标本考证其在香港的最早记录时间为 1905 年（Corlett, 1992）。《中国外来入侵种》一书将臭荠作为外来入侵植物报道（李振宇和解焱，2002）。**标本信息**：Herb. Linn. No. 824.16（Lectotype: LINN），1914 年由 Fawcett 和 Rendle 指定为后选模式 (Fawcett & Rendle, 1914)。臭荠在中国的最早标本记录应该来自 1905 年香港的标本记录（Corlett, 1992），其在中国大陆最早的标本记录应为 1908 年 P. F. Courtois 在上海市徐家汇的采集（Courtois 145），标本现存放于南京中山植物园标本馆（NAS00113620），其后在上海陆家浜（1912）、江苏镇江（1918）、福建厦门（1922）等地有多次标本记录。**传入方式**：无意引入。臭荠早在 18 世纪就传入英国，19 世纪后半叶先后传入爱尔兰、比利时等欧洲诸国，19 世纪末传入美国和加拿大，它被认为是通过船舶压载物携带其种子经航海贸易传入欧洲和北美洲。20 世纪初臭荠传入中国香港、上海、厦门等沿海港口城市，故推测其极有可能通过在航海贸易过程中无意携带的种子传入中国（Macoun, 1883; Britton & Brown, 1897; Dunn, 1905; Dunn & Tutcher, 1912; Holm et al., 1997）。**传播途径**：臭荠的种子成熟后，由于鸟类、鼠类、水流、风力及人类活动等因素的影响扩展到其他区域。在智利的研究表明，臭荠种子可漂浮在海水中随洋流运动沿海岸传播，也可通过季风洪水向内陆传播（Holm et al., 1997）。**繁殖方式**：以种子繁殖。**入侵特性**：① 繁殖性 臭荠成熟后结实量大。在澳大利亚，臭荠种子产量高达每株 16 000 粒（Holm et al., 1997）。② 传播性 种子细小且量多，易随风、水流、鸟类扩散，也常常混杂在农作物粮食中传播。③ 适应性 臭荠杂草性强，对贫瘠干旱的土壤有一定的耐受性，温馨等（2010）发现在封场 8 年的生活垃圾填埋场中，臭荠的抗氧化酶活性最高，表明臭荠抗逆性高，适应能力强。**可能扩散的区域**：从中国华东、华南沿海各省区市向北方各省区市扩散。

【**危害及防控**】 **危害**：臭荠在许多国家都被认为是蔬菜、农作物的重要杂草之一，同时臭荠也生长于人工的草地之中，通过养分竞争，影响作物和草坪的生长（李振宇和解炎，2002）。臭荠植株全体有臭味，在日本、澳大利亚和美国的一些地区的研究表明，喂养混入臭荠的饲料，会使奶牛的生乳产生异味，造成经济损失（Sato et al., 1996; Holm et al., 1997）。**防控**：耕作防除，臭荠种子细小，出土萌发，深翻播种是有效防控措施

（李振宇和解焱，2002；付群梅 等，2008）。化学防除，相应的除草剂有 2 甲 4 氯、莠去津、伴地农、阔叶散、溴嘧草醚悬浮剂等，可根据不同作物进行选择使用（李振宇和解焱，2002）。在日本九州的研究表明，对于受臭荠干扰的黑麦草场，通过高密度种植多花黑麦草能对臭荠也能起到有效的防控作用（Sato et al., 1996）。

【凭证标本】 江西省鹰潭市鹰潭学院，西门村，海拔 52.5 m，28.219 2°N，117.045 7°E，2016 年 5 月 24 日，严靖、王樟华 RQHD03438（CSH）；上海市青浦区淀山湖淀湖村，海拔 3.23 m，31.072 0°N，120.943 3°E，2015 年 4 月 29 日，严靖、闫小玲、李惠茹、王樟华 RQHD01718（CSH）；江苏省徐州市新沂市人民公园，海拔 41 m，34.370 6°N，118.339 6°E，2015 年 5 月 29 日，严靖、闫小玲、李惠茹、王樟华 RQHD02102（CSH）；安徽省淮北市烈山区南湖景区，海拔 30.4 m，33.914 0°N，116.806 5°E，2015 年 5 月 6 日，严靖、李惠茹、王樟华、闫小玲 RQHD01774（CSH）；浙江省舟山市市区定海区鸭蛋山客运码头，海拔 2.2 m，30.008 3°N，122.045 7°E，2015 年 4 月 15 日，严靖、闫小玲、李惠茹、王樟华 RQHD01684（CSH）；福建省泉州市石狮市观音山，海拔 26 m，24.688 8°N，118.712 6°E，2014 年 10 月 3 日，曾宪锋 RQHN06334（CSH）。

【相似种】 单叶臭荠 [*Coronopus integrifolius* (de Candolle) Sprengel]，和臭荠的区别在于其单叶不裂，全缘，仅少数边缘呈深波状或有少数锯齿；花柱顶端微，比花瓣长或近等长；植物无嗅味。单叶臭荠原产非洲，现归化于中国广东和台湾地区（Zhou et al., 2001）。

臭荠 [*Coronopus didymus*
(Linnaeus) Smith]
1. 生境；2. 植株；
3. 叶；4. 花序；5. 短角果

参考文献

付群梅，陈杰，唐庆红，2008. 溴嘧草醚悬浮剂防除油菜田杂草的研究［J］. 杂草科学，（01）：39-42.

关克俭，1987. 独行菜族［M］// 中国植物志编辑委员会. 中国植物志（第三十三卷）. 北京：科学出版社：58-59.

侯宽昭，1956. 广州植物志［M］. 北京：科学出版社：117.

李振宇，解焱，2002. 中国外来入侵种［M］. 北京：中国林业出版社：114.

孙稚颖，李法曾，2007. 中国独行菜族（十字花科）部分属种的分子系统学研究［J］. 西北植物学报，27（8）：1674-1678.

万萍萍，沈风娇，王丹，等，2016. 河北植物新记录——臭荠属（*Coronopus* Zinn）［J］. 河北林果研究，31（4）：430-431.

温馨，封莉，王辉，等，2010. 生活垃圾填埋场不同封场期场地植物抗氧化酶活性［J］. 生态学杂志，29（8）：1612-1617.

Al-Shehbaz I A, 2010. A synopsis of the South American *Lepidium* (Brassicaceae)[J]. Darwiniana, 48(2): 141-167.

Britton N L, Brown A, 1897. An illustrated flora of the Northern United States, Canada, and the British possessions[M]. New York: charles. Scribner's sons.

Cheo T Y, 1948. The Cruciferae of Eastern China[J]. Botanical Bulletin of Academia Sinica, 2(3): 183.

Corlett R T, 1992. The naturalized flora of Hong Kong: a comparison with Singapore[J]. Journal of Biogeography, 19(4): 421-430.

Dunn S T, 1905. Alien flora of Britain[M]. London: West, Newman: 28.

Dunn S T, Tutcher W J, 1912. Flora of Kwangtung and Hongkong (China)[M]. London: H. M. Stationery off. printed by Darling and son, ltd.: 35.

Fawcett W, Rendle A B, 1914. Flora Jamaica, containing descriptions of the flowering plants known from the island[M]. London: Printed by Order of the Trustees of the British Museum: 222.

Holm L R G, 1997. World weeds: natural histories and distribution[M]. New York: John Wiley & Sons: 243-248.

Hsu C C, 1973. Some noteworthy plants found in Taiwan[J]. Taiwania, 18(1): 62-72.

Macoun J, 1883. Catalogue of Canadian Plants. Part 1 -Polypetalae[M]. Montreal: Dawson Brothers: 58.

Sato S, Tateno K, Kobayashi R, et al., 1996. Cultural control of swinecress (*Coronopus didymus*) in Italian Ryegrass (*Lolium multiflorum*) Sward by Dense Sowing[J]. Journal of Weed Science & Technology, 41(2): 107-110.

Zhou T Y, Lu L L, Yang G, et al., 2001. Brassicaceae[M]// Wu Z Y, Raven P H, Hong D Y. Flora of China: Volume 8. Beijing and St. Louis: Science Press and Missouri Botanical Garden Press: 34.

2. 独行菜属 *Lepidium* Linnaeus

一年至多年生草本或半灌木，无毛、被短柔毛或腺状毛。茎单一或基部具多数分枝。单叶，线状钻形至宽椭圆形，全缘、羽状深裂或有小齿，有叶柄，或基部深心形抱茎。总状花序顶生及腋生，花小；萼片短，长方形或线状披针形，稍凹；花瓣白色，少数带粉红色或淡黄色，2～4枚，有时退化或不存在；雄蕊6枚，常退化成2或4枚，长雄蕊的基部具小蜜腺4～6；花柱短或无；子房常有2胚珠。短角果卵形、倒卵形、圆形或椭圆形，顶端微凹或全缘，两侧压扁，果瓣有龙骨状突起或上部有狭翅，熟时开裂。每室有1粒种子，种子卵形或椭圆形；子叶背倚胚根，稀缘倚。

独行菜属约180种，世界广布。分子证据显示独行菜属应合并群心菜属（*Cardaria*）、臭荠属（*Coronopus*）和革叶荠属（*Stroganowia*）（Al-Shehbaz, 2012）。中国有独行菜属17种，全国各地均有分布，中国引种4种，其中3种外来入侵植物，另有南美独行菜（*Lepidium bonariense* Linnaeus）在中国台湾地区被报道归化（许再文 等，2005）。

参考文献

许再文，蒋镇宇，彭镜毅，2005. 台湾十字花科的新归化植物——南美独行菜 [J]. 特有生物研究，7（1）：89-94.

Al-Shehbaz I, 2012. A generic and tribal synopsis of the Brassicaceae (Cruciferae)[J]. Taxon, 61(5): 931-954.

分种检索表

1 无花瓣或花瓣退化成丝状，远短于萼片 ⋯⋯⋯2. 密花独行菜 *Lepidium densiflorum* Schrader

1 花瓣明显，和萼片等长或比萼片长 ⋯⋯⋯⋯⋯⋯⋯⋯⋯⋯⋯⋯⋯⋯⋯⋯⋯⋯⋯⋯⋯⋯⋯⋯ 2

2 茎生叶长圆形或三角状长圆形，基部箭形，抱茎⋯⋯⋯⋯⋯⋯⋯⋯⋯⋯⋯⋯⋯⋯⋯⋯⋯⋯

⋯⋯⋯⋯⋯⋯⋯⋯⋯⋯⋯ 1. 绿独行菜 *Lepidium campestre* (Linnaeus) R. Brown

2 茎生叶倒披针形或线形，有短柄，基部渐狭 ⋯⋯ 3. 北美独行菜 *Lepidium virginicum* Linnaeus

1. **绿独行菜** *Lepidium campestre* (Linnaeus) R. Brown, Hort. Kew. (ed. 2) 4: 88. 1812. ——*Thlaspi campestre* Linnaeus, Sp. Pl. 2: 646. 1753. ——*Lepidium campestre* (Linnaeus) R. Brown f. *glabratum* Thellung, Neue Denkschr. Schweiz. Naturf. Ges. 41: 94. 1906.

【别名】 荒野独行菜

【特征描述】 一年或二年生草本，高 20～50 cm，植株无毛或密生腺毛；茎单一，直立，上部分枝或不分枝。基生叶长圆形或匙状长圆形，长 5～7 cm，全缘或大头羽状半裂，果期枯萎；叶柄长 5～7 cm；茎生叶长圆形或三角状长圆形，长 1.5～3 cm，顶端急尖或圆钝，基部箭形，抱茎，边缘疏生波状小齿。总状花序果期延长；萼片椭圆形，长约 1.5 mm；花瓣白色，倒卵状楔形，长约 2.5 mm，有爪；雄蕊 6。短角果宽卵形，长 5～6 mm，上部边缘有翅，顶端微缺，果瓣粗糙，具鳞片状乳突，花柱和凹缺等长或超出；果梗长 4～6 mm。种子宽卵形，长约 1.5 mm，棕色，无翅，有突起。染色体：$2n=16$（Bona, 2014）。物候期：花果期为 5—6 月。

【原产地及分布现状】 原产欧洲和亚洲西部的高加索地区，归化于北美洲（美国、加拿大）、南美洲（智利）、大洋洲（澳大利亚、新西兰）、亚洲（中国、日本）、非洲（南非）等地区（Hitchcock, 1936; Mulligan, 1961; Al-Shehbaz, 2010; Bona, 2014）。国内分布：黑龙江、吉林、辽宁、山东。

【生境】 多生山坡、路旁或荒地，常为草坪杂草。

【传入与扩散】 文献记载：绿独行菜最早收录于 1959 出版的《东北植物检索表》（刘慎谔，1959），1980 年出版的《东北草本植物志》也收录该种，记载其分布于辽宁省旅大市（今大连市），生于山坡上，为一种外来植物（傅沛云 等，1980），在此之后《中国植物志》、FOC 皆收录该种（关克俭，1987; 李书心，1988; 徐炳声，1999; Zhou et al.,

2001）。2004 年出版的《中国外来入侵物种编目》一书将其列为外来入侵物种（徐海根和强胜，2004）。**标本信息：** Herb. Linn. 825.8（Lectotype: LINN）。该模式标本采自欧洲，2010 年由 Al-Shehbaz 指定为后选模式（Al-Shehbaz, 2010）。1925 年在辽宁省大连市旅顺口首次采到该种（J.Sato. 709; PE01055667），此后在大连市有大量标本采集记录，主要集中在旅顺口区。1950 年在黑龙江省（C.Y.Wu 23; PE01055665）、1957 年在山东省青岛市都有记录（陈倬 s.n.; JSPC100380）。**传入方式：** 无意引进。大连市旅顺口区是绿独行菜在中国最早的发现地，自甲午战争之后长达半个世纪里，这一区域先后被沙俄和日本占领，频繁的人口流动、城市建设、港口贸易可能导致绿独行菜的无意引入。野外调查和文献报道均表明，绿独行菜在旅顺口区十分常见，种群规模较大（张恒庆 等，2016）。**传播途径：** 人类或动物活动中携带其种子传播扩散。**繁殖方式：** 以种子繁殖。**入侵特点：** ① 繁殖性　成熟后结实量大，在栽培条件下，其种子产量高达 5 t/hm^2（Merker et al., 2010）。② 传播性　种子成熟后自开裂的果瓣中脱落，有一定的自播性。③ 适应性　耐低温，对贫瘠干旱的土壤有一定的耐受性，杂草性较强。**可能扩散的区域：** 绿独行菜虽然在中国多个省区市有确切的标本记录，但调查研究发现，历史上曾在上海市北郊火车站采集到绿独行菜的标本，随着城市化建设的推进，现今在上海极少见到绿独行菜（秦祥堃，1999；马金双，2013）；绿独行菜的野生种群目前仅在辽宁省大连旅顺口区以及山东省青岛市较为常见。由此推断，绿独行菜可能从大连及青岛两地，向东北地区以及华北地区扩散。

【**危害及防控**】　**危害：** 绿独行菜在原产地欧洲是炙手可热的明星植物，许多研究致力于驯化绿独行菜作为一种油料资源植物（Aam et al., 1999）。在其广泛归化的地区，绿独行菜是常见的路边杂草，也会侵入菜地、山坡、草坪、森林等，近年来有报道称，绿独行菜在老铁山国家级自然保护区局部区域种群数量极多，形成了大面积优势群落，危害本土植物生长，影响生物多样性（张淑梅 等，2013；张恒庆 等，2016）。**防控：** 耕作防除，在植株成熟前人工拔除或机械清除。化学防除，有效的除草剂有使它隆、2 甲 4 氯等（徐海根和强胜，2004）。

【凭证标本】 辽宁省大连市旅顺口区，白玉山脚下井岗街，海拔 15.0 m，38.811 13°N，121.244 512°E，2018 年 5 月 19 日，严靖、王樟华 RQHD03000（CSH）；辽宁省大连市旅顺口区，西北村滨海公路旁，海拔 36 m，38.830 503°N，121.125 285°E，2018 年 5 月 19 日，严靖、王樟华 RQHD03001（CSH）。

【相似种】 异叶独行菜（新拟）（*Lepidium heterophyllum* Bentham）。本种原产欧洲，目前在中国无分布。本种为多年生植物，茎基部分支，果瓣不具乳状突起，且花柱明显超过短角果顶端凹缺，与绿独行菜相近。

绿独行菜 [*Lepidium campestre* (Linnaeus) R. Brown]
1. 生境；2. 植株；3. 茎生叶；4. 基生叶；5. 花序；6. 短角果

参考文献

傅沛云，张玉良，杨雅玲，等，1980.十字花科［M］//刘慎谔.东北草本植物志（第四卷）.北京：科学出版社：60.

关克俭，1987.独行菜族［M］//中国植物志编辑委员会.中国植物志（第三十三卷）.北京：科学出版社：47.

李书心，1988.辽宁植物志（上册）［M］.沈阳：辽宁科学技术出版社：626.

刘慎谔，1959.东北植物检索表［M］.北京：科学出版社：114.

马金双，2013.上海维管植物名录［M］.北京：高等教育出版社：94.

秦祥堃，1999.十字花科［M］//上海科学院.上海植物志（上卷）.上海：上海科学技术文献出版社：231.

徐炳声，1999.上海植物志（上卷）［M］.上海：上海科学技术文献出版社：231.

徐海根，强胜，2004.中国外来入侵物种编目［M］.北京：中国环境科学出版社：173-174.

张恒庆，宝超慧，唐丽丽，等，2016.大连市3个国家级自然保护区陆域外来入侵植物研究［J］.辽宁师范大学学报（自然科学版），39（2）：241-246.

张淑梅，闫雪，王萌，等，2013.大连地区外来入侵植物现状报道［J］.辽宁师范大学学报（自然科学版），36（3）：393-399.

Aam A, Merker A, Nilsson P, et al., 1999. Chemical composition of the potential new oilseed crops *Barbarea vulgaris*, *Barbarea verna* and *Lepidium campestre*[J]. Journal of the Science of Food & Agriculture, 79(2): 179-186.

Al-Shehbaz I, 2010. A synopsis of the South American *Lepidium* (Brassicaceae)[J]. Darwiniana, 48(2): 141-167.

Bona M, 2014. Taxonomic revision of *Lepidium* L.(Brassicaceae) from Turkey[J]. Journal of Pharmacy of Istanbul University, 44(1): 31-62.

Hitchcock C L, 1936. The genus *Lepidium* in the United States[J]. Madroño, 3(7): 265-320.

Merker A, Eriksson D, Bertholdsson N O, 2010. Barley yield increases with undersown *Lepidium campestre*[J]. Acta Agriculturae Scandinavica, 60(3): 269-273.

Mulligan G A, 1961. The genus *Lepidium* in Canada[J]. Madroño, 16(3): 77-90.

Zhou T Y, Lu L L, Yang G, et al., 2001. Brassicaceae[M]// Wu Z Y, Raven P H, Hong D Y. Flora of China: Volume 8. Beijing and St. Louis: Science Press and Missouri Botanical Garden Press: 29.

2. **密花独行菜** *Lepidium densiflorum* Schrader, Ind. Sem. Hort. Gotting. 4. 1832. —— *Lepidium neglectum* Thellung., Bull. Herb. Boissier, sér. 2, 4(7): 708–713. 1904.

【别名】 **琴叶独行菜**

【特征描述】 一年生草本，高 10～30 cm；茎单一，直立，上部分枝，具疏生柱状短柔毛。基生叶长圆形或椭圆形，长 1.5～3.5 cm，宽 5～10 mm，顶端急尖，基部渐狭，羽状分裂，边缘有不规则深锯齿；叶柄长 5～15 mm；茎下部及中部叶长圆披针形或线形，边缘有不规则缺刻状尖锯齿，有短叶柄；茎上部叶线形，边缘疏生锯齿或近全缘，近无柄；所有叶上面无毛，有光泽，下面有短柔毛。总状花序顶生，密生多数小花，果期伸长；萼片卵形，长约 0.5 mm；无花瓣或花瓣退化成丝状，远短于萼片；雄蕊 2。短角果圆状倒卵形，长 2～2.5 mm，顶端圆钝，微缺，有翅，无毛。种子卵形，长约 1.5 mm，黄褐色，有不明显窄翅。**染色体**：2*n*=32（Zhou et al., 2001）。**物候期**：花期为 5—6 月，果期为 6—7 月。

【原产地及分布现状】 原产北美洲，广泛归化于欧洲、少数亚洲温带地区（中国、日本、韩国、蒙古）以及南半球的阿根廷、新西兰等（Al-Shehbaz, 2010）。**国内分布**：北京、河北、黑龙江、吉林、辽宁、山东。

【生境】 生在海滨、沙地、农田边及路边。

【传入与扩散】 **文献记载**：密花独行菜最早被错误鉴定成北美独行菜（*Lepidium virginicum* Linnaeus）收录于《东北植物检索表》（刘慎谔，1959）；《东北草本植物志》收录该种并予以澄清，记载其分布于东北三省（傅沛云 等，1980）。此后《中国植物志》、FOC 等皆收录该种（关克俭，1987; Zhou et al., 2001）。《中国杂草志》记载其是分布于东北地区的一般性路埂杂草，发生量小，危害轻（李杨汉，1998）。2003 年周繇报道 *Lepidium densiflorum* 在长白山地区入侵，但其使用的中文名是北美独行菜，所以不确定其具体报道哪一个物种（周繇，2003）。2004 年出版的《中国外来入侵物种编目》一书将其列为外来入侵物种（徐海根和强胜，2004）。**标本信息**：Germany. Sine locus, 1831, Schrader s.n.（Holotype: Z），存放于瑞士苏黎世大学标本馆（Z000005066）。国内最早的标本记录是 1931 年在辽宁省大连市旅顺口区的采集（J. Sato. 6241; PE 01055909）。20 世纪 30 年代，辽宁省（大连市、沈阳市、抚顺市）、吉林省（长春市）和山东省（青岛市）等地均有密花独行菜标本记录。值得注意，FOC 记载密花独行菜在云南省有分布，其依据是 1935 年在云南省维西傈僳族自治县的采集（王启无 68103; PE01055918），该号标本 1962 年被吴征镒鉴定为柱毛独行菜（*Lepidium ruderale* Linnaeus），1996 年被 Ihsan Al-Shehbaz 鉴定为密花独行菜，观察这号标本茎直立，多分枝，基生叶已经脱落，茎生叶基部较宽，不渐狭，形态上更接近独行菜（*Lepidium apetalum* Willdenow），故存疑。**传入方式**：无意引进。大连市旅顺口是密花独行菜在中国最早的发现地，人类活动可能是密花独行菜传入的原因。**传播途径**：人类或动物活动中携带其种子传播扩散。**繁殖方式**：以种子繁殖。**入侵特点**：① 繁殖性　成熟后结实量大，有报道称单个植株可生产高达 5 000 粒种子（Royer & Dickinson, 1999）。② 传播性　成熟后，茎会从基部断裂，随风翻滚，散布种子。同时，密花独行菜作为栽培作物的杂草，其种子也会混杂在农作物种子中传播。③ 适应性　喜开阔干扰生境，对贫瘠干旱的土壤有一定的耐受性，杂草性较强。**可能扩散的区域**：在中国数字植物标本馆（CVH）平台检索密花独行菜，发现全国许多省区都有标本记录，但有不少是错误鉴定。密花独行菜可信的分布区是在东北三省，以及华北地区的河北、山东一带，其可能扩散的区域包括中国的东北、华北以及西北各省区。

【危害及防控】 **危害**：密花独行菜在原产地北美地区是常见的栽培作物杂草（Royer & Dickinson, 1999），其在俄罗斯和日本更是被列为外来入侵植物（Mito & Uesugi, 2004; Vinogradova et al., 2018）。张恒庆等（2016）报道称密花独行菜在大连市老铁山和仙人洞保护区的局部区域形成了大面积的单一群落，影响了本土植物的生长和保护区的生态环境。实地野外调查也发现密花独行菜会侵入草坪，形成单优群落，影响景观和草坪生长。**防控**：耕作防除，在植株成熟前人工拔除或机械清除。化学防除，应用除草剂有使它隆、

2 甲 4 氯等（徐海根和强胜，2004）。

【凭证标本】 吉林长春市，南关区桂林路 108 号，海拔 224 m，43.864 27°N，125.320 615°E，2015 年 5 月 28 日，齐淑艳 RQSB03572（CSH）；辽宁省大连市旅顺口区，西北村滨海公路旁，海拔 36 m，38.830 503°N，121.125 285°E，2018 年 5 月 19 日，严靖、王樟华 RQHD03003（CSH）。

【相似种】 北美独行菜（*Lepidium virginicum* Linnaeus）和独行菜（*Lepidium apetalum* Willdenow）。密花独行菜与北美独行菜外形相似，常常混淆。傅沛云等认为从 20 世纪 30 年代以来到其编写东北草本植物志，许多有关东北植物研究的文献都将密花独行菜错误鉴定成了北美独行菜，可见二者极易混淆（傅沛云 等，1980）。二者最重要的区别特征在于北美独行菜通常有花瓣，而且花瓣比萼片长约 1 倍，二者在花期时较容易区分。

密花独行菜在东北地区常常与国产植物独行菜混生，二者花部特征相近，皆为无花瓣或花瓣退化成丝状，因此常常混淆。*Flora of North America* 记载，独行菜在北美的标本记录基本上为密花独行菜的错误鉴定，二者的区别特征在于密花独行菜的短角果倒卵形，最宽处在果实的上半部分，而独行菜的短角果是卵形或椭圆形，最宽处在果实的中间（Al-Shehbaz & Gaskin, 2010）。国内学者认为二者的不同点包括：密花独行菜茎生叶向基部渐狭为短柄，叶片有光泽；中央主枝伸长，侧枝较短，有柱状短柔毛，种子有不明显或极狭的透明白边。而独行菜的茎生叶基部宽，无柄，略成耳状抱茎，叶片无光泽；茎有棒状短柔毛；种子边缘无狭边（傅沛云 等，1980）。

密花独行菜（*Lepidium densiflorum* Schrader）
1. 生境；2. 植株；3. 幼苗；4. 果序；5. 花序；6. 短角果

参考文献

傅沛云，张玉良，杨雅玲，等，1980. 十字花科［M］// 刘慎谔. 东北草本植物志（第四卷）. 北京：科学出版社：68.

李扬汉，1998. 中国杂草志［M］. 北京：中国农业出版社：457-458.

刘慎谔，1959. 东北植物检索表［M］. 北京：科学出版社：114.

徐海根，强胜，2004. 中国外来入侵物种编目［M］. 北京：中国环境科学出版社：174-175.

张恒庆，宝超慧，唐丽丽，等，2016. 大连市 3 个国家级自然保护区陆域外来入侵植物研究［J］. 辽宁师范大学学报（自然科学版），39（2）：241-246.

关克俭，1987. 独行菜族［M］// 中国植物志编辑委员会. 中国植物志（第三十三卷）. 北京：科学出版社，33：56-57.

周繇，2003. 长白山区外来入侵植物的初步研究［J］. 首都师范大学学报（自然科学版），24（4）：55-58.

Al-Shehbaz I A, 2010. A synopsis of the South American *Lepidium* (Brassicaceae)[J]. Darwiniana, 48(2): 141–167.

Al-Shehbaz I A, Gaskin J F, 2010. *Lepidium*[M]// Flora of North America Editorial Committee, Flora of North America: North of Mexico. 20+ vols. New York and Oxford: Oxford University Press: 579.

Mito T, Uesugi T, 2004. Invasive alien species in Japan: the status quo and the new regulation for prevention of their adverse effects[J]. Global Environmental Research, 8(2): 171–193.

Royer F, Dickinson R, 1999. Weeds of the Northern U.S. and Canada[M]. Alberta: The University of Alberta press: 284–285.

Vinogradova Y, Pergl J, Essl F, et al., 2018. Invasive alien plants of Russia: insights from regional inventories[J]. Biological Invasions, 20: 1–13.

Zhou T Y, Lu L L, Yang G, et al., 2001. Brassicaceae[M]// Wu Z Y, Raven P H, Hong D Y. Flora of China: Volume 8. Beijing and St. Louis: Science Press and Missouri Botanical Garden Press: 33–34.

3. 北美独行菜 *Lepidium virginicum* Linnaeus, Sp. Pl. 2: 645. 1753.

【别名】 独行菜、星星菜、辣椒菜

【特征描述】 一年或二年生草本。茎单一，直立，上部多分枝，具柱状腺毛。基生叶倒披针形，长 1～5 cm，羽状分裂或大头羽裂，裂片边缘有锯齿，两面被短伏毛，叶柄长

1～1.5 cm；茎生叶倒披针形或线形，长 1.5～5 cm，宽 2～10 mm，先端急尖，基部渐狭，近全缘或有尖锯齿，有短柄。总状花序顶生，萼片卵形或椭圆形，长约 1 mm；具 4 枚白色花瓣，有时退化，花瓣倒卵形，比萼片稍长；雄蕊 2 或 4，花丝扁平。短角果近圆形，长 2～3 mm，宽 1～2 mm，扁平，顶端微凹，边缘有狭翅，花柱极短；果梗长 2～3 mm。种子卵形，光滑，红棕色，边缘有白色狭翅，子叶缘倚胚根。**染色体**：2n=32（Cheo et al., 2001）。**物候期**：春季至秋季均可开花结果，夏季为盛花期。

【**原产地及分布现状**】 原产于北美洲，后被引入到南美洲（Al-Shehbaz, 2010）。1713 年在英国有栽培，至 1881 年在英国萨里首次有野外记录（Online Atlas of the British and Irish Flora, 2016）。如今世界热带至温带地区均有分布。**国内分布**：除黑龙江、吉林、辽宁、内蒙古、西藏和新疆之外全国各省区均有分布。国内文献及书籍中多有关于该种在西藏、新疆和东北地区分布的报道，对此刘慎谔先生主编的《东北草本植物志》中指出，北美独行菜自 20 世纪 30 年代以来就记载于有关东北植物研究的文献中，但经核实均为密花独行菜的误鉴定，应予以更正（傅沛云 等，1980）。近年来的调查也并未在上述地区发现有北美独行菜的分布，在此予以澄清。

【**生境**】 喜光照充足的环境，喜干扰生境，常生于路边荒地、山坡草丛、园林绿地、房前屋后、耕地以及草原。

【**传入与扩散**】 **文献记载**：周太炎于 1948 年记载了该种，当时其已是路旁及荒地中常见的杂草（Cheo, 1948）。1995 年，郭水良和李扬汉将北美独行菜作为外来杂草报道，认为其为麦田中的主要杂草之一，发生量大（郭水良和李扬汉，1995）。**标本信息**：Herb. Linn. No. 824.18（Lectotype: LINN）。这份标本采自美国弗吉尼亚州（Habitat in Virginia, Jamaicae glareosi），由 Marais 指定为后选模式（Marais, 1970）。1910 年在上海采到该种标本（H. Migo s.n.）（NAS），至 20 世纪 30 年代在华东地区多有标本记录。**传入方式**：该种可能于 20 世纪初以种子的形式被无意带入，首次传入地为上海，并由东部沿海向内陆逐渐扩散。**传播途径**：其种子常随农业机械以及混杂在小麦等粮食作物中扩散，因此农业生产活动与贸易是该种传播扩散的主要因素。自然传播方式以风力传播为主,动物的皮毛有时也会携带该种的种子。**繁殖方式**:种子繁殖。**入侵特点**:① **繁殖性** 该种可自花授粉,昆虫的活动也有助于其花粉传播。种子的萌发具有光敏特性,需要经过足够的光照才能萌发,萌发的最适温度范围为 15~25℃(Toole, 1955),萌发时间为两周。其种子具有较强的自播性,通常成群集生。② **传播性** 果实较轻,且边缘具狭翅,易随风飘散,易混杂于粮食种子当中。此外曾有报道指出该种种子可在多数海鸟的肠道中保持活力,进而通过鸟类进行长距离传播(Proctor, 1968)。Al-Shehbaz(1986)观察到其种子具有黏性,可附着于动物皮毛中传播。③ **适应性** 适应性强,适生范围广,可生长在海拔 3 400 m 的环境(Juvik et al., 2011),在中国其生长海拔可达 3 600 m。该种具有高耐盐性(Orsini et al., 2010),耐干旱,耐贫瘠,虽然喜生于阳光充足的生境,但也耐阴,因此该种自沿海至内陆,从低海拔到中高海拔均可生长。**可能扩散的区域**:全国各地海拔 3 400 m 以下的生境。该种的入侵范围仍然在增加,在国内的入侵仍然处在扩散阶段,还没有达到平衡阶段,尽管增加的速度较缓慢。

【危害及防控】 **危害**:该种在世界多个国家和地区被视为入侵植物,如美国西部、夏威夷群岛、新西兰、古巴、韩国等地。该种在中国的主要入侵地为华东地区,发生量较大,在西南、华北和西北地区较少见。该种可快速建立土壤种子库,与当地植被竞争养分与空间,其危害主要表现为入侵农田、果园,尤其在旱地作物中发生较为严重,具化感作用,影响作物正常生长,造成减产;入侵公园绿地,特别是草坪,影响绿化效果;入侵自然生态系统,破坏生态平衡,该种侵入了韩国南部的沙丘,成为具严重危害的入侵种之一(Kim & Ewing, 2006)。另外,该种也是棉蚜、麦蚜及甘蓝霜霉病和白菜病病毒等的中间寄主(李振宇和解焱, 2002)。**防控**:可深翻耕地以减少农田中该种的数量。大多数除草剂对其均有较好的防治效果,如赛克津、伴地农、丙炔氟草胺等,以幼苗时期的防治效果最好,有报道称该种对百草枯已具有抗性(Smisek et al., 1998)。

【凭证标本】 江苏省南京市六合区太平集,海拔 20 m,32.322 8°N,118.974 1°E,2015年 6 月 29 日,严靖、闫小玲、李惠茹、王樟华 RQHD02485(CSH);浙江省温州市

文成县溪口村，海拔 50 m，27.738 5°N，120.115 5°E，2014 年 10 月 16 日，严靖、闫
小玲、李惠茹、王樟华 RQHD01483（CSH）；安徽省宣城市绩溪县板桥头镇，海
拔 349 m，30.198 3°N，118.604 3°E，2014 年 9 月 3 日，严靖、闫小玲、李惠茹、王
樟华 RQHD00748（CSH）；江西省鹰潭市西门村鹰潭学院，海拔 53 m，28.218 0°N，
117.045 6°E，2016 年 5 月 24 日，严靖、王樟华 RQHD03431（CSH）；青海省玉树藏族
自治州囊谦县香达镇，海拔 3 566 m，32.201 5°N，96.473 4°E，2016 年 8 月 12 日，张
勇 RQSB01264（CSH）；RQHD03431（CSH）；香港离岛区大屿山东涌侯王宫，海拔 0 m，
22.280 4°N，113.930 8°E，2016 年 8 月 29 日，王瑞江、陈雨晴、蒋奥林 RQHN01234
（CSH）；贵州省毕节市赫章县六曲河乡永兴村，海拔 1 690 m，27.197 5°N，104.726 1°E，
2016 年 4 月 30 日，马海英、王嫈、杨金磊 RQXN05096（CSH）。

【相似种】　独行菜（*Lepidium apetalum* Willdenow）。独行菜与北美独行菜形态相近，唯
其花瓣常退化成丝状，且比萼片短而区别于北美独行菜（有正常花瓣，花瓣长于萼片
或近等长）。独行菜在中国南北各地常见。绿独行菜［*Lepidium campestre* (Linnaeus) R.
Brown］与北美独行菜形态亦相近，其区别在于本种茎生叶基部耳状或圆形、抱茎（而
非基部渐狭），雄蕊 6 枚（而非 2 或 4 枚）。另有原产于南美洲的南美独行菜（*Lepidium
bonariense* Linnaeus）在台湾地区归化（许再文 等，2005），近年来我们调查发现其在浙
江沿海岛屿也有分布。

北美独行菜（*Lepidium virginicum* Linnaeus）
1. 生境；2. 植株；3. 花序；4. 短角果

相似种：独行菜（*Lepidium apetalum* Willdenow）

参考文献

傅沛云，张玉良，杨雅玲，等，1980. 独行菜属［M］// 刘慎谔. 东北草本植物志（第四卷）. 北京：科学出版社：59-71.

郭水良，李扬汉，1995. 我国东南地区外来杂草研究初报［J］. 杂草科学，2：4-8.

李振宇，解焱，2002. 中国外来入侵种［M］. 北京：中国林业出版社：115.

许再文，蒋镇宇，彭镜毅，2005. 台湾十字花科的新归化植物——南美独行菜［J］. 特有生物研究，7（1）：89-94.

Al-Shehbaz I, 1986. New wool-alien Cruciferae (Brassicaceae) in eastern North America[J]. Rhodora, 88(855): 347–355.

Al-Shehbaz I A, 2010. A synopsis of the South American *Lepidium* (Brassicaceae)[J]. Darwiniana, 48(2): 141–167.

Cheo T Y, 1948. The Cruciferae of Eastern China[J]. Botanical Bulletin of Academia Sinica, 2(3): 178–194.

Cheo T Y, Lu L L, Yang G, et al., 2001. Brassicaceae[M]// Wu Z Y, Raven P H, Hong D Y. Flora of China: Volume 8. Beijing & St. Louis: Science Press and Missouri Botanical Garden Press: 32.

Juvik J O, Rodomsky B T, Price J P, et al., 2011. The upper limits of vegetation on Mauna Loa, Hawaii: a 50th-anniversary reassessment[J]. Ecology, 92(2): 518–525.

Kim K D, Ewing K, 2006. Ecological restoration of coastal sand dunes in South Korea[J]. Journal of Coastal Research, 30(3): 1259–1262.

Marais W, 1970. *Lepidium*[M]// Codd L E, de Winter B, Killick D J B, et al. Flora of Southern Africa: Volume 13. Kirstenbosch: Botanical Research Institute and National Botanical Gardens: 94.

Online Atlas of the British and Irish Flora, 2016. Online Atlas of the British and Irish Flora [DB/OL] [2016–12–30]. http://www.brc.ac.uk/plantatlas/.

Orsini F, D'Urzo M P, Inan G, et al., 2010. A comparative study of salt tolerance parameters in 11 wild relatives of *Arabidopsis thaliana*[J]. Journal of Experimental Botany, 61(13): 3787–3798.

Proctor V W, 1968. Long-distance dispersal of seeds by retention in digestive tract of birds[J]. Science, New Series, 160(3825): 321–322.

Smisek A, Doucet C, Jones M, 1998. Paraquat resistance in horseweed (*Conyza canadensis*) and Virginia pepperweed (*Lepidium virginicum*) from Essex County, Ontario[J]. Weed Science, 46(2): 200–204.

Toole E H, Toole V K, Borthwick H A, et al., 1955. Photocontrol of *Lepidium* seed germination[J]. Plant Physiology, 30(1): 15–21.

3. 豆瓣菜属 *Nasturtium* W. T. Aiton

一年生或多年生草本，水生或湿生，植株光滑无毛或具糙毛。茎匍匐或铺散状。叶为羽状复叶或单叶，叶片（或小叶）蓖齿状深裂或为全缘。总状花序顶生，花序轴短缩或花后延长，花小，萼片长圆形，花瓣白色或稍带紫色，具瓣柄；雄蕊 6 或少于 6 枚，短的雄蕊基部具马蹄形蜜腺。长角果近圆柱形。种子多数，每室 1～2 行，种皮表面呈网状，湿时不粘连；子叶缘倚胚根。

豆瓣菜属有 5 种，其中 1 种分布于非洲西北部，2 种分布于亚洲和欧洲，2 种分布于北美洲。中国有 1 种，为外来入侵种。

豆瓣菜 *Nasturtium officinale* W. T. Aiton, Hortus Kew. (2nd ed.) 4: 110. 1812. —— *Sisymbrium nasturtium-aquaticum* Linnaeus, Sp. Pl. 2: 657. 1753. ——*Rorippa nasturtium-aquaticum* (Linnaeus) Hayek, Sched. Fl. Stiriac. 3–4: 22–23. 1905.

【别名】 水田芥、西洋菜、水蔊菜、水生菜

【特征描述】 多年生水生草本，全体光滑无毛。茎下部匍匐，上部斜升，节上生不定根。叶羽状深裂或为奇数羽状复叶，小叶片 3～7（～9）枚，小叶边缘近全缘或呈浅波状，顶端叶片较大，钝头或微凹，侧生小叶具长叶柄，叶柄基部下延成耳状，略抱茎。总状花序顶生，花多数；萼片长圆形，边缘膜质；花瓣白色，倒卵形或宽匙形，具脉纹，长 3～4 mm，宽 1～1.5 mm，有细长瓣柄，顶端圆。长角果圆柱形，稍扁，长 15～20 mm，果梗纤细，开展或微弯；宿存花柱短。种子多数，每室 2 行，卵形，直径约 1 mm，红褐色，表面具网纹。**染色体**：$2n=32$（Cheo et al., 2001）。**物候期**：花期为4—9 月，果期为 5—9 月。盛花期为春夏之间。

【原产地及分布现状】 原产于亚洲西南部和欧洲地区（Cheo et al., 2001），具体为亚洲西南部至地中海东部地区，目前世界各大洲均有分布。1808 年该种在英国首次被商业

化栽培，据 IPANE（The Invasive Plant Atlas of New England）记载，1831 年该种在美国首次被记录于新英格兰地区耶鲁大学附近，当时处于栽培状态，至 20 世纪初已分布于美国 17 个洲，如今已是广布种；1869 年该种首次在澳大利亚的塔斯马尼亚地区有记录（IPANE，2014）。由此可知该种在 19 世纪就已经分布于世界多数地区了，并且在欧洲和美洲地区栽培范围很大。**国内分布**：安徽、澳门、北京、重庆、广东、广西、贵州、海南、河北、河南、黑龙江、湖北、湖南、江苏、江西、陕西、山东、山西、上海、四川、台湾、天津、西藏、香港、新疆、云南。早期在华南、华东、西南多数省份以及台湾等地常作蔬菜栽培，至 20 世纪 90 年代后北方各省也相继大面积地开发利用。

【生境】 喜生于流动缓慢的水中，常见于沟渠、池塘、溪流、山涧河边、沼泽地、浅滩或水田等浅水中。

【传入与扩散】 **文献记载**：清朝嘉庆十年（1805）该种即以西洋菜的名字出现在温汝能编撰的《龙山乡志》中，龙山即今广东顺德，当时已是当地冬春之间的蔬菜，"甘滑可口，宜拌肥肉作羹"。最早收录该种的植物志为《广州植物志》，在广州近郊及珠江流域极常栽培（侯宽昭，1956）。2002 年，在北京（刘全儒 等，2002）、河南（杜卫兵 等，2002）和贵州（屠玉麟，2002）等地相继报道该种入侵。**标本信息**：Herb. Linn. No. 836.1（Lectotype: LINN）。这份标本采自瑞典，由 Jonsell 指定为后选模式（Jonsell，1973）。1908 年于安徽省宣城市溪口镇采到该种标本（Courtois 119）（NAS），之后于1916 年在北京西山、1921 年在云南采到标本，至 20 世纪 30 年代前后华北和西南地区多有该种标本记录，1950 年刘慎谔于吉林市长白山地区采到该种（刘慎谔 1657）（WUK）。**传入方式**：可能于清朝嘉庆年间（即 19 世纪前后）自广州口岸作为食用蔬菜引入中国，在广东省的栽培历史最长，之后逐渐引入到华东、西南以及华北等地区。而据其标本可推测该种率先在西南、华东以及华北地区逸生直至成为入侵种，华南地区反而少有逸生或入侵的报道。**传播途径**：主要随人为引种栽培传播至各地。其种子和植株片段可随水流传播，也可附于泥土中而随人类或动物无意传播。**繁殖方式**：种子繁殖兼营养（茎段）繁殖。**入侵特点**：① 繁殖性 该种异交和自交均可结实，种子产量高，每个角果约包含

29 粒种子，每花序有 20 个或更多的果实；种子在实验条件下干燥储存 5 年后仍可保持一定的活力；种子的萌发需要光照（Howard & Lyon, 1952）。在植株下部的节上具多数不定根，生长迅速。② 传播性 豆瓣菜一直被作为蔬菜在国内与国际市场上进行贸易，常因栽培过程中的管理不善而逸为野生。该种一部分种子可在水流中漂浮 12 h 甚至更长时间（Howard & Lyon, 1952），具有较强的传播和扩散能力。③ 适应性 适应能力较强，适生于各种土壤类型中，以中性的黏壤土或壤土为佳。耐水湿，喜冷凉，喜光，不耐炎热，较耐寒，在 0℃ 左右低温下植株不会受到冻害，但不耐极端低温，最适生长温度为 15～25℃，气温高于 30℃ 时则生长缓慢。其生长海拔可达 3 700 m。**可能扩散的区域**：全国各地的淡水浅水生境均有可能分布。

【危害及防控】 **危害**：豆瓣菜为溪流、稻田杂草，多片状群生，覆盖水面，堵塞水道，破坏生态平衡，有时可入侵农田，影响水稻生长。该种首次侵入新生境时往往扩散迅速，随着时间的推移其入侵性逐渐减弱。据 IPANE 记载，1899 年豆瓣菜在美国的马萨诸塞州种群面积非常大，覆盖了大面积的河流（IPANE, 2014），随后该种便成为水道中的诸多外来水生杂草之一。在新西兰、南非等国家也是如此，为具有强入侵性的水生植物。该种在中国主要入侵华北地区，如河南（杜卫兵 等，2002）；在长江以南地区的分布范围以及种群规模并不大，多为零星分布，危害尚不明显，但其自然分布地仍在逐渐扩大，如该种在湖南省曾作为栽培植物记载，近年来已逸为野生（刘雷 等，2017）。因此仍需对该种提高警惕，针对其分布点加强管理和监控，防止其扩散和蔓延。**防控**：规范引种栽培，不随意丢弃其植株，防止其向周围扩散，尤其是浅水生境。对于已扩散的种群应及时拔除，其化学防治和生物防治方面的信息缺乏。

【凭证标本】 广西壮族自治区桂林市雁山镇，海拔 193 m，25.070 4°N，110.299 2°E，2016 年 2 月 23 日，韦春强、李象钦 RQXN08056（CSH）；贵州省毕节市织金县近郊大堰，海拔 1 369 m，26.628 3°N，105.767 5°E，2016 年 4 月 29 日，马海英、王塱、杨金磊 RQXN05085（CSH）。

【**相似种**】 小叶豆瓣菜（新拟）（*Nasturtium microphyllum* Boenninghausen ex Reichenbach）。小叶豆瓣菜与豆瓣菜形态上极相近，区别在于豆瓣菜种子在长角果中排成 2 列，种子表面呈粗糙网状，每一面具 20～50 个多边形的凹陷，而本种的种子则常排成 1 列，种子每一面具 100～150 个多边形凹陷。此外豆瓣菜的花相对较小、花梗较短，长角果更长。小叶豆瓣菜原产于中东地区至欧洲，在日本、非洲、美洲、澳大利亚和新西兰也有分布。上述两种之间可进行杂交，其杂交种 *Nasturtium* × *sterile* 在英国被记录到，该杂交种只有当小叶豆瓣菜作为母本时才是可育的（Howard & Lyon, 1952）。

豆瓣菜（*Nasturtium officinale* W. T. Aiton）

1. 生境；2. 叶；3. 植株；4. 花；5. 长角果

参考文献

杜卫兵，叶永忠，张秀艳，等，2002. 河南主要外来有害植物的初步研究 [J]. 河南科学，20（1）：52-55.

侯宽昭，1956. 广州植物志 [M]. 北京：科学出版社：116.

刘雷，段林东，周建成，等，2017. 湖南省4种新记录外来植物及其入侵性分析 [J]. 生命科学研究，21（1）：31-34.

刘全儒，于明，周云龙，2002. 北京地区外来入侵植物的初步研究 [J]. 北京师范大学学报（自然科学版），38（3）：399-404.

屠玉麟，2002. 生物入侵——贵州的外来有害植物 [J]. 贵州环保科技，8（4）：1-4.

Cheo T Y, Lu L L, Yang G, et al., 2001. Brassicaceae[M]// Wu Z Y, Raven P H, Hong D Y. Flora of China: Volume 8. Beijing & St. Louis: Science Press and Missouri Botanical Garden Press: 136.

Howard H W, Lyon A G, 1952. Biological flora of the British Isles, *Nasturtium officinale* R. Br. (*Rorippa nasturtium-aquaticum* (L.) Hayek)[J]. Journal of Ecology, 40(1): 228–238.

IPANE, 2014. The Invasive Plant Atlas of New England [EB/OL] (2014–12–06) [2019–6–7] http://www.eddmaps.org/ipane/ipanespecies/aquatics/Rorippa_nasturtium-aquaticum.htm

Jonsell B, 1973. Taxonomy and distribution of *Rorippa* (Cruciferae) in the southern U.S.S.R[J]. Svensk botanisk tidskrift, 67: 281–302.

4. 萝卜属 *Raphanus* Linnaeus

一年生或多年生草本，有时具肉质根；茎直立，常具单毛。根粗壮，肉质，形状、大小及颜色多变；叶大头羽状半裂，上部多具单齿。萼片直立，长圆形，近相等，内轮基部稍呈囊状；总状花序伞房状；花较大，呈白色、紫色或淡红色；花瓣倒卵形，常有紫色脉纹，具长爪；侧蜜腺微小，凹陷，中蜜腺近球形或柄状；子房钻状，2节，具2～21胚珠，柱头头状。长角果圆筒形，不开裂，种子间果瓣缢缩成串珠状，顶端成一长喙。种子卵球形，棕色；子叶对折。

萝卜属约8种，多分布在地中海地区。中国有2种及2变种，其中1种为外来入侵植物。

野萝卜 *Raphanus raphanistrum* Linnaeus, Sp. Pl. 2: 669. 1753. ——*Raphanus sativus* var. *raphanistroides* (Makino) Makino, J. Jap. Bot. 1(5): 114. 1917.

【特征描述】 一年生草本，高 20～75 cm。直根细弱，不呈肉质肥大。茎直立或俯卧，具糙毛。茎下部叶具叶柄，叶片长圆形，倒卵形或倒披针形，大头羽状浅裂或深裂，有时不裂，边缘具锯齿，先端钝或急尖，小裂片 1～4，顶端裂片大；茎上部叶几无柄，常不分裂或具齿。总状花序顶生，萼片狭长圆形；花瓣黄色、乳白色，具深褐色或紫色纹路。长角果 2～6 cm，种子间缢缩，顶端具一细长的喙；果瓣坚实，成熟时节节断裂。种子卵形或近球形。**染色体：**2*n*=18（Runemark, 2000）。**物候期：**花期为 5—9 月，果期为 6—10 月。

【原产地及分布现状】 原产于欧洲、西亚和北非，在美国、加拿大、澳大利亚等地造成了入侵。**国内分布：**甘肃、广东、辽宁、青海、山西、四川、台湾、浙江。

【生境】 生于路边、农田、荒地、果园等处。

【传入与扩散】 **文献记载：**野萝卜是谷物类作物特别是小麦尤其是冬小麦的主要杂草（Holm et al., 1997），在许多蔬菜作物、豆类、葡萄园、园艺作物、牧场和饲料作物中也很常见。1987 年，《中国植物志》将野萝卜作为新记录报道（周太炎，1987）。徐海根和强盛（2011）报道野萝卜在四川和青海造成入侵，随后胡长松等在江苏的粮食口岸发现野萝卜（胡长松 等，2016）。**标本信息：**BM000646374（Lectotype: BM）。2002 年由 Jonsell 和 Jarvis 将其指定为后选模式，存放于英国自然博物馆（BM）（Jonsell & Jarvis，2002）。1959 年川经南采自中国（可能是四川）的标本是国内较早的标本记录（川经南 5448）（KUN）。**传入方式：**从欧洲进口农作物时，野萝卜种子混杂在作物种子中而传入中国，首次传入地可能是四川，具体传入时间不详。**传播途径：**野萝卜果实豆荚成熟后会分解成小片段，释放种子，易混在干草、谷壳、谷物中，难以清除，从而随农产品的贸易流通进行长距离运输，这是野萝卜长距离传播的主要途径，此外野萝卜种子可以借助动物的粪便进行传播（Holm et al., 1997）。其种子也可借助灌溉水流进行传播。人类活动如鞋类、收割机器易粘附野萝卜种子，这进一步促进了野萝卜的传播。**繁殖方式**：种子繁殖。**入侵特点**：① 繁殖性　野萝卜结实量比较大，澳大利亚的田间试验表明每株野萝卜可以产生 292 粒种子，结实量多达 17 275 粒 /m^2（Reeves et al., 1981）。野萝卜生活史较短且比较灵活，在澳大利亚若土壤和水分充足，野萝卜可以在一年内任意时间段发芽，并很快产生种子，完成生活史。② 传播性　传播性强，主要伴随人类活动而传播。野萝卜早于农作物成熟，在农作物成熟之前，野萝卜豆荚就已经分解成小碎片，污染作物种子，难以清除，频繁的商业贸易加速了野萝卜的传播。③ 适应性　野萝卜的发芽温度比较宽泛，耐霜冻（Lauer, 1953）。其对土壤的要求不高，在很多土壤类型中均能生长。Kurth（1967）报道野萝卜种子可在土壤中存活 15～20 年。**可能扩散的区域**：中国亚热带及温带地区。

【危害与防控】　**危害**：野萝卜在 65 个国家被认为是农田杂草，在 9 个国家被认为是危害比较严重的杂草（Holm et al., 1997）。在澳大利亚，野萝卜在农田里竞争性比较强，可以导致农作物减产 10%～90%，当收割农作物时，野萝卜纤维化的茎缠绕收割机的切割器，易导致收割困难。此外，野萝卜是一些作物害虫和病原菌的替代宿主（Chod et al., 1997; Garcia, 1988; Jones & Sullivan, 1982），放牧时会危害动物健康，家畜如奶牛食用野萝卜后会污染奶源，小麦中若无意掺进了大量野萝卜的种子，会导致食用者中毒（Holm et al., 1997）。野萝卜具有化感作用，会不同程度地抑制周围农作物和原生植物的发芽和幼苗生长。**防控**：由于野萝卜与很多农业和园艺种类关系密切，目前没有发现以野萝卜为特定宿主的天敌，故对野萝卜不宜实行生物防治。栽培措施和化学处理的方法相结合可以有效地控制野萝卜的发生，深翻土壤耕作，将野萝卜种子深埋，开花前 2 周拔除等耕作方式可以显著降低野萝卜的发生频率。野萝卜对某些除草剂有抗性，仅对个别除草剂敏感（Regnault, 1986）。在法国，恶草酮可以实现对野萝卜的绝对控制（Regnault, 1986）。此外，应定期清理收割机器，禁止播种来自遭受野萝卜入侵的地区的种子。

【凭证标本】 浙江省舟山市小洋山岛小岩礁路路边荒地，海拔 0 m，122.092 5°E，30.606 3°N，2019 年 5 月 2 日，严靖、张文文、金政 RQHD03021（CSH）；浙江省舟山市小洋山岛东海大道路边草丛，海拔 19 m，122.099 4°E，30.618 3°N，2019 年 5 月 2 日，严靖、张文文、金政 RQHD03022（CSH）。

【相似种】 萝卜（*Raphanus sativus* Linnaeus），萝卜原产于地中海地区，在中国归化（Zhou et al., 2001; Wu et al., 2010），萝卜的直根肉质肥大，长角果种子间微缢缩，果实横隔肥厚，海绵质，喙较粗短；而野萝卜直根细弱，不呈肉质肥大，长角果种子间紧缩，果瓣坚实，顶端具细长的喙。萝卜在东亚地区主要作为蔬菜和药用植物长期栽培，肉质根的颜色、形状等变异很大。另有蓝花子［*Raphanus sativus* var. *raphanistroides* (Makino) Makino］直根非肉质，花白色或者粉红色，长角果圆柱形，顶端无细长的喙，生于沿海堤坝，该名称已作为 *Raphanus sativus* Linnaeus 的异名进行处理（Zhou et al., 2001）。

野萝卜（*Raphanus raphanistrum* Linnaeus）

1. 生境；2. 根；3.～4. 花序；5. 长角果

相似种：萝卜（*Raphanus sativus* Linnaeus）

参考文献

胡长松，陈瑞辉，董贤忠，等，2016. 江苏粮食口岸外来杂草的监测调查 ［J］. 植物检疫，30（4）: 63-67.

徐海根，强胜，2011. 中国外来入侵生物 ［M］. 北京: 科学出版社: 213.

周太炎，1987. 十字花科 ［M］// 周太炎. 中国植物志. 北京: 科学出版社: 33-39.

Chod J, Chodova D, Jokeš M, 1997. Host and indicator plants of beet western yellows virus[J]. Listy Cukrovarnické a Řepařské, 113(5): 129-130.

Garcia E F, 1988. Spring and summer hosts for Pieris rapae in southern Spain with special attention to *Capparis spinosa*[J]. Entomologia experimentalis et applicata, 48(2): 173-178.

Holm L, Doll J, Holm E, et al., 1997. World weeds: natural histories and distribution[M]. New York: John Wiley & Sons, Inc.: 672-680.

Jonsell B, Jarvis C E, 2002. Lectotypification of Linnaean names for flora Nordica (Brassicaceae-Apiaceae)[J]. Nordic Journal of Botany, 22(1): 67-86.

Jones W A, Sullivan M J, 1982. Role of host plants in population dynamics of stink bug pests of soybean in South Carolina[J]. Environmental Entomology, 11(4): 867-875.

Kurth H, 1967. The germination behaviour of weeds[J]. SYS Reporter, 3: 6-11.

Lauer E, 1953. Uber die Keimtemperatur von Ackerunkrautern und deren einfluss auf die zusammensetzung von Unkrautgesellschaften[J]. Flora Oder Allgemeine Botanische Zeitung, 140(4): 551-595.

Reeves T G, Code G R, Piggin C M, 1981. Seed production and longevity, seasonal emergence and phenology of wild radish (*Raphanus raphanistrum* L.)[J]. Australian Journal of Experimental Agriculture, 21(112): 524-530.

Regnault Y, 1986. Weed control in soyabeans[J]. Informations Techniques, CETIOM (94): 166-169.

Runemark H, 2000. Mediterranean chromosome number reports-10 (1110-1188)[R]. Flora Mediterranea, 10: 386-402.

Wu S H, Sun H T, Teng Y C, et al., 2010. Patterns of plant invasions in China: taxonomic, biogeographic, climatic approaches and anthropogenic effects[J]. Biological Invasions, 12(7): 2179-2206.

Zhou T Y, Lu L L, Yang G, et al., 2001. Brassicaceae[M]// Wu Z Y, Raven P H, Hong D Y. Flora of China: Volume 8. Beijing & St. Louis: China Science Press & Missouri Botanical Garden Press: 25-26.

木犀草科 | Resedaceae

　　一年生或多年生草本，少为木本。单叶互生，不分裂、3裂或羽状分裂，托叶小，腺状。花序总状或穗状，花通常两性，少为单性，两侧对称，下位或周位；萼宿存，常4～7裂，裂片稍不等大，覆瓦状排列；花瓣4～7或无，分离或稍连合，全缘或边缘条裂；花盘有或无；雄蕊3～40枚，周位或生于花盘上，花丝分离或在基部连合；心皮2～6，通常连合而成1室，稀为离生，胚珠多数，倒生。果实为顶端开裂的蒴果，有时为浆果；种子多数，肾形或马蹄形，胚弯曲，通常无胚乳。

　　木犀草科共6属约80种，主产地中海地区，欧洲其他地区至亚洲西部、亚洲中部和西南部、大西洋群岛、北美洲西南部亦有分布。中国有木犀草科2属4种，其中1种为外来入侵植物。

木犀草属 *Reseda* Linnaeus

　　一年生或多年生直立或俯卧草本，茎基部有时稍木质化，无毛或被毛。叶不裂、3裂或羽状分裂，托叶腺状。花小，通常两性，排列成顶生的总状或穗状花序；花萼4～7裂；花瓣4～7片，常具瓣爪，边缘有齿、分裂或呈撕裂状；雄蕊7～40枚，着生在花盘上花的一侧；子房无柄或具短柄，顶端3分裂，1室，心皮3～6个，基部合生，胎座3～6个，胚珠多数。蒴果1室，顶部开裂；种子多数。

　　木犀草属约60种，分布于地中海地区、欧洲南部、大西洋群岛北部、亚洲中部和西南部、非洲东部和北部。中国有3种，其中1种为外来入侵种，另2种为引种栽培。分子系统学和生物地理学研究表明，木犀草属应合并川犀草属（*Oligomeris*）（Martín-Bravo et al., 2007）。

黄木犀草 *Reseda lutea* Linnaeus, Sp. Pl. 1: 449. 1753.

【别名】 细叶木犀草

【特征描述】 多年生草本，根部木质化，有芳香和辛辣味。茎直立或斜升，丛生，常具棱。单叶互生，无柄或具短柄，3～5深裂或羽状分裂，裂片线形、披针形至长圆形，边缘常呈波状。总状花序顶生，花小，黄色或黄绿色，径约0.5 cm；花梗较萼片长，为3～5 mm；萼片6枚，不等大，果期宿存；花瓣6枚，有圆形的瓣爪，上边的2枚最大，3裂，侧边的2枚2～3裂，下边的2枚不裂；雄蕊12～20枚；雌蕊由3个心皮组成，合生成1室，顶端开裂。蒴果圆筒形，具钝3棱，直立，长约1 cm，顶端开裂，具3个短而尖锐的牙齿状突起物。种子肾形，黑色，有光泽。染色体：黄木犀草隶属于木犀草组（sect. *Reseda*）中染色体基数 $x=6$ 的植物类群，该种存在多倍体甚至八倍体的现象（Martín-Bravo et al., 2007）；$2n=12$，24，48（Lu & Turland, 2001）。物候期：花果期为6—8月。

【原产地及分布现状】 原产于亚洲西南部（向东至土库曼斯坦）和欧洲地中海地区（Lu & Turland, 2001）。日本、非洲北部和南非、澳大利亚、新西兰、北美洲和南美洲部分地区（玻利维亚、厄瓜多尔和智利）均有分布。国内分布：辽宁。

【生境】 喜碱性土壤（如石灰质土壤）、砂壤土以及砂质黏壤土，常生于林缘、沿海岛屿、路边荒地、山坡草地、农田耕地等处。

【传入与扩散】 文献记载：1959年出版的《东北植物检索表》收录了该种（刘慎谔，1959），之后《中国植物志》和《辽宁植物志》均有其记载。2004年，徐海根和强胜将其列为中国外来入侵物种之一（徐海根和强胜，2004）。标本信息：Herb. Linn. No. 629.18（Lectotype: LINN）。这份标本采自欧洲南部，由 Leistner 指定为后选模式（Leistner, 1970）。1928年于大连市旅顺采到标本（J. sato 717）（IFP），之后的标本记录均来自辽宁省，其他地区尚未有标本采集记录。**传入方式**：未发现该种的引种栽培记录，其种子可能于 1900 年代前后随人类活动无意传入中国，首次传入地为辽宁省大连市。**传播途径**：种子和根芽常随人类活动有意或无意传播，种子成熟后不会马上自蒴果中脱离，直至有物理接触使其掉落。在该种成功入侵澳大利亚的过程中，其根芽随农业活动的传播与繁殖起了重要作用（Bailey et al., 2002）。**繁殖方式**：以种子繁殖，也可以根芽进行无性繁殖。**入侵特点**：① 繁殖性　种子产量高，平均每植株可产生 14 000 粒种子（Harris et al., 1995）。实验室条件下，埋藏 4 年的种子仍有 77%～96% 可恢复发芽活力，平均温度为 25℃时其种子发芽率可达 88%，一段时期内的平均温度决定了种子的发芽率。其直根生长迅速，出苗后 28 d 内其直根可达 350 mm，次生根于出苗后 3～7 d 开始发生，28 天内便可形成根芽（Heap, 1997a）。据统计，其种子在田间条件下（土壤深度为 10 mm）的最佳发芽率为 23%（Dogan et al., 2002）。② 传播性　其种子在土壤表面难以萌发，因此传播性一般，该种的成功入侵主要依赖于根芽繁殖。在澳大利亚，其直根可深达地下 4 m，当根部受到伤害时会产生大量的根芽（Heap et al., 1987），极易随农业活动传播。③ 适应性　耐寒，适应干扰生境。种子的萌发率与其埋藏的土壤深度有关，5 mm（萌芽率为 57%）至 10 mm（萌芽率为 53%）深度埋藏种子的萌发率最高（Heap, 1997b），光照可强烈抑制种子的萌发，其最适萌发温度为 25℃，其根芽繁殖的特性使得该种非常适应耕作环境，利于保持其种群的持续性，尤其是在温带地区（Heap, 1997a）。**可能扩散的区域**：我国华北及东北地区。

【危害及防控】 **危害**：其直根深入土壤，根系发达，与农作物、经济作物等竞争资源，威胁农业生产，且难以防除。该种在非洲南部、澳大利亚和美国均被视为有害植物，在澳大利亚曾有该种导致当地作物减产 35% 的报道（Heap et al., 1987）。在美国该种于 1958 年首次发现于蒙大拿州，至 1988 年该种入侵了当地数百公顷的谷类作物地和苜蓿草原，并沿着公路迅速蔓延（Harris et al., 1995）。在中国该种仅在辽宁省发现有稳定种群，据评估，其入侵等级为 C 级，入侵程度较低（郑美林和曹伟，2013），但仍需定期监测。**防控**：物理防除只有在挖除其整个根部的情况下才有效，耕作等干扰作用可促进其蔓延。在美国的研究表明，大多数除草剂均可用于防治该种，其中甲磺隆效果最好

（Harris et al., 1995）。在澳大利亚已经对该种的生物防治展开了研究，自法国引入的该种天敌 *Baris picicornis* 和 *Bruchela suturalis* 均具有生物防治的潜力（Bailey et al., 2002）。

【凭证标本】 辽宁省大连市甘井子区，海拔 20 m，39.030 8°N，121.637 5°E，2015 年 8 月 19 日，王樟华、汪远 RQHD02972（CSH）。

【相似种】 白木犀草（*Reseda alba* Linnaeus）。白木犀草和黄木犀草均存在八倍体的情况，两者形态特征变异大，分布范围广，在多地被视为外来入侵种（Martín-Bravo et al., 2007）。其中白木犀草花为白色而非黄色，蒴果顶端 4 裂而非 3 裂，花瓣和萼片通常为 5 片而非 6 片，与黄木犀草有所区别。白木犀草原产于地中海地区、欧洲中南部和亚洲西部，我国目前仅在台湾有栽培。

黄木犀草（*Reseda lutea* Linnaeus）

1. 生境；2. 植株；3. 叶；4. 花序；5. 幼果；6.～7. 蒴果

参考文献

刘慎谔, 1959. 东北植物检索表 [M]. 北京: 科学出版社: 120.

徐海根, 强胜, 2004. 中国外来入侵物种编目 [M]. 北京: 中国环境科学出版社: 209-210.

郑美林, 曹伟, 2013. 中国东北地区外来入侵植物的风险评估 [J]. 中国科学院大学学报, 30 (5): 651-656.

Bailey P, Sagliocco J L, Vitou J, et al., 2002. Prospects for biological control of cutleaf mignonette, *Reseda lutea* (Resedaceae), by *Baris picicornis* and *Bruchela spp.* in Australia[J]. Australian Journal of Experimental Agriculture, 42(2): 185–194.

Dogan Y, Baslar S, Mert H H, 2002. A study on *Reseda lutea* L. distributed naturally in West Anatolia in Turkey[J]. Acta Botanica Croatica, 61(1): 35–43.

Harris J D, Davis E S, Wichman D M, 1995. Yellow mignonette (*Reseda lutea*) in the United States[J]. Weed Technology, 9(1): 196–198.

Heap J W, 1997a. Biology and control of *Reseda lutea* L. 1. Seed biology and seedling growth[J]. Australian Journal of Agricultural Research, 48(4): 511–516.

Heap J W, 1997b. Biology and control of *Reseda lutea* L. 2. Life cycle: seedling emergence, recruitment, and vegetative reproduction[J]. Australian Journal of Agricultural Research, 48(4): 517–524.

Heap J W, Willcocks M C, Kloot P M, 1987. The biology of Australian weeds, 17. *Reseda lutea* L.[J]. Plant Protection Quarterly, 2: 178–185.

Leistner O A, 1970. Resedaceae[M]// Codd L E, De Winter B, Killick D J B, et al. Flora of Southern Africa. Kirstenbosch: Botanical Research Institute and National Botanical Gardens: 177–184.

Lu L L, Turland N J, 2001. Resedaceae[M]// Wu Z Y, Raven P H, Hong D Y. Flora of China: Volume 8. Beijing & St. Louis: Science Press and Missouri Botanical Garden Press: 194.

Martín-Bravo S, Meimberg H, Luceño M, et al., 2007. Molecular systematics and biogeography of Resedaceae based on *ITS* and *trnL-F* sequences[J]. Molecular Phylogenetics and Evolution, 44(3): 1105–1120.

景天科 | Crassulaceae

　　草本、半灌木或灌木，茎与叶常肉质肥厚。叶互生、对生或轮生，常为单叶，全缘或稍有缺刻，稀为浅裂或羽状复叶，无托叶。聚伞花序或为伞房状、穗状、总状或圆锥状花序，有时单生。花两性，稀为单性，辐射对称，花各部常为4或5或其倍数；萼片宿存；雄蕊1轮或2轮，与花瓣同数或为其2倍，花丝常为丝状或钻形，花药基生，少有背着，内向开裂；心皮与花瓣同数，离生或基部合生，常在基部外侧有腺状鳞片1枚；子房上位，胚珠少数至多数，有两层珠被，着生于侧膜胎座上。果实为蓇葖果，具膜质或革质的皮，稀为蒴果；种子细小，长椭圆形，胚乳不发达或缺。

　　景天科各类群之间关系复杂，目前的研究显示该科可划分为8个演化支，构成3个亚科（Mort et al., 2001），约有35属超过1 500种，世界各地均有分布，以南美洲、非洲南部、墨西哥及澳大利亚种类较多。中国有景天科13属约233种，其中1属2种为外来入侵植物。在多肉植物爱好者的引介下，已引入该科20余属的物种，大部分种类在中国均有引种（刘冰 等，2015）。

参考文献

刘冰，叶建飞，刘夙，等，2015.中国被子植物科属概览：依据 APG Ⅲ 系统［J］.生物多样性，23（2）：225-231.

Mort M E, Soltis D E, Soltis P S, et al., 2001. Phylogenetic relationships and evolution of Crassulaceae inferred from *matK* sequence data[J]. American Journal of Botany, 88(1): 76-91.

落地生根属 *Bryophyllum* Salisbury

肉质草本、半灌木或灌木，茎直立。叶对生或轮生，单叶或为羽状复叶，叶边缘常有钝齿，有芽孢体。花序顶生，成大型聚伞花序或圆锥花序，花常下垂，颜色鲜艳；花为4基数，萼片基部联合成膨大的萼筒，呈钟状或圆柱状；花冠与花萼等长，合生成壶形或高脚碟状，在心皮上常紧缩，稀不收缩，花冠裂片4；雄蕊8枚，排成2轮，着生于花冠管基部，花丝与花冠管等长；鳞片4枚，线形或长方形；子房上位，心皮合生，上部渐狭成较长的花柱，胚珠多数。果实为蓇葖果。

落地生根属约20种，产自非洲南部和马达加斯加，其中1种广泛归化于热带地区。中国有5种，均为外来种，其中2种外来入侵植物。有学者认为伽蓝菜属（*Kalanchoe*）应合并落地生根属，这种观点得到多数学者的支持（Thiede & Eggli, 2007），其中此前被当作入侵种报道的匙叶伽蓝菜 [*Kalanchoe integra* (Medikus) Kuntze] 经考证为国产种，在此不再收录。

参考文献

Thiede J, Eggli U, 2007. Crassulaceae[M]// Kubitzki K, Rohwer J G, Bittrich V. The families and genera of vascular plants: Volume IX. Berlin, Germany: Springer-Verlag: 83–118.

分种检索表

1 单叶对生或轮生，狭长圆柱形 ·················

·············· 1. 洋吊钟 *Bryophyllum delagoense* (Ecklon & Zeyher) Schinz

1 羽状复叶或茎上部叶为三小叶或单叶，叶片椭圆形 ·················

················· 2. 落地生根 *Bryophyllum pinnatum* (Lamarck) Oken

1. **洋吊钟 *Bryophyllum delagoense*** (Ecklon & Zeyher) Schinz, Mém. Herb. Boissier 10: 38. 1900. ——*Kalanchoe delagoensis* Ecklon & Zeyher, Enum. Pl. Afr. Austral. 305. 1837. ——*Bryophyllum verticillatum* (Scott-Elliot) A. Berger, Nat. Pflanzenfam. (ed. 2) 18a: 411. 1930. ——*Kalanchoe tubiflora* Raymond-Hamet, Beih. Bot. Centralbl. 29(2): 41. 1912. ——*Kalanchoe verticillata* Scott-Elliot, J. Linn. Soc., Bot. 29(197): 14−15, pl. 3. 1891. ——*Bryophyllum tubiflorum* Harvey, Fl. Cap. 2: 380. 1862.

【别名】 棒叶落地生根、肉吊莲、玉吊钟

【特征描述】 多年生肉质草本，或为小灌木状，为一次结实植物。植株呈灰白色，茎单一，有时基部分枝。叶对生或轮生，狭长圆柱形，全缘，叶正面具凹槽，叶先端钝，具 3～9 个圆锥形牙齿，于齿之间着生匙状小芽，叶柄不明显。复聚伞花序顶生，花序分枝可达 3 cm，花排列紧密，花梗 5～30 mm；花萼淡绿色，不膨大，基部联合成筒，萼裂片三角形，长于萼筒；花冠橙红色，钟形，基部不收缩，花冠裂片倒卵形，远较花冠筒短，裂片先端圆形或有短尖头。蓇葖果，成熟时干燥不开裂，具多数种子，种子细小，直径约 1 mm，棕色。染色体：该种为四倍体，$2n=68$（Baldwin, 1938）。物候期：花果期自冬季至次年春季。

【原产地及分布现状】 原产于马达加斯加，为马达加斯加特有种（Witt & Nongogo, 2011）。美洲、太平洋诸岛、西印度洋群岛、欧洲中南部、非洲南部、大洋洲以及亚洲等地区均有分布。国内分布：澳门、福建、海南、广东、广西、台湾、香港。中国各地多有栽培，常作盆景花卉以供观赏。

【生境】 喜温暖的气候条件，常生于低海拔的溪边或河岸、路边、荒地、房前屋后、海边岩石以及受干扰的林缘地带，也见于干旱、半干旱的生境。

【传入与扩散】 **文献记载**：该种收录于 1956 年出版的《广州植物志》中，当时处于栽培状态（侯宽昭，1956）。之后的《福建植物志》和《北京植物志》均有该种记载。2006年，陈运造将其列为台湾苗栗地区重要外来入侵植物之一（陈运造，2006）。**标本信息**：Owen s.n.（Type: S）。这份标本采自南非开普敦的德拉瓜湾（Delagoa Bay, Cape），由 Roux 指定为模式标本（Roux, 2003）。1954 年陈少卿于广州中山大学采到该种标本（陈少卿 8574）（IBSC），之后在广西、福建和海南均有其标本记录。**传入方式**：于 20 世纪 50 年代初作为观赏植物引入中国，首次引入地为广州。**传播途径**：常随人为引种栽培而传播，其小芽也可随动物、水流以及园艺活动而扩散，种子可随气流或水流传播。**繁殖方式**：种子、小芽以及植物片段等均可繁殖，其中以小芽繁殖（无性繁殖）为主要方式。**入侵特点**：① 繁殖性 每个花序可产生数千粒种子，其中绝大部分都具有萌发活力，并且可长时间保持活力（Hannan-Jones & Playford, 2002）。其小芽及植物片段极易繁殖，条件适宜时落地即可生根发芽并形成新的植株，这种繁殖方式可使其在母株周围形成一个密集的植物群体并迅速扩散。② 传播性 该种作为观赏植物被广泛引种栽培，其无性繁殖体极易在引种过程中扩散。种子细小，容易随风或水流传播。③ 适应性 耐干旱、耐贫瘠，不耐霜冻，通常遇冰点以下气温即死亡。适应热带、亚热带及暖温带地区的多种生境。**可能扩散的区域**：生态位模型分析表明，从江苏南部至海南均为该种的适生区，包括华东和华南的沿海地区，西南地区的部分区域也适宜其生长（Wang et al., 2016）。

【危害及防控】 **危害**：植株含有蟾毒内酯苷，对家畜与人体有强毒害作用（Capon et al., 1986）。该种繁殖速度快，易形成密集的群体，破坏入侵地的生态平衡。该种于 1940 年代在澳大利亚被首次记录，现今已入侵当地数千公顷的草场，导致草场生产力严重下降（Witt et al., 2004）。该种在美国佛罗里达州南部和得克萨斯州南部沿海也被视为具有强入侵性的植物（Moran, 2009）。在中国该种主要入侵华南地区，在粤东地区的入侵性为中等（朱慧，2012），且其分布区在不断扩大。**防控**：控制引种，不随意丢弃，若不慎逸出应及时清除。多数除草剂（如 2,4-D 和氟草烟）对该种的控制效果均较好。在其原产地已发现的天敌昆虫有 *Osphilia tenuipes*，*Rhembastus* sp. 和 *Eurytoma* sp.，这些都是潜在的有效生物防治体（Witt & Rajaonarison, 2004）。在澳大利亚，另一生物防治体 *Alcidodes* *sedi* 对该种的防治已取得良好的效果（Witt et al., 2004）。

【凭证标本】 广东省云浮市郁南县西江边，海拔 1 m，23.229 1°N，111.525 4°E，2015 年 10 月 4 日，王发国、段磊、王永琪 RQHN03253（CSH）；香港大滩，海拔 21 m，22.435 3°N，114.330 3°E，2015 年 7 月 30 日，王瑞江、薛彬娥、朱双双 RQHN01110（CSH）。

【相似种】 箭叶落地生根［*Bryophyllum* × *houghtonii* (D. B. Ward) P. I. Forst］。箭叶落地生根为大叶落地生根［*Bryophyllum daigremontianum* (Raymond-Hamet & H. Perrier) A. Berge］和洋吊钟的杂交种（Ward, 2006）。该种叶片具斑纹，呈船形，具明显的长圆柱形叶柄，且叶片边缘具多数齿，与洋吊钟区别明显。该种在华东及华南地区均有栽培，在福建、台湾和香港已有标本记录或文字记载，只是之前均被误鉴定为大叶落地生根或洋吊钟（Wang et al., 2016）。

洋吊钟 [*Bryophyllum delagoense* (Ecklon & Zeyher) Schinz]

1. 生境；2. 植株；3. 叶；4.～6. 匙状小芽

相似种：箭叶落地生根 [*Bryophyllum × houghtonii* (D. B. Ward) P. I. Forst]

参考文献

陈运造，2006. 苗栗地区重要外来入侵植物图志 [M]. 苗栗："行政院农业委员会"苗栗区农业改良场：164-165.

侯宽昭，1956. 广州植物志 [M]. 北京：科学出版社：122-123.

朱慧，2012. 粤东地区入侵植物的克隆性与入侵性研究 [J]. 中国农学通报，28（15）：199-206.

Baldwin J T, 1938. *Kalanchoe*: the genus and its chromosomes[J]. American Journal of Botany, 25(8): 572-579.

Capon R J, Macleod J K, Oelrichs P B, 1986. Bryotoxins B and C, toxic bufadienolide orthoacetates from the flowers of *Bryophyllum tubiflorum* (Crassulaceae)[J]. Australian journal of chemistry, 39(10): 1711-1715.

Hannan-Jones M A, Playford J, 2002. The biology of Australian weeds 40. *Bryophyllum* Salisb. species[J]. Plant Protection Quarterly, 17: 42-57.

Moran R V, 2009. *Bryophyllum*[M]// Flora of North America Editorial Committee. Flora of North America, North of Mexico: Volume 8. New York and Oxford: Oxford University Press: 158-161.

Roux J P, 2003. Crassulaceae[M]// Roux J P. Flora of South Africa. Cape Town, South Africa: South

African National Biodiversity Institute.

Wang Z Q, Guillot D, Ren M X, et al., 2016. *Kalanchoe* (Crassulaceae) as invasive aliens in China—new records, and actual and potential distribution[J]. Nordic Journal of Botany, 34(3): 349–354.

Ward D B, 2006. A name for a hybrid *Kalanchoe* now naturalized in Florida[J]. Cactus and Succulent Journal, 78(2): 92–95.

Witt A B R, McConnachie A J, Stals R, 2004. *Alcidodes sedi* (Col.: Curculionidae), a natural enemy of *Bryophyllum delagoense* (Crassulaceae) in South Africa and a possible candidate agent for the biological control of this weed in Australia[J]. Biological Control, 31(3): 380–387.

Witt A B R, Nongogo A X, 2011. The impact of fire, and its potential role in limiting the distribution of *Bryophyllum delagoense* (Crassulaceae) in southern Africa[J]. Biological Invasions, 13(1): 125–133.

Witt A B R; Rajaonarison J H, 2004. Insects associated with *Bryophyllum delagoense* (Crassulaceae) in Madagascar and prospects for biological control of this weed[J]. African Entomology, 12(1): 1–7.

2. 落地生根 *Bryophyllum pinnatum* (Lamarck) Oken, Allg. Naturgesch. 3(3): 1966. 1841. ——*Crassula pinnata* Linnaeus f., Suppl. Pl. 191. 1782. ——*Bryophyllum calycinum* Salisbury, Parad. Lond. 1(1): pl. 3. 1805.

【别名】 灯笼花、土三七、叶生根

【特征描述】 多年生肉质草本，茎中空，有分枝。羽状复叶或茎上部叶为三小叶或单叶，对生，小叶长圆形至椭圆形，长 6～8 cm，宽 3～5 cm，小叶柄长 2～4 cm，先端钝，边缘有圆齿，圆齿基部易生芽，芽长大后落地即成一新植株。复聚伞花序顶生，长 10～40 cm；小花下垂，花萼钟状，长 2～4 cm；花冠钟形，长 4～5 cm，基部膨大，向上渐缩成管状，顶端 4 裂，裂片卵状披针形，淡红色或紫红色；雄蕊 8，排成 2 轮，着生于花冠基部，下部具 4 枚近长方形的鳞片；心皮 4 枚，分离，花柱细长。蓇葖果包于花萼筒内；种子小，多数，表面具条纹。**染色体**：$2n=40$（Baldwin, 1938）。其中有一些染色体形态上明显小于其他染色体，因此表达式可写成 $2n=34+6$，该种可认为是具有 6 条超数染色体的非整倍体（Uhl, 1948）。**物候期**：花果期春季至夏季。

【原产地及分布现状】 原产于马达加斯加（Boiteau & Allorge-Boiteau, 1995），广泛分布于世界热带地区，葡萄牙、新西兰、日本以及喜马拉雅西南部等地区也有分布，已在多个地区成为入侵植物。据 Boiteau 和 Allorge-Boiteau 的考证，落地生根以及该属其他种在世界热带地区的广泛分布应部分归因于其药用价值和早期航海家的贡献（Boiteau & Allorge-Boiteau, 1995）。公元 1 世纪后的一段时期印度尼西亚人进入马达加斯加，该种可能由此被引入到印度洋附近岛屿和东南亚，之后欧洲和大洋洲的航海家使得该种传播至更远处的美洲大陆和澳大利亚等地。由此可知该种的传播历史相当久远。**国内分布**：澳门、福建、广东、广西、贵州、海南、台湾、香港、云南。中国南北各省区多有栽培。

【**生境**】 喜沙质土壤、喜光照充足、温暖的环境，生于岩石海岸、路旁荒地、房前屋后、山坡草地，常见于干扰生境中。

【**传入与扩散**】 **文献记载**：1861 年出版的 *Flora Hongkongensis* 中有记载，生于香港各处的荒地中（Bentham, 1861）。1956 年出版的《广州植物志》中记载该种处于栽培状态（侯宽昭，1956）。2004 年，王发国等将该种作为澳门外来入侵植物报道，危害程度较轻（王发国 等，2004）。**标本信息**：据《中国植物志》记载，其模式标本采自中国（傅书遐，1984），而 *Flora Zambesiaca* 的记载则为模式标本采自马达加斯加（Fernandes, 1983），但这两份标本均未见到，也未见其标本信息。据 *Flora Hongkongensis* 记载，英国植物学家 Champion 于 1847 年至 1850 年在香港期间采到该种标本（Champion s.n.）（K）。1918 年在福建省闽侯市采到该种标本（Anonymous s.n.）（PE），1919 年在海南采到其标本（Ahto 3576）（PE）。**传入方式**：于 19 世纪 40 年代作为观赏或药用植物引入中国，首次引入地为香港，经由广东省传入内陆地区。**传播途径**：主要依赖于人为的引种栽培来传播，其小芽可随动物、水流以及园艺活动而扩散。**繁殖方式**：克隆繁殖兼种子繁殖，以植物片段和小芽进行克隆繁殖为主。**入侵特点**：① 繁殖性 比较形态学和胚胎学分析显示，其小芽的发育模式与胚胎的发育具有强烈的相似性，其芽原基位于叶缘锯齿之间，条件适宜时即可形成大量小芽（Naylor, 1932），脱落后形成新的植株。叶片边缘以及开花之后小花的着生处均能产生小芽。由落地生根植物片段进行克隆繁殖时，其根和芽的产生分别发生于叶片脱落之后的第 9 天和第 12 天（Sawhney et al., 1994）。

② 传播性 该种被作为观赏植物或药用植物而广泛引种栽培，且一直被视为植物生理学、植物解剖学以及植物化学研究的主题，其无性繁殖体极易在引种过程中扩散，传播性强。③ 适应性 耐贫瘠、耐干旱，但相对于该属其他种而言，该种抗旱性较差，长期干旱可导致其落叶。不耐严寒，抗热性强。**可能扩散的区域：**中国华南和西南地区。

【危害及防控】 **危害：**破坏海岛生态系统的平衡，威胁原生植被生长。植株有毒，误食对家畜与人体有强毒害作用。其根和落叶可释放化学物质，抑制原生植物的生长，实验表明，其叶提取液对绿豆和豌豆插条发根和种子萌发都表现出了抑制作用（黄卓烈 等，1997）。在澳大利亚昆士兰，该种被列为当地 200 种入侵植物之一，其种群密度自沿海至内陆逐渐增加（Batianoff & Butler, 2002）。在美属维尔京群岛，该种对当地的干旱灌丛危害严重（Ting, 1989）。在中国主要入侵华南地区，危害程度较轻，但其分布区正逐渐扩大。**防控：**控制引种，不随意丢弃，若不慎逸出应及时清除。在澳大利亚昆士兰的试验表明，2,4-D 和使它隆能够有效控制其种群，防治效率可达 90%，其中使用 2,4-D 的成本较低，对环境影响较小（Sparkes et al., 2002）。

【凭证标本】 澳门路环石排湾后山，海拔 64 m，22.120 2°N，113.553 0°E，2014 年 11 月 24 日，王发国 RQHN02639（CSH）；香港新界西贡区大滩，海拔 26 m，22.435 4°N，114.330 3°E，2015 年 7 月 30 日，王瑞江、薛彬娥、朱双双 RQHN01109（CSH）；广西防城港市东兴市马路镇，海拔 45 m，21.658 0°N，107.958 8°E，2015 年 11 月 21 日，韦春强、李象钦 RQXN07664（CSH）；广东省梅州市平远县大柘镇，海拔 159 m，24.574 1°N，115.892 8°E，2014 年 9 月 8 日，曾宪锋、邱贺媛 RQHN05978（CSH）；福建省龙岩市上杭县古田镇，海拔 335 m，25.097 9°N，117.030 0°E，2015 年 8 月 31 日，曾宪锋、邱贺媛 RQHN07317（CSH）。

【相似种】 大叶落地生根 [*Bryophyllum daigremontianum* (Raymond-Hamet & H. Perrier) A. Berge]。大叶落地生根与落地生根相近，但前者叶为单叶，无羽状复叶或三小叶复叶。大叶落地生根原产于马达加斯加西南部，世界各地多有栽培，同时也存在逸生或入侵情况。中国各地有引种栽培，华南及西南地区偶见逸生。

落地生根 [*Bryophyllum pinnatum* (Lamarck) Oken]

1. 生境；2. 幼苗；3. 叶；4. 植株；5. 花序；6.~8. 蓇葖果

相似种：大叶落地生根［*Bryophyllum daigremontianum*
(Raymond-Hamet & H. Perrier) A. Berge］

参考文献

傅书遐，1984. 落地生根属［M］// 傅书遐，傅坤俊. 中国植物志（第三十四卷 第一分
　　册）. 北京：科学出版社：34-36.

侯宽昭，1956. 广州植物志［M］. 北京：科学出版社：122.

黄卓烈，林韶湘，谭绍满，等，1997. 尾叶桉等植物叶提取液对几种植物插条生根和种子萌
　　发的影响［J］. 林业科学研究，5（17）：97-101.

王发国，邢福武，叶华谷，等，2004. 澳门的外来入侵植物［J］. 中山大学学报（自然科学
　　版），43（S1）：105-110.

Baldwin J T, 1938. *Kalanchoe*: the genus and its chromosomes[J]. American Journal of Botany,
　　25(8): 572-579.

Batianoff G N, Butler D W, 2002. Assessment of invasive naturalized plants in south-east
　　Queensland[J]. Plant Protection Quarterly, 17(1): 27-34.

Bentham G, 1861. Flora Hongkongensis[M]. London: Lovell Reeve: 127.

Boiteau P, Allorge-Boiteau L, 1995. *Kalanchoe* (Crassulacees) de Madagascar. Systematique, ecophysiologie et phytochimie[M]. Paris, France: Karthala.

Fernandes R, 1983. Crassulaceae[M]// Launert E. Flora Zambesiaca: Volume 7, part 1. London: Royal Botanic Gardens, Kew: 3 – 74.

Naylor E E, 1932. The morphology of regeneration in *Bryophyllum calycinum*[J]. American Journal of Botany, 19(1): 32 – 40.

Sawhney S, Bansal A, Sawhney N, 1994. Epiphyllous bud differentiation in *Kalanchoe pinnata*: a model developmental system[J]. Indian Journal of Plant Physiology, 37(4): 229 – 236.

Sparkes E C, Grace S, Panetta F D, 2002. The effects of various herbicides on *Bryophyllum pinnatum* (Lam.) Pers in Nudgee Wetlands Reserve, Queensland[J]. Plant Protection Quarterly, 17(2): 77 – 80.

Ting I P, 1989. Photosynthesis of arid and subtropical succulent plants[J]. Aliso, 12(2): 386 – 406.

Uhl C H, 1948. Cytotaxonomic studies in the subfamilies Crassuloideae, Kalanchoideae, and Cotyledonoideae of the Crassulaceae[J]. American Journal of Botany, 35(10): 695 – 706.

中文名索引

学名索引